国家社科基金
GUOJIA SHEKE JIJIN HOUQI ZIZHU XIANGMU
后期资助项目

生成中的科学：
STS中"实践转向"的哲学意义

Science in Becoming：
The Philosophical Meaning of the "Practical Turn" in STS

邢冬梅　著

U0178509

科学出版社

北　京

内 容 简 介

就技术形态而言，我们可以把当今时代界定为赛博技术时代。技术的赛博性，凸显的是自然-人-机器的共存-共生-共演特性。本书基于"作为知识与表征的科学"向"作为实践与文化的科学"的科学观转变，对作为"实践科学观"的哲学本体论基础的生成本体论的内涵、思想历程，以及这种新的科学观对科学与技术发展演化的解释力，进行了系统的、批判性的梳理和整合。强调作为实践的科学的生成本体论，勾勒出了主体与客体、自然与社会、人与物、符号与实体耦合式的共存、共生与共演图景和技术的赛博现实，提供了一种思考科学和技术发展走向的路径。

本书可供科学哲学、技术哲学、科学社会学及相关专业的高校师生及相关问题的研究者阅读参考。

图书在版编目（CIP）数据

生成中的科学: STS 中"实践转向"的哲学意义 / 邢冬梅著. —北京: 科学出版社，2022.10
ISBN 978-7-03-073276-7

Ⅰ. ①生… Ⅱ. ①邢… Ⅲ. ①技术哲学-研究 Ⅳ. ①N02

中国版本图书馆 CIP 数据核字（2022）第 181531 号

责任编辑：邹　聪　赵　洁 / 责任校对：贾伟娟
责任印制：李　彤 / 封面设计：有道文化

科学出版社 出版
北京东黄城根北街 16 号
邮政编码：100717
http://www.sciencep.com

北京中石油彩色印刷有限责任公司 印刷
科学出版社发行　各地新华书店经销

*

2022 年 10 月第 一 版　开本：720×1000　1/16
2023 年 4 月第二次印刷　印张：16 3/4
字数：280 000
定价：98.00 元
（如有印装质量问题，我社负责调换）

国家社科基金后期资助项目
出版说明

后期资助项目是国家社科基金设立的一类重要项目，旨在鼓励广大社科研究者潜心治学，支持基础研究多出优秀成果。它是经过严格评审，从接近完成的科研成果中遴选立项的。为扩大后期资助项目的影响，更好地推动学术发展，促进成果转化，全国哲学社会科学工作办公室按照"统一设计、统一标识、统一版式、形成系列"的总体要求，组织出版国家社科基金后期资助项目成果。

全国哲学社会科学工作办公室

前　言

正是通过实践中的行动，而不是理论，心灵、理性、知识得以构成，社会生活得以组织、再现和变迁。20 世纪 90 年代后，人文社会科学界开始广泛流行"实践"这一术语。科学技术论（Science and Technology Studies，STS）中也出现了"实践转向"，其标志性著作是安德鲁·皮克林（Andrew Pickering）1992 年主编的《作为实践和文化的科学》。

自托马斯·库恩（Thomas Kuhn）《科学革命的结构》一书出版后，科学知识生产中"发现的语境"的社会学大门逐渐打开，这导致 20 世纪 70 年代科学知识社会学（Sociology of Scientific Knowledge，SSK，又称科学的社会建构论）以激进的姿态登上了 STS 的学术舞台。SSK 之所以激进，是因为 SSK 坚持认为：科学在本质上是一种社会利益或权力的建构，科学知识本身必须被理解为一种社会产品，而不是对应着客观真理，不是对自然的反映或者表征。正如皮克林指出的那样：SSK 认为"科学知识不应该被视作对自然的透明的表征，而应该被视作相对于某种特定文化的知识，这种知识的相对性可以通过社会学的利益概念而得到刻画"①。

在 20 世纪 70 年代，SSK 的概念和全貌一直保持着简单与明晰，它的两个研究中心是英国的爱丁堡学派和巴斯学派。在爱丁堡，巴里·巴恩斯（Barry Barnes）、大卫·布鲁尔（David Bloor）以及史蒂文·夏平（Steven Shapin）展示了一种宏观的 SSK 的社会研究方向，他们尝试在经典的社会学变量、相关集团的典型"利益"以及由这些利益集团所支撑的知识内容之间寻找因果联系。在巴斯，哈里·柯林斯（Harry Collins）则开辟了一种更为微观的 SSK 的社会研究方向。他专门研究"科学争论"，旨在展现作为科学行动者之间权宜性"谈判"结果的知识的生产过程。当然，在巴斯学派和爱丁堡学派之间存在着相当多的共同点，对"科学争论"的研究使巴斯学派成为引人注目的经验性研究领地，而在宏观的社会效应所及的领域，柯林斯基本上同意爱丁堡学派的观点。随着研究领域的扩大，SSK 的其他研究中心开始出现，最为知名的是以迈克尔·马尔凯（Michael Mulkay）

---

① （美）安德鲁·皮克林：《实践的冲撞：时间、力量与科学》，邢冬梅译，南京：南京大学出版社，2004 年，第 5 页。

为核心的话语分析学派，其倡导话语分析在方法论上的优先性，通过分析不同语境中的科学家话语，来理解与把握科学参与者的信念和行为的建构。

这种激进的姿态在 SSK 内部引起了相当的不满，因为尽管"权力利益分析"、"争论研究"以及"话语分析研究"的共同特点是关注实际的科学活动，对科学活动进行经验性研究，但所有这些研究都毫无例外地忽视了科学活动的物质维向。正如皮克林所说，"单纯的 SSK 不能向我们提供把握行动中的科学丰富性的概念工具，这种丰富性包括：仪器的建造，试验的计划、运行和解释，理论的说明以及与实验室管理部门、出版部门、基金提供部门的谈判等。把实践描述为不确定的以及利益导向的，最多也就是捕获了问题的表面"①。这就"促使我们删除 SSK 中的 K 和第一个 S，因为，新的科学图景中的主题是实践而不是知识，因为在我看来，在理解科学实践和科学文化中无须指定社会性因素具有致因或声称利益肯定是明显的"②。

与之呼应，在 20 世纪 70 年代后期，在欧洲大陆，出现了"实践转向"的新方向。一个关键性的标志就是布鲁诺·拉图尔（Bruno Latour）和斯蒂夫·伍尔伽（Steve Woolgar）的人类学研究著作《实验室生活：科学事实的社会建构》（1979 年）。这项研究中的思想和田野调查出自法国学者，他们与 SSK 并没有明显的亲缘关系。另外一部实验室生活的研究著作是奥地利社会学家卡林·诺尔-塞蒂纳（Karin Knorr-Cetina）的《知识的制造：论科学的建构主义和情境性》（1981 年）。与此同时，在美国，哈罗德·伽芬克尔（Harold Garfinkel）、迈克尔·林奇（Michael Lynch）和埃里克·利文斯通（Eric Livingston）把他们独具特色的常人方法论研究与实验室生活研究（还有数学研究）联系起来。科学哲学家伊恩·哈金（Ian Hacking）、南希·卡特赖特（Nancy Cartwright）、亚瑟·范（Arthur Fine）则在他们自身的领域内发展了一种经验性研究方向。这种研究似乎以极具意义的方式与 SSK 研究交织在一起。特里蒙特研究小组则发展出其针对科学文化研究的实用主义和符号交互主义的观点；另外一位人类学家——莎伦·特位维克（Sharon Traweek）则在斯坦福线性加速器中心对粒子物理学家进行了研究。在英格兰，马尔凯和奈杰尔·吉尔伯特（Nigel Gilbert）则进入"反身性"和"新文学形式"研究，这些研究使 SSK 回到对自身的研究。在欧洲

---

① (美)安德鲁·皮克林：《作为实践和文化的科学》，柯文、伊梅译，北京：中国人民大学出版社，2006 年，第 5 页。

② (美)安德鲁·皮克林：《作为实践和文化的科学》，柯文、伊梅译，北京：中国人民大学出版社，2006 年，第 13 页。

大陆的拉图尔则继续着他的研究方向，与米歇尔·卡隆（Michel Callon）①合作提出了科学的文化研究的"行动者网络理论"，这一理论奠定了法国巴黎学派的学术基础。巴黎学派的工作构成了"实践转向"的研究基础，把20世纪80年代的STS中的"实践研究"推至学术前沿，开始研究科学家的实际的知识生产过程，指向对科学文化的研究，即使研究科学知识生产的实践活动得以运作的各种资源的实质意义。

与之形成对比，长期以来，主流的科学哲学与STS对"科学实践"没有显露出明显的兴趣，其主要兴趣一直是科学的产品，特别是科学的理论知识。它们对科学家如何产生这种知识的实践问题（即"发现的语境"）很少关注。对于20世纪大多数英美科学哲学来说，它们始终关注的是科学理论、科学事实，以及科学理论和科学事实的关系问题。这一点不仅主流的逻辑实证论如此，而且逻辑实证主义的当代各种变种同样如此，甚至许多著名的反主流思想的科学哲学家，如保罗·费耶阿本德（Paul Feyerabend）也不例外。当然，在传统哲学领域中，也存在卢德维克·弗莱克（Ludwik Fleck）、迈克尔·波兰尼（Michael Polanyi），特别是库恩等哲学家，对科学实践问题抱有一定的研究兴趣。

库恩在《科学革命的结构》一书的后记中，为解决"范式"与"科学共同体"之间的循环定义所陷入的困境问题，即"一个范式就是一个科学共同体的成员所共有的东西，而反过来，一个科学共同体由共有一个范式的人组成……这一循环却是许多真实困难的根源"②，重新界定了"范式"这一概念："我们能够、也应当无须诉诸范式就界定出科学共同体；然后只要分析一个特定共同体的成员的行为就能发现范式。因此，假如我重写此书，我会一开始就探讨科学的共同体结构，这个问题近来已成为社会学研究的一个重要课题，科学史家也开始认真地对待它。"③也就是说，库恩开始思考从科学共同体的活动去界定"范式"的问题。因此，STS学者普遍认为库恩是"实践转向"的开拓者之一。

与上述讨论相关，本书围绕着以下的问题进行探讨，即"实践转向"的学术背景是什么？它有什么内涵？它对传统科学观提出了哪些挑战？它的哲学意义何在？具体展开来说，本书以拉图尔的"本体论对称性原则"

---

① 也有译为迈克尔·卡伦。
② （美）托马斯·库恩：《科学革命的结构》，金吾伦、胡新和译，北京：北京大学出版社，2003年，第158页。
③ （美）托马斯·库恩：《科学革命的结构》，金吾伦、胡新和译，北京：北京大学出版社，2003年，第158页。

(the principle of symmetry generalized，又称广义对称性原则）及其批判性发展为主线，尝试对 STS 的"实践转向"中三位最重要的代表人物拉图尔、皮克林与唐娜·哈拉维（Donna Haraway）的思想进行梳理和逻辑重构，由此提炼出一种生成论意义上的科学观，并在此基础上思考科学的文化哲学意义——我们与世界是如何相互重塑，如何共同生成、共同存在与共同演化的。

1992 年，皮克林主编的《作为实践和文化的科学》一书出版后，学术界出现了"让 STS 返回唯物主义"或"让科学返回其起源的生活世界"的呼声，即让 STS 从"理论优位"转向"实践优位"。这种"实践转向"的标志性成果是拉图尔提出的"行动者网络理论"、皮克林的"冲撞或共舞理论"、哈拉维的"情境知识论"。这三条研究进路的共同特征是清楚认识到 SSK 与传统科学哲学的基本立场的两极性，力图通过对"科学实践"的突出强调，达到对 SSK 与传统科学哲学的批判性整合，以实现对两者的超越。

从科学哲学的角度来看，要从传统的"理论优位"转向"实践优位"，有两个理论上的障碍有待突破。一是在皮特·伽里森（Peter Galison）与约瑟夫·劳斯（Joseph Rouse）等的批判下，人们已经看到了传统科学实在论与反实在论共享的"理论优位"立场的问题所在。二是拉图尔、皮克林和哈拉维在 STS 研究中对 SSK 的批判。由于三者的早期研究都脱胎于 SSK，他们的批判更加引人注目。1999 年，STS 中两位代表性人物布鲁尔与拉图尔之间爆发了"对称性原则"之争，这场争论实际上是 1992 年林奇与布鲁尔的"规则悖论"之争和拉图尔、卡隆与柯林斯、史蒂文·耶尔莱（Steven Yearley）之间的"认识论的鸡"之争的延续。这三场争论的焦点在于坚持布鲁尔的"方法论对称性原则"还是坚持拉图尔的"本体论对称性原则"。

布鲁尔的"方法论对称性原则"源于对科学哲学中伊姆雷·拉卡托斯（Imre Lakatos）的"方法论不对称性原则"的不满。拉卡托斯认为科学史是对科学的"合理性重建"；科学哲学的首要原则就是选择一些方法论原则，以构成全部科学研究的合理性框架。同时，他让社会学家以"外在的社会史"去解释科学哲学无法说明的非理性的残余物。这种"方法论不对称性原则"引起了社会学家的强烈不满，布鲁尔为此提出了 SSK 的"方法论对称性原则"，即坚持无论真还是假、理性还是非理性，只要它们为共同体所坚信，都应平等地诉诸社会原因（如利益）以获得最终解释。就实质而言，SSK 的哲学批判的根本对象是科学实在论，但这种批判的结果却是用社会实在论取代了自然/科学实在论，造成了批判者与批判对象的"两极相通"。

就深层而言，科学哲学与 SSK 之争，实际的切入点都是西方哲学传统中主客二分的知识表征实在的反映论。正是这种表征主义的科学观，使我们始终处在我们是否真实地反映了我们的世界的"方法论恐惧"①之中。这种恐惧构成了我们所熟悉的实在论与反实在论的哲学困境，继而导致"我们究竟能否真实、正确地反映客观世界"的"认识论疑难"。"要在理论层面上论证科学实在论，检验、说明、预测成功、理论会聚等，都限定在表象世界。科学的反实在论因此永远都挥之不去，就一点也不奇怪了。"②也就是说，建立在符合论基础上的表征主义无法逃避实在论与反实在论之间的二难选择。如何消除这种静态的反映与被反映关系，哈金呼吁"从表征走向干预"。

针对布鲁尔的"方法论对称性原则"，拉图尔提出了"本体论对称性原则"，这一原则构成了 STS 中"实践转向"的出发点。其要点在于，要消除传统哲学中的主客截然二分，坚持从两者的混合本体状态，即基于"自然-仪器-社会的聚集体"，去追踪实验室中科学的实践建构。与此相应，拉图尔用一个词——"技科学"（technoscience）去概述科学、技术与社会的无缝之网。

"本体论对称性原则"提出的背景是第二次世界大战后赛博空间（人-机-物的耦合空间）的出现。"实践转向"的创新意义在于，它强调不要一开始就在抽象的思辨层次上去思考科学的哲学问题，而是通过科学知识生产得以展开的本体论舞台——实验室或田野，去追踪科学家与工程师的行动，从中展现出人类因素与物的因素之间的内在相互作用，观察这种相互作用如何建构出科学事实与理论的具体细节，并在此基础上对科学的相关哲学问题进行反思。这意味着，"本体论对称性原则"要求把认识论融入本体论之中。

"本体论对称性原则"是研究"科学实践"各种理论发展的主线，它向我们展现出一种生成论意义上的科学观。

20 世纪的科学哲学（逻辑经验论、后实证论与科学实在论）与 SSK 之间虽然存在着严重的分歧，甚至是激烈的冲突，但却持有相同的哲学立场——表征主义，即都关注科学知识在反映论意义上的表征，要为科

---

① （美）安德鲁·皮克林：《实践的冲撞：时间、力量与科学》，邢冬梅译，南京：南京大学出版社，2004 年，第 6 页。
② （加）伊恩·哈金：《表征与干预：自然科学哲学主题导论》，王巍、孟强译，北京：科学出版社，2011 年，第 217 页。

学所反映的对象提供一种所谓明晰的几何形象或表征，忠实地复制所反映之物。表征主义源于 20 世纪中叶的"语言学转向"，这种转向赋予了"语言"太大的权力，随后出现的"符号学转向""解释学转向""文化转向"，每一次转向的结果都是最终把"物"消解为一种语言或其他形式的表征。语言重要，话语重要，意义重要，文化重要，但"物"不重要。允许语言去塑造或决定我们对世界的理解，相信语言的主语与谓语之结构反映出一种先验世界的潜在结构，这是 SSK 与传统实在论共同的形而上学基础，也是上述各种转向的核心蕴含。语言与文化具有能动性与历史性，而"物"却被表现为被动的与永恒的，充其量承载着语言与文化的历史所引发的变化。我们直接接触的是文化表征的活力，缺乏的是被表征的"物"的生命。这样，尽管关注社会、关注语词、关注意义，但缺乏"物"的生命的表征主义眼中的科学，最终还是丧失了语境性和历史性。这导致在科学哲学的长期发展中，自然的历史性始终没有进入哲学家的视野。"他们缺乏历史感、他们仇恨生成（becoming）观念……哲学家长久以来把科学变成了木乃伊。"①

以"本体论对称性原则"为基础的科学实践哲学，不仅摆脱了科学哲学与 SSK 共享的表征主义的两难困境，还使我们从表征走向操作，展现出一种辩证的新本体论，即人与物之间交互式的共舞，不仅建构了科学，而且还重塑了自然与社会，使人与物、自然与社会处于共生、共存与共演的耦合关系之中。

邢冬梅

2021 年 11 月

---

① （加）伊恩·哈金：《表征与干预：自然科学哲学主题导论》，王巍、孟强译，北京：科学出版社，2011 年，第 1 页。

目　　录

第一章　寻回自然科学的"生活世界起源"

第一节　回到"实践唯物论"

一、自然科学的生活世界起源问题

"回到唯物论"是当代 STS 提出来的一个口号。如皮克林呼吁"科学研究要回到物质世界",拉图尔在 2007 年的一篇文章中呼唤"回到唯物论",女性主义也提出了"向唯物论回归"。这种提法与埃德蒙德·胡塞尔(Edmund Husserl)对西方科学的"数学化"分析有关。在《欧洲科学危机和超验现象学》一书中,胡塞尔通过揭露数学化的自然科学的抽象基础,解释了伽利略对数学的普遍化的"发明",其解释的目的是说明这种"数学化的科学"如何遗忘了自然科学的"生活世界起源"的问题。

胡塞尔从认识论的角度详细分析了这种几何化的自然观的"祛魅过程"。在原初的意义上,我们周围的理论的世界是事物处于典范式的流变状态之中,在周围世界中的那些可感性地经验到的和在感性的直观上可设想的形状,以及在任何一般性的层次上可设想的这些各类形状,互相交融地组成一个连续统一体,在这一开放的无限的范围中的每一个形状即使在现实中是作为事实被直观地给予的,也还是缺乏"客观性";因而它不是主观际地可规定的,在它的规定性方面对于每个人来说可以是互相交流的,测量的技艺显然有助于实现这种客观性的目的,测量的技艺在实践中发现把某些在实际中普遍被使用的、具体地固定在经验上不变的物体上的经验的基本形状选择出来作为标准的可能性。测量的技艺还发现借助于这些基本的形状和其他形状之间所存在的(或所能发现的)关系,主观际地和在实践上一义性地确定后者的可能性……由此我们可以理解,经验的测量的艺术和它的在经验-实践方面的客观化的功能,是如何作为一种自觉地寻求规定"真的"东西的,即规定世界的客观的存有的知识,也即"哲学的"知识的努力的后果,经过一种从实践的兴趣到理论的兴趣的转化,而被观念化,并因而成为一种纯粹几何的思想方法的。[1]在欧几里得几何中,继

---

① (德)埃德蒙德·胡塞尔:《欧洲科学危机和超验现象学》,张庆熊译,上海:上海译文出版社,1988 年,第 33 页。

希尔伯特对之进行形式公理化处理以后，基本术语已摆脱了实际意义上的含义的约束，逻辑推理已摆脱了依赖人们直观空间观念的习性，几何公理系统的相容性、独立性和完备性的标准的确立，为人们提供了一个无歧义的、主观际可交流的“客观世界”。因此，胡塞尔说欧几里得的这个几何世界中的交流，不是单个地、不完全地、仿佛偶然地被我们获知的，而是通过一种理性的、连续的、统一的方法被我们认识的。

实验在科学中的地位，相当于科学家把经验的自然上升到理念的自然的工具或桥梁。借助于实验室的测量技艺活动，经验的自然就不断地向着“几何化”的自然逼近。具体的过程是这样实施的：首先，精确的数学通过指导测量活动降低到经验自然，从而成为一种认识实在的一般方法。其次，把自然事物的形状方面“直接数学化”。最后，把自然事物的质料方面“间接数学化”，即通过测量的活动，把事物的质料性内容，如声音、冷热等转化成声波振动、热振动的测量数值，把它们变成纯粹形状世界的东西。“任何测量都获得一种向永远不能最终达到的有关的理念极标，即向有关的数学上理念存有……不断趋近的意义。”[①]结果牛顿和伽利略就以数学的方式构成的理念存有的世界开始偷偷摸摸地取代作为唯一实在的，通过知觉实际地被给予的，被经验到并能被经验到的世界，即我们的日常生活世界。[②]这件数学和数学的自然科学外衣，在一个不断推进的过程中达到算术化这个最高阶段。这同时也表示着超越算术化，导致完全形式化。这个形式化的世界包括对一切科学家等受过教育的人来说作为客观实际的真正的自然。在这个理想世界中，理论物理学家就相当于一台水果榨汁机，不断地从前提中榨取蕴含的结论，而这种结论却是人类的有限理智无法直接观察到的。实验的物理学家负责提供从直观地给予的周围世界向理想的极标上升的过程中所需要的实验和测量。[③]

结果“正是这件理念的衣服使我们把只是一种方法的东西当成真正的存有……这层理念的化装使得这种方法、这种公式、这种理论的本来意义成为不可理解的”，而这种“生活世界”恰恰是“自然科学的被遗忘了的意义基础”[④]。科学世界和生活世界、事实世界和价值世界在这里发生了

---

① （德）埃德蒙德·胡塞尔：《欧洲科学危机和超验现象学》，张庆熊译，上海：上海译文出版社，1988 年，第 49 页。

② （德）埃德蒙德·胡塞尔：《欧洲科学危机和超验现象学》，张庆熊译，上海：上海译文出版社，1988 年，第 58 页。

③ （德）埃德蒙德·胡塞尔：《欧洲科学危机和超验现象学》，张庆熊译，上海：上海译文出版社，1988 年，第 56 页。

④ （德）埃德蒙德·胡塞尔：《欧洲科学危机和超验现象学》，张庆熊译，上海：上海译文出版社，1988 年，第 62 页。

分离，客观的科学世界摆脱了我们所生活的主观和相对的世界。与之对应，在本体论方面导致西方传统文化所特有的"自然的两岔"现象。借助于欧几里得理性，排除了自由、价值以及我们生活中对终极意义的信念，科学真理和道德规范出现二律背反，近代科学完成了自己的"祛魅运动"。

胡塞尔对"生活世界"中科学的问题的关注，要求科学返回"生活世界"，这种传统认识论哲学所没有关注的问题，恰恰成为当代 STS 研究的中心课题——寻求科学的生活世界的起源，使 STS 真正返回生活的物质世界，反思科学的"唯物论"，成为新的科学反思的一个切入。

二、唯物论中的"物"与科学实践

何为科学实践意义上的"唯物论"？拉图尔在评析类似上述的传统科学观时指出，"每一个唯物论者内心都沉睡着一个唯心论者"，因此，他呼吁返回一种"真正的唯物论"[1]，为此，他又在"唯心的唯物论"（ideal materialism）或"理念化的唯物论"（idealized materialism）与"物质唯物论"（material materialism）之间进行了区分。在拉图尔看来，对唯物论的传统界定是，它"似乎总是简单地诉诸某一类型的力量、一些实体、力，从而使得分析者能够说明、取消或者认清其他类型的力量"[2]，特别是它"认为我们可以通过物质基础（material infrastructure）来解释概念性的上层建筑"[3]。因此，"诉诸唯物论，能够粉碎那些试图隐藏在诸如道德、文化、宗教、政治或艺术后面的那些最粗暴的利益"[4]。但是，传统唯物论在两个层面上是唯心论的。

（1）把科学推向柏拉图的理念世界，或康德式的现象界。传统唯物论坚持认为"我们认知方式的几何化"与"被认知之物的几何化"之间存在"相同性"。这仅仅是因为我们有这样一种忠诚的信仰，即科学只研究被认知"客体"的第一属性——几何或广延性，从而将其第二属性从科学中清除。然而，在事实上，任何一部机器，它可作为一幅设计图纸、作为"内在于长久以来的几何史所发明的同质空间的一部分"而存在，但与作为"一种能够抵御侵蚀和腐烂的真实实体而存在"完全是两码事。传统唯物论的错误就在于坚持把"物质自身的本体论性质"与"图纸和几何空间的本体论性质"等同起来。这样，借助于一种欧几里得式的抽象，几何式唯物论

---

① Latour B, "Can We Get Our Materialism Back, Please?", *Isis*, Vol.98, No.1, 1988, p. 139.

② Latour B, "Can We Get Our Materialism Back, Please?", *Isis*, Vol.98, No.1, 1988, p. 138.

③ Latour B, "Can We Get Our Materialism Back, Please?", *Isis*, Vol.98, No.1, 1988, p. 138.

④ Latour B, "Can We Get Our Materialism Back, Please?", *Isis*, Vol.98, No.1, 1988, p. 138.

就抹杀掉了隐藏在科学语境中的道德、文化、经济与政治之类的利益。这种抹杀，恰恰凸显出它的唯心特征，继而丧失了对科学的一种真正的唯物论的理解途径。这种理想的唯物论所建构出来的科学对象，充其量不过是柏拉图理念世界中的存在物，或是康德式的现象界的物，而不是真实客观世界中的实体。这是当代科学实在论一直无法摆脱的困境。主流科学哲学一直想对科学家从事的研究进行合理性辩护，表明科学家的确是在研究客观世界中的客体及其规律，但实际上却建构出了一个现象界意义上的对象，与科学家所认为的他们研究的是真实世界中的客观世界相去甚远，因为这一客观世界实际上被推到了康德式的"物自体"世界，人们永远无法认识它。无怪乎史蒂文·温伯格（Steven Weinberg）说道："科学哲学对科学家来说，就像鸟类学对鸟的效用一样。"①

（2）技术史一直都是唯心的唯物论最坚强的堡垒。技术史中有两种类型的存在，第一种存在是由长期的几何史所发明的"同质性空间"的内在部分，表现为静止的、永恒的与完美的几何图形。像科学哲学一样，技术哲学也一直把技术的人工物（真实物质本体）视为不过是完美几何图形的本体论的摹本。同时，唯心的唯物论者完全无视在机械装置产生过程中的艰辛劳作，无视其中充斥着的"生产""聚集""追踪""确认""维持""校准"等技术活动。在唯心的唯物论那里，似乎一张图纸就决定了机器的产生。这就是拉图尔为什么认为直到现在的唯物论都一直看起来是如此唯心论：它让物自身应该是什么的想法一直停留在这种抽象奇迹（也就是第一属性）之中，使真实物体之间的"类似性"仅仅成为其几何图形的再现。这种奇迹之所以是唯心论的，原因在于它在整体上忽视了制造图纸的具体的实践活动，消除了那些制造图纸的特征所对应的机器的工程实践的整体网络。

基于唯心的唯物论的问题，拉图尔提出要返回真正的唯物论——唯物或物质的唯物论。唯心的唯物论所坚持的是对客体的浅描（thin description），科学实践则坚持对物的深描（thick description）。何为深描？深描凸显唯物的唯物论中的"物"。拉图尔为此对"客体"与"物"进行了区分。客体被认为是外在的、独立的存在，是一种不变的实质；而物的含义却与之不同，他赞同马丁·海德格尔（Martin Heidegger）的思想，将物界定为一种"聚集"、一种"集合"，或一种"物化"（thinging），因

① Weinberg S, *Facing up: Science and Its Cultural Adversaries*, Cambridge: Harvard University Press, 2003, p. 8.

此物并不是一个不变的、固定的东西，而是一个聚集的过程，在这种过程中，各种自然因素与社会因素共同聚合为物。于是，物质并不是客体，而是物；技术不是作为客体而存在，而是作为物而存在。在此基础之上，拉图尔说，旧唯物论对物和技术的界定，忽视了它们的"物性"（thingness），因此是一种唯心的唯物论。拉图尔所坚持的唯物论，主张从物的角度，而不是客体的角度来思考世界，因此是一种真正的物质的唯物论。拉图尔主张唯物论应该从"唯心的唯物论""理念化的唯物论"转向"唯物的唯物论"或"物质的唯物论"。皮克林形象地把它称为 STS 要"生活在物质世界"："我们应该把科学（包括技术和社会）看作是一个人类力量和物力量（物质）共同作用的领域。在网络中人类力量与物力量相互交织并在网络中共同进化。"①在这种"物"的观念中，科学便成了一个实践概念。在这里，物就是指自然、仪器与社会之间机遇性相聚集的空间或场所，即物质-概念-社会的聚集体。皮克林把聚集体称为物之稠密处（the thick of things）。这样，通过唯物的唯物论，科学实践促使人们关注物质文化的场所——主客体的交汇点，相应的实验室生活（科学实践得以发生的真实时空）也就成为 STS 的研究中心。研究实验中科学事实是如何在物质-概念-社会的聚集体的建构中生成出来，研究实验室所生成的科学事实所带来的自然-社会、客体-主体之间的共生、共存与共演的历史，就构成了当代 STS 中生成本体论研究的主线。

如何返回物质世界中的科学实践？在 STS 研究中，先行要做的就是消除"理论优位"的传统。这就导致了伽里森等对科学哲学、皮克林等的 SSK 的批判。

第二节 消除 STS 中的"理论优位"

一、科学哲学中的"理论优位"

（一）实证主义中的"理论优位"

科学哲学中的实证主义与后实证主义（一般认为是后库恩的科学哲学主流）之间存在着基本的一致性，甚至到了 20 世纪中叶，在科学哲学占主导地位的传统中，仍然保留着"分析传统"的特质。这种传统趋

---

① （美）安德鲁·皮克林：《实践的冲撞：时间、力量与科学》，邢冬梅译，南京：南京大学出版社，2004 年，第 11 页。

向于把科学主要视为一种理论，而不是实践。即使到了逻辑经验论受到了库恩之后的后实证主义挑战时，对理论优位的强调仍然占据着科学哲学的中心地位。这就是伽里森所称的"实证主义者与反实证主义之争"（positivist—anti-positivist controversy）①。

逻辑实证主义与反实证主义的共同点在于把科学视为"理性知识"，即科学由符合逻辑的命题或命题的集合构成，于是，对命题的分类与如何表征命题之间的关系，就成为科学哲学研究的中心议题。观察命题（或经验命题）与理论命题，构成了作为理性知识的科学的二元结构，实证主义强调经验命题优先，反实证主义强调理论命题优先。如何在两种命题中确立相互的联系，构成了科学哲学研究的关键问题。

事实上，经过科学哲学家的大量研究，人们发现这种联系并非一目了然。于是各式各样的中介规则相继推出，这些规则通常采取了抽象的逻辑或数学形式，如对应规则、协合定义、词典或某种详细的解释体系，这些规则扮演着中介性的转译功能。随着中介规则的增多，理论命题与观察命题之间的界限也变得越来越模糊。逻辑实证主义认为理论命题最终来源于观察命题，这种还原论解释，为科学与非科学的命题提供了划界标准，也为科学的有效性提供了保障。反实证主义则认为观察命题只有通过理论命题得以建构，不然就没有意义。这就是所谓观察的理论负载。这种观点正好把观察命题与理论命题之间的关系颠倒，即首先必须要有不同的、相对独立的理论命题，才能对与理论命题对应的观察或经验预测进行检验，或推出一个理论是否比其他理论更具有对经验的预测力。总之，两者之间的共同点在于把科学视为命题的构造，并在两种命题之间建立起转译关系，并且这种转译被限制在语言的意义范围内。

逻辑实证主义认为科学是统一的，这种统一性构成了科学一致性和稳定性的基础；反实证主义认为科学不具有统一性，因此科学也不具有与统一性对应的稳定性。将逻辑实证主义和反实证主义的观点简化可知：前者把基本的观察命题作为所有理论的基础，科学是统一的事业；后者取消了实验和理论之间的严格分界线，并认为不存在中性的经验语言。反实证主义不但认为实验与理论彼此无法分开，而且认为二者不具有自身独特的发展线索，以至于不假定在其他活动领域中存在伴随的转移，就不能解释在一个活动领域中的断裂或革命。

---

① Galison P L, *Image and Logic: A Material Culture of Microphysics,* Chicago: University of Chicago Press, 1997, chap. 9.

伽里森指出：历史学家通过阶段化（periodization）这一方法论承诺来指定所研究领域的断裂和连续。逻辑实证主义持有一种还原论的立场：将知识还原到经验上，即认为观察经验是知识的基础。逻辑实证主义致力于世界的逻辑建构：由基础的个体感官经验上升到物理学，再到个体心理学，最终到所有自然科学和社会科学的大统一。逻辑实证主义通过将经验报告作为所有科学的基础和统一物（unifier），进而认为观察语言是积累的和连续的。

从图 1-1 可见，实证主义赋予了观察不可动摇的地位。在实证主义阶段中，由经验结果的积累可以得出科学图景的连续性。为了适应新的观察数据，理论可以发生改变。实证主义没有在观察与实验之间作明确的区分。

图 1-1　实证主义阶段图[①]

哲学家的实证主义精神也影响了 20 世纪早期的美国物理学家的研究规范，这些物理学家特别重视理论前的实验和观察。例如哈佛大学物理学系曾经拒绝授予理论物理学家埃德温·肯布尔（Edwin Kemble）博士学位，原因在于其工作缺少实验证据。科学史家也参与了哲学家和科学家的实证主义运动，如 20 世纪 50 年代哈佛大学詹姆斯·布莱恩特·科南特（James Bryant Conant）所主编的著名的《哈佛实验科学史案例》，就用实证主义的手法将实验的胜利载入了编年史：如波义耳发现了气体定律、巴斯德探究的发酵以及拉瓦锡推翻了燃素说等。科学的统一出现在观察和实验的层次上，进而产生了科学事业具有稳定性的坚定信念。这种信念认为连续的和统一的"物理主义者"（physicalist）语言为科学史提供了连续和进步的叙事。

到了 20 世纪 50~60 年代，通过"概念图式"（conceptual scheme）术语的广泛引入，科学史和科学哲学领域掀起了反对实证主义科学图景的浪潮。威拉德·范·奥曼·奎因（Willard Van Orman Quine）在 1936 年发表的《约定的真理》一文中已经明确使用"概念图式"术语；科南特在《哈

---

① Galison P L, *Image and Logic: A Material Culture of Microphysics,* Chicago: University of Chicago Press, 1997, p. 785.

佛实验科学史案例》中数十次使用了"概念图式"这一术语。"概念图式"很快变成一个普遍的概念，以至于在 20 世纪 50～60 年代的英美科学哲学领域离开"概念图式"就很难发现关于科学的纲领性命题。[①]这一浪潮，在另一维向上开启了科学哲学的科学图景中"理论优位"的叙事。

（二）反实证主义中的"理论优位"

反实证主义主张的最重要观点是不存在中立的观察语言，观察是负载理论的。库恩和诺伍德·汉森（Norwood Hanson）借助格式塔心理学来解释理论的改变：不同个体可以将一幅图片看作鸭子或兔子，正如不同范式可以认为同一实验显示了燃素的缺失或氧气的存在。对于反实证主义来说，理论是科学变化的动因，科学的变化是基于理论的。反实证主义将实证主义的观点进行了颠倒：理论占据了原先实验和观察的首要地位，现象也不再具备连续性了。当理论改变时，包括实验和观察的整个科学场景都发生了改变。强调理论的转变是一种格式塔转换就突出了理论改变和经验断裂是同时发生的。反实证主义阶段图表明阶段的断裂是在理论和实验层次上同时发生的。认知首要性已经由经验层次转移到了理论层次。

从图 1-2 可见，反实证主义的阶段图通过将理论置于首位从而颠倒了实证主义的阶段图。反实证主义认为理论和观察是处于共同阶段的，于是理论上的每一次剧烈变化都伴随着观察标准的转变。用库恩的话来说，当范式发生改变时，科学家将生活在不同的世界之中。

| ⋯⋯ | 观察1 | 观察2 | 观察3 | 观察4 | ⋯⋯ |
| ⋯⋯ | 理论1 | 理论2 | 理论3 | 理论4 | ⋯⋯ |

时间 ⟶

图 1-2   反实证主义的阶段图[②]

虽然反实证主义的阶段图不再像实证主义的阶段图那样将科学理想化地描述为观察和经验的渐进积累，但是二者的阶段图都寻求单一的主线来贯穿整个科学发展历程：实证主义求助于观察，而反实证主义求助于理论。"二者都认为语言是科学的关键——虽然实证主义者寻求经验的语言，

① Galison P L, *Image and Logic: A Material Culture of Microphysics*, Chicago: University of Chicago Press, 1997, p. 788.

② Galison P L, *Image and Logic: A Material Culture of Microphysics*, Chicago: University of Chicago Press, 1997, p. 788.

而反实证主义者在理论中找出关键术语。实证主义者认为在基本观察中存在的所有专业的共同基础，确保了科学的统一。反实证主义者（如库恩）则否定这种基础的存在，借助'微观革命'将专门的物理学学科分裂为无数的没有关联部分。"①

伽里森认为反实证主义的观点有许多可取之处。通过抨击实证主义简单化的科学的经验进步图景，反实证主义者强调理论在实验实践中发挥着动力学作用；为将理论关注点与更大的科学工作语境（包括哲学承诺、意识形态设想或科学的国家系统）相连，提供了历史编纂学的空间；通过大量的历史研究，揭示出理论概念是如何显著地改变实验数据的建构、解释和评价，继而凸显出观察世界中存在的断裂。②

从实证主义到反实证主义，另一相通之处在于科学知识建构者的身份问题。建构者被视为科学语句或理论生产的言说者。把科学研究的任务归结为纯粹的科学家的事业，他们具备感觉与认知能动性，他们必须能够清晰地阐明那些整合观察的命题，还必须构造出与观察没有直接联系的命题，并能够在它们之间不断进行转译。除了这种认知能动性外，科学家还具有理性思维，如简单性、理论的相容性、可预见性等思维特性，能够做理性的判断。这种判断必须与某种理论的承诺、与科学方法的普遍性、科学方法的效力以及实验数据相契合，并能够经受严峻的判决性的检验。科学家的任务就是一方面不断地制造出各种命题，另一方面让这些命题在客观证据面前受到不断的检验。这些理性的认知能动性是科学中达成共识的基本保证。科学家能够进行推理，能够确定某些命题的普遍性程度，也可基于好的方法论规则来做出判断。无论人们采取何种方式解决问题，都存在着共同的标准。科学的发展就是命题语句的增加，是人与自然对话的结果。一个具有学术规范与方法论的共同体，面对着的是一个沉默不语的自然，科学家的任务就是转述自然，把它转译成命题，而这些命题被记录在具有形式系统的理论之中。把自然纳入命题体系中是科学研究的基本任务，命题体系或是对真理的不断逼近，或是把众多的经验观察联系在一起，或提高了我们驾驭与控制自然的能动性。在这种图景中，你看不到实验室的仪器，看不到实验室的研究材料，看不到科学家的意会技能，看不到仪器的制造者与维修者。实验室被纯化了，所有的问题能够由并且只能够由科学

① Galison P L, *Image and Logic: A Material Culture of Microphysics*, Chicago: University of Chicago Press, 1997, pp. 794-795.
② Galison P L, *Image and Logic: A Material Culture of Microphysics*, Chicago: University of Chicago Press, 1997, p. 2.

家去解决。

　　反实证主义和逻辑实证主义所具有固定的等级层次为科学的统一性提供了辩护：反实证主义认为理论是基础，而实证主义认为观察是基础。看似二者是各自的对立面，其实二者有许多相似性。以库恩的观点为例，将实证主义的观点颠倒并预设重要的实验和理论断裂同时发生，就得到了反实证主义的观点。

二、从科学哲学到科学实践哲学

（一）科学的"合理性重建"

　　逻辑经验论把科学视为一种在某种语言、理论或研究纲领中努力表征自然的做法，或科学代表着对自然的真理性表征。但这种真理往往是通过"普遍性的方法论原则"的过滤而获得的。如逻辑经验论视科学合理性的标准模型（又称逻辑合理性模型）为其典范，该合理性模型的核心是规则，如逻辑规则、算术规则、数学及科学方法论等。从表面上，这种做法是把科学理论真假的决定权赋予自然。然而，事实上，所有这些消解"知识的主观偏见"的做法都是各种各样的主体的形式。这是"作为主观主体恰当安置的客观性的观念"。在科学哲学中，方法论时常被功能化为一种元层次上的规范概念，如在寻问一个主张、一种方法或一种立场是否客观时，通常遵循着"认知上行"（epistemic ascent）的路径。"认知上行"是指在思考某种科学主张是否真实时，哲学家不是去研究科学家如何研究对象的实际过程，而只关注于科学家对研究纲领或方法的选择。也就是说，"认知上行"进入了一种元层次，仅仅关注这些方法是不是真实的、好的辩护依据。"作为一种理想的认知客观性，它预设了在作为认知者的我们与被认知的世界之间的一条鸿沟。作为一种客观的方法论，它被提出来的目的就在于填补这一鸿沟。但任何这类议程，都是作为一种主体设置的形式，被坚定地置于我们与所表征的世界之间区分中的我们一方。"①这实际上就是胡塞尔指出的"欧洲科学危机"的根源——对"自然"所进行的伽利略式的"外科手术"或康德式的"为自然立法"。胡塞尔说道，正是伽利略式的数学化"使我们把只是一种方法的东西当成真正的存有……这层理念的化装使得这种方法、这种公式、这种理论的本来意义

---

① Haugeland J, Rouse J, *Dasein Disclosed: John Haugeland's Heidegger,* Cambridge: Harvard University Press, 2013, p. xiv.

成为不可理解的"①。也就是说，正是数学化这件理念的外衣，使人们遗忘了自然科学的"生活世界起源"的问题。

"认知上行"这种人类中心论的做法源于逻辑经验论为科学哲学所划定的界线。1938年《经验与预言》②中，汉斯·赖兴巴赫（Hans Reichenbach）提出了科学哲学中著名的"辩护的语境"与"发现的语境"两分的观点。赖兴巴赫提出"两种语境"之分，目的是表明科学家的实际思维过程（发现的语境）与发现后的理论表征（辩护的语境）之间存在着本质差别。他认为"科学发现"是不能进行哲学分析的对象，解释"科学发现"并不是认识论的任务，科学哲学只能涉及科学的"辩护的语境"。这种两分旨在划出科学知识的内部关系和外部关系之间的界线，内部关系属于科学的认知内容，它代表着科学反映的自然，科学哲学只涉及内部关系，社会学则主要涉及外部关系。赖兴巴赫试图建立一个既有逻辑完备性又准确反映出思维的认知过程的理论，但其中要排除科学的非认知因素，如社会与心理因素，从而把科学事实抽象为柏拉图式的理念。第二次世界大战后的科学哲学界普遍接受了这种区分，"两种语境"之分，成为科学哲学的主导原则之一。

拉卡托斯在《科学史及其合理重建》一文中指出，科学哲学的首要原则，就是选择一些方法论原则以构成全部科学研究的说明性工作的框架。在这种哲学的指导下，人们就应该可以把科学展示成具体体现这种科学哲学的各种原理，并且是根据它的教诲而发展的某种过程。只要人们做到这一点，他们就可以根据哲学来表明科学是合理性的。拉卡托斯把那些确立在科学方法论原理上的工作称为"合理性重建"或"内在的历史"。同时，拉卡托斯还为社会学家预留了一个角色，让他们以"外在的社会史"来解释理性主义无法说明的非理性的残余物。拉卡托斯的观点可以概括如下：①内在史是自足的，具有自主性，可以展示出科学发展的所有合理性，本身就可以说明科学发展的主要特征；②相对于外在史来说，内在史具有一种重要的优越地位，外在史不过弥补了存在于合理性与现实性之间的非理性因素。因此，社会学的研究属于对"病态"科学的社会研究，亦即把科学方法无法充分说明的问题，移交给社会学家进行研究，进行非合理性的外在史说明。拉卡托斯认为，科学的内在的历史是第一位的，外在的历史是第二位的，因为外在的历史中最重要的问题都是由内在的历史界定的。

① （德）埃德蒙德·胡塞尔：《欧洲科学危机和超验现象学》，张庆熊译，上海：上海译文出版社，1988年，第62页。

② Reichenbach H, *Experience and Prediction*, Chicago: University of Chicago Press, 1938.

外在的历史要么对速度、位置、选择性等问题，以及对人们根据内在的历史解释不了的各种历史事件，提出非理性的说明；要么在历史与人们对它的合理性重建产生争议时，提出对这种不同之发生原因的经验性说明。但是科学增长的合理性方面完全可以由人们科学发现的逻辑来说明。

拉里·劳丹（Larry Laudan）在《进步及其问题：科学增长理论刍议》中，对"认知社会学"提出了警告："我们若要研究科学的合理性的社会背景，必须先懂得什么是合理性。"①在他看来，科学的合理性只是意味着整体上遵循科学的方法，并不是说科学家的行为都是合理性的。因而，社会建构论的原则不能界定一个值得承认的科学实践方式（即知识的社会学），它对科学实践的说明也不能用于说明它自身。劳丹希望社会学家扮演自己的本分角色，或回到与思想史和认识论完全不相干的科学的非认识的社会学中，或在遵循一定的划界原则的前提条件下进入认识论。在后一种情况下，它建议社会学家遵循一种"外理性原则"（the arationality principle）。按照这种方法论的约定，"当且仅当那些信念不能用它们的合理性来解释时，知识社会学才可能参与对信念的解释"②。

这种思想史家与知识社会学家的分工受到威廉·赫伯特·牛顿-史密斯（Willian Herbert Newton-Smith）的支持。牛顿-史密斯认为，至少存在关于信念的最低限度的理性说明，可以用来决定一个确定的信念在一个给定的情境中是否合理。大多数科学哲学"内在"于科学的认识论之中，区分了科学知识的标准、证据与推理和那些至少在理想上被排除在认识论之外的社会因素。

按照上述标准的科学哲学，知识社会学的任务仅仅是通过收集大量的社会因素，去解释那些背离了那条勇往直前的理性大道的事件。错误、信念可以进行社会或心理解释，但是真理却只需要自我解释。③社会学家完全可以分析对飞碟的信念，但却不能分析有关黑洞的知识；社会学家完全可以分析超心理学（parapsychology）的错觉，但却不能分析心理学家的知识；社会学家完全可以分析赫伯特·斯宾塞（Herbert Spencer）社会达尔文主义的错误，但却无法分析达尔文进化论的确定性。

值得注意的是，这不仅是带有英美分析哲学色彩的科学哲学的看法，

① （美）拉里·劳丹：《进步及其问题：科学增长理论刍议》，方在庆译，上海：上海译文出版社，1991 年，第 230 页。

② （美）拉里·劳丹：《进步及其问题：科学增长理论刍议》，方在庆译，上海：上海译文出版社，1991 年，第 217 页。

③ Newton-Smith W, *The Rationality of Science*, Boston: Routledge & Kegan Paul, 1981, pp. 238-257.

同样也是以加斯东·巴什拉（Gaston Bachelard）为代表的法国新认识论学派的观点。巴什拉等认为：只有错误的科学才与社会语境相关。对于那些"公认的"科学而言，它们之所以能够成为科学，恰是因为它们将自身与所有的情境相剥离，消除了任何历史污染所留下的痕迹，与任何朴素的感觉划清了界限，甚至也摆脱了其自身的过去。这就是科学与科学史之间的差别。这就是所谓"认识论的断裂"。

赖兴巴赫式的标准二分就是把理性的重任赋予科学哲学家，而把非理性的残余物留给了科学社会学家。在辩护的语境中，方法论的规则成为理论成功的唯一评价标准。这是科学知识得以确立的秩序空间，它凌驾在科学之上，是观念的显现、科学的确立、科学的哲学反思与合理性建构的先验性基础。这同样暗示着一种清楚的等级分类，即自然科学超越了社会科学，而哲学却占据着最重要的位置。这种等级差异还体现为内部与外部之分，内部被视为一种永恒的、理性的科学知识的进步舞台，而外部被视为一种心理的、政治的、经济的等因素的非理性的杂烩。这就是传统科学哲学中"方法论的不对称性原则"，它拒绝社会建构论对科学知识的介入。

然而，这种理想化的科学哲学提供的是一种"错位"的科学形象。1963年，诺贝尔奖得主彼得·梅达瓦（Peter Medawar）在一篇题为"科学论文是一种欺骗吗？"（Is the Scientific Paper a Fraud?）的论文中指出：科学家的实验过程与他们在诸如著名的英国广播公司（British Broadcasting Corporation，BBC）之类的节目中向公众传播的科普作品之间普遍存在着"错位"。也就是说，由于多数听众对于科学研究缺乏具身性经验认识，他们对科学的了解主要来自教科书、电视节目等，而这些传播手段主要是强调实验知识的确定性与可靠性，并且这种确定性与可靠性会随着知识在时空中远离科学发现过程的程度而大幅度地提高。柯林斯曾将其形象概括为"距离产生美"[①]。梅达瓦认为科学家在其作品中有意地"错误"表达其研究实践。他们这样做是为了符合哲学家提出的所谓"方法论"要求，即把他们的研究置于归纳的框架之中，以让听众认识到"科学是一项伟大而智慧的工作"。然而，梅达瓦认为这种语境源于一位非常错误的人——约翰·斯图亚特·穆勒（John Stuart Mill）[②]。在实际工作中，科学家并不会严格按照归纳方法行事，归结主义的框架对科学家来说是一件可笑的紧身

---

① （英）哈里·柯林斯：《改变秩序：科学实践中的复制与归纳》，成素梅、张帆译，上海：上海科技教育出版社，2007年，第130页。

② Medawar P B, *The Strange Case of the Spotted Mice and Other Classic Essays on Science*, Oxford: Oxford University Press, 1996, p. 34.

衣。"对于构成科学发现的思维过程，科学论文给出的是一种完全错误的叙事，在这种意义上，科学论文是一种'欺骗'。"①

从方法论的角度来看，这种"错位"就源于赖兴巴赫式的标准二分。这种二分有两个重要的目的：①划定科学哲学与科学的经验研究途径（如科学史、社会学等）的界限。隐藏在这种区分背后的是这样一种基本假设，科学家提出一个科学理论的发现过程与对该理论的合理性的评价和检验无关。赖兴巴赫的二分的动机是对科学家的研究成果提供一种理性的重构，但绝不去思考获得这种成果的实际过程。②表明既然没有"发现的逻辑"，就没有必要对发现语境进行哲学重构。赖兴巴赫还提出了科学哲学的描述性与指导性的功能。描述性功能就是给出知识原貌的描述。但是，描述不仅涉及科学的方法论，也涉及科学的社会学。通过提出知识的内部关系与外部关系的界限划分，赖兴巴赫使得科学哲学区分于社会学，强调科学哲学只关注科学的内部关系，外部关系则属于社会学关涉的内容。②

赖兴巴赫指出对思维的逻辑关系的描述远非思维的实际运作过程。思维的逻辑关系的描述要兼顾逻辑的完备性与认知过程的思维准确性，诸如社会心理这类的因素要作为非认知因素排除在外。在一个相容的逻辑系统中，方法论的任务就是去表明思维过程"应该"是如何发生的，而不是社会学或心理学关注的思维过程"实际"上是如何发生的。科学哲学关注思维过程的逻辑重构。③为科学家的实际思维过程提供一种描述性说明，就方法论任务来说，就是考虑科学实践中的认知方面，并以逻辑秩序的方式重述出来。这种重述就是一种"理性重构"。

理性重构的逻辑原理是归纳法。如何让实际的思维过程用归纳的方式组织起来，这是科学家与哲学家的共同任务。科学家提供最初的思维原型，哲学家改进它，用一种归纳方式重构出科学家的思维过程，从而为科学家提供了表征其思想的"理性重构"的方法论原则。这种重构会使科学家意识到并改进其实践在逻辑上的缺陷和不足。从这种意义上来说，赖兴巴赫的"描述性任务"显然是"非描述性的"，而且是高度"规范性的"。因此，这种方法论具有高度的指导性功能：哲学家所做的就是为科学家提供一整套"意志性"（volitional）规范，一套必要的方法论原则。科学哲学所制定的指导性原则，可以展现和合法化科学知识，让科学家能对其实际

① Medawar P B, *The Strange Case of the Spotted Mice and Other Classic Essays on Science*, Oxford: Oxford University Press, 1996, p. 38.

② Reichenbach H, *Experience and Prediction*, Chicago: University of Chicago Press, 1938, p. 4.

③ Reichenbach H, *Experience and Prediction*, Chicago: University of Chicago Press, 1938, pp. 5-6.

思维过程进行一种理性重构，达到对其科学思想的最佳表征。

既然"发现的语境"不是方法论的任务，科学哲学也就只能涉及科学的"辩护的语境"，从而抹杀掉科学的实践过程。梅达瓦由此认为这正是导致科学中错位的方法论根源。

（二）科学的"社会学重构"

面对着上述哲学家与社会学家如此不对称的任务分配，社会建构论者提出了强烈的异议。为此，布鲁尔提出了科学的社会建构论（又称社会建构论）的"方法论的对称性原则"①。

"方法论的对称性原则"坚持，无论真的还是假的、理性的还是非理性的观点，只要它们为集体所坚信，都应该平等地作为 STS 的对象，都应诉诸同样类型的社会原因（利益）获得解释。这就意味着理性的信念和非理性的信念具有同等的认识论地位，理性的信念并不比非理性信念具有什么特别优越的地位，从而否定了科学哲学中的理性模式主宰，为科学合理性的社会学解释模式寻求合法依据。例如，采用"方法论的对称性原则"就意味着，我们必须要用同样的社会原因来解释狄德罗与达尔文、斯宾塞与达尔文；如果你想说明对飞碟的信念，那么就请确保你的解释同样可以对称性地运用于黑洞；如果你宣称揭穿了超心理学，你也要用同样的因素来解释心理学；如果你已经分析了巴斯德的成功，那么你要用同样的术语去解释他的失败。孟德尔的遗传学和李森科的伪科学都必须被视为与自然进行了因果性衔接，只不过采用两种不同的途径："既有孟德尔，也有李森科……这些理论都是与自然衔接的。由于它们处于各自的时代，所以都具有社会制度的烙印……它们以各自不同的方式获得了不同程度的成功。"②其结论就是：孟德尔和李森科二人的理论都与"自然"无关，二者必须等同地被视为一些利益组合或制度化思维方式的反映，即自然"一文不值，它们仅仅是存在于那里的一块空白屏幕，上映的是社会学家们所导演的电影"③。社会建构论的另两位代表性人物夏平与西蒙·谢弗（Simon Schaffer）说得更为直白，"当我们认识到我们知识形式的约定与人为的状态时，我们就把我们放在这样一种位置：认识到科学是我们自身的东西，而不是那种对我们的认识负责的实在。知识，就像国家一样，是

① （英）大卫·布鲁尔：《知识和社会意象》，艾彦译，北京：东方出版社，2001 年，第7-8页。
② （英）D. 布鲁尔：《反拉图尔论》，张敦敏译，《世界哲学》2008 年第 3 期，第 75 页。
③ （法）布鲁诺·拉图尔：《我们从未现代过：对称性人类学论集》，刘鹏、安涅思译，苏州：苏州大学出版社，2010 年，第 61 页。

人类行为的产物"①。

"对称性原则"是社会建构论的核心。其具体内容是同一类型的原因应当既可以说明真实的或合理的信念，也可以说明虚假的或不合理的信念。例如："生理学的目标是说明健康的有机体和病态的有机体……机械学的目标是人们理解正在运转的机器和出了毛病的机器、依然矗立的栋梁和已经倒塌的栋梁。"②对称性原则常与公正性原则被放在一块处理，因为它们都具有这样的指向，即所有的证据、事实或理论都应当成为需要加以解释的某种信念。这就意味着理性的信念和非理性的信念具有同样类型的原因，具有同等的认识论地位。相比较那些非理性的信念，理性的信念并不具有什么特别优越的地位。这种对称性，于是就消解了科学哲学中既有的合理性模式，为寻求科学合理性的社会学解释模式，开启了合法性路径，奠定了合理性基础。

劳丹以其"外理性原则"强烈地批判了布鲁尔的"对称性原则"。劳丹认为，所谓的对称性不过是一种虚幻。科学活动是一种理性活动，故其理性的信念与非理性的信念完全不可能对称。"当一个思想家的行为是合理的行为时，我们就不会进一步探究他为什么这样做的原因；而当他的行为不合理时——即使他自认为是合理的——我们才需要进一步的说明。"③劳丹还认为，社会建构论的对称性信条核心，即同种类型的原因观念基本上是不清晰的，这使对该信条的评价变得困难。我们被告诉我们要根据同种类型的原因去解释真与假的信念，或合理与不合理的信念，但是至少要非正式地知道什么是原因类型的分类法。我们只有知道怎样把原因进行分类时，才能解释何种同样的原因能够解释真与假的信念。

类似于劳丹的这种担忧远远不是书生气的，因为它决定了对社会建构论的评价。劳丹举例说明，如果行为者理性地解释他的信念，这与行为者利用其社会经济地位去解释其信念，两者是同一类原因吗？从神经生理学角度讨论某一信念的决定因素与从心理分析角度解释同一信念，也是同一类原因吗？如果对这两个问题的回答是肯定的，那么对称性信条就是无害的且是没有异议的。另外，如果对这两个问题的回答是否定的，我们似乎正在处理四种不同类的原因。同时，对称性原则展现出一种一元论，它主

① Shapin S, Schaffer S, *Leviathan and the Air-pump: Hobbes, Boyle, and the Experimental Life*, Princeton: Princeton University Press, 1985, p. 343.

②（英）大卫·布鲁尔：《知识和社会意象》，艾彦译，北京：东方出版社，2001 年，第 5 页。

③（美）拉里·劳丹：《进步及其问题：科学增长理论刍议》，方在庆译，上海：上海译文出版社，1991 年，第 193 页。

张这些原因中的某一种（或某一具体的联合体因素）在信念的产生过程中处于垄断地位。劳丹进一步指出，布鲁尔从未澄清他自己在该问题上的立场，因此他的读者并不清楚如何实施。为准确地理解对称性原则的含义，劳丹把该原则分为三个子论题：①认知的对称性，真的与假的信念应由同类原因解释；②合理性的对称性，合理的与不合理的信念应由同类原因解释；③实用的对称性，成功的和不成功的信念应由同类原因解释。劳丹指出，对称性论题的这三个子论题引发不少争议，导致了相对主义的不少变种。

除了指出对称性原则的核心"同类原因的观念"不清晰外，劳丹为自己的"外理性原则"进一步作了以下说明。他认为，不论是个体还是群体科学研究，其所持有的理性的信念和非理性的信念具有完全不同的生产条件，因而不可能构成对称性主题。首先，就科学研究的个体来说，他在采纳某种理论的信念之前，必须具体明白该理论的信念的因果关系和逻辑基础，用因果关系来解释该理论的信念，通过逻辑推论过程来完成因果解释，这个过程就可以成为保证其理性信念的原因。与此相对的，对非理性信念的因果解释则需要完全不同的解释，因为它们是"由社会和心理行为的直接行为导致的信念"。[①]劳丹曾举例说道，"如果接受某种信念 X 是先前接受信念 Y 和 Z 自然而合理的结果，那么认为信奉 X 直接是由于社会或经济原因引起的就毫无道理了。对信念 Y 和 Z 的接受当然也可能是社会因素在起作用，此时我们可以认为对 X 的接受（在理性上的支配）是社会境况的间接结果。但是这并不能用来反驳以下说法：对于某一思想家接受 X 的最直接最根本的说明是，它是 Y 和 Z 的理性结果。另一方面，如果某人接受信念 a，而 a 与他的其他信念 b、c……i 并不在理性上相关，那么对他所信奉的 a 的唯一自然的说明看来应该根据理性之外的因素来做出，例如该信仰者社会（或心理）的状况"[②]。其次，就科学研究的群体而言，他们所持有的理性信念和非理性信念所产生的条件也完全不同。"我们可以设想，人类社会存在两个群体：一个是理性社会，另一个是非理性社会。在理性社会中，人们只能在仔细怀疑之后，而且只能在行动者（理性社会群体）自觉意识到其认知与世界相关部分的因果联系后才会采纳信仰，这些相互间的因果联系在很大程度上构成理性行动的信念的原因。在非理性

① Laudan L, "The Peudo-Science of Science?", In Brown J R（Ed.）, *Scientific Rationality: The Sociological Turn*, Dordrecht: D. Reidel Publishing Company, 1984, p. 59.
②（美）拉里·劳丹：《进步及其问题：科学增长理论刍议》，方在庆译，上海：上海译文出版社，1991 年，第 207 页。

社会里，即允许存在认知无政府主义的社会里，每个人可以采用独立于任何共同的认知政策的信仰。每个人或某些人可以有信仰的原因，也可以没有；每个人可以有信仰的证据，也可以没有；等等。"①理性社会和非理性社会的信念形成社会机制完全不同，两种不同信念来源于两个不同的社会组织基础，这直接驳斥了布鲁尔的对称性原则。

布鲁尔承认劳丹的例证中针对其对称性原则的批评，即"如果某一门理性信念的社会学是可能的，那么理性信念的社会学将不同于非理性信念的社会学。这两个群体的认知政策根据在于其社会组织的不同形式，因此这两个群体的认知政策可能是由不同条件引起的。这个特别的事实可被用来反驳对称性假设"②。但布鲁尔认为，劳丹的理性解释模式实际就是"手段-目的的计算模型"，该模型不论用于科学研究个体还是群体都缺乏说服力，更无法否定对称性。布鲁尔认为，劳丹的主要错误在于贬低非理性信念，并把非理性信念等同于经历恐吓、洗脑或损伤后的头脑。但是，非理性信念和理性信念的产生原因真的不同吗？布鲁尔认为，理性与非理性的对立不过是表明了"大脑是一个计算的机器"，"理性"表明机器处于运行状态，"非理性"表明机器中断和失控的状况。③机器的运行和中断不过是装置的两种可能的机械状态，这种状态不需要也不可能存在任何先验的评价，"运行"和"中断"的语言体现了对称性原则。布鲁尔还认为，劳丹的错误在于把对称性理解为"完全的因果同质性"，即同类原因只能产生同种结果。"这显然只是重复以前的错误。对称性被误读为完全同一性或完全的因果同质性（用劳丹的话说）。"④实际上，同种原因完全可以产生不同的结果。巴恩斯曾举过一个例子，表明同样的社会原因可能会导致不同的结果："一列火车在通过调车场时发生撞车事件，我们可以用扳道工的错误操作来解释，而他错误操作的原因可能是他训练不充分，误解了模糊的信号或喝醉了酒。同样，如果一列火车正常通过，我们也可以将其看成正确操作导致或决定的结果，而一种对称性的解释也要求将其归

① Laudan L, "The Peudo-Science of Science?", In Brown J R(Ed.), *Scientific Rationality: The Sociological Turn*, Dordrecht: D. Reidel Publishing Company, 1984, p. 62.
② Bloor D, "The Strength of the Strong Programme", In Brown J R(Ed.), *Scientific Rationality: The Sociological Turn*, Dordrecht: D. Reidel Publishing Company, 1984, p. 86.
③ Bloor D, "The Strength of the Strong Programme", In Brown J R(Ed.), *Scientific Rationality: The Sociological Turn*, Dordrecht: D. Reidel Publishing Company, 1984, p. 84.
④ Bloor D, "The Strength of the Strong Programme", In Brown J R(Ed.), *Scientific Rationality: The Sociological Turn*, Dordrecht: D. Reidel Publishing Company, 1984, p. 86.

结为扳道工所受的充分训练，辨别信号的能力或未喝醉酒。"①

　　针对布鲁尔上述的反驳，劳丹打了一个很形象的比方。他认为，即使像布鲁尔所说，机器正常运行和非正常中断只能表明机器的两种运动状态，但解释机器的运行状态和解释机器发生故障状态的原因和机制却完全不同。"如果我们完全在力学科学的框架内解释机械时钟的正常运行，就完全没有必要涉及氧化的化学过程。但是，如果时钟由于齿轮生锈而发生故障，那么解释故障的因果性将完全不同于过去解释时钟正常运转的力学原则。"②

　　总之，劳丹与布鲁尔论战，代表着 20 世纪 80 年代科学哲学家与科学的社会建构论者之间爆发的"合理性"问题之争的巅峰对决。在这一回合中，劳丹始终坚持"外理性原则"，坚定地捍卫科学哲学中合理性理论。布鲁尔则一直坚持"对称性原则"，要求平等地看待理性和非理性，主张对所有的信念都进行社会学解释。

　　然而，如果我们坚持对称性原则，就不仅会描绘出一种错误的科学形象，更具危害性的是，它还会对科学进行意识形态化的歪曲，走向反科学的立场。在一篇引起较大反响的论文中，夏平利用对称性原则分析了爱丁堡的颅相学协会与英国皇家学会之争。③结论是，这不是伪科学与科学之争，而是为各自合法的阶级利益所进行的政治斗争。颅相学自身就充满着矛盾：这种"科学"的基础是认为大脑的不同部分对应着人的不同能力，反过来，人的每一种能力都在大脑中占据着一个特殊位置。不同人在同一能力上的差异表现在器官的大小上。因为大脑的内部结构可以通过检测大脑而得到，这就可以通过测量各自的大脑来确定人的能力。这种理论意味着人一生下来，其后天的各种能力在遗传上就被规定好了，没有为后天的社会干涉留下任何空间。颅相学明显属于伪科学，由于其自身的内在荒谬，颅相学并没有预言与控制任何事情，更无法制度化为任何科学上合法的实践。

　　然而，夏平并不讨论，也不关心这种认知上的错误。他从对称性原则出发，认为错误的信念应该得到与真实的信念一样的对待。夏平所做的就

---

① 赵万里：《科学的社会建构：科学知识社会学的理论与实践》，天津：天津人民出版社，2002年，第 126 页。

② Laudan L, "The Peudo-Science of Science?", In Brown J R（Ed.）, *Scientific Rationality : The Sociological Turn*, Dordrecht: D. Reidel Publishing Company, 1984, p. 73.

③ Shapin S, "Phrenological Knowledge and the Social Structure for Early Nineteeth-Century Edinburgh", *Annals of Science*, Vol. 32, No. 3, 1975, pp. 219-243.

是要表明颅相学协会与英国皇家学会之间的科学论战，仅是双方在为其合法化的阶级利益和地位而斗争。夏平比较了两个集团：爱丁堡的颅相学协会和英国皇家学会，得出的结论是"这种社会上的阶级差异支持了这样的观点①，因为爱丁堡颅相学精英构成了'边缘'团体"②。一个边缘团体本身并没有任何合法的社会认同性，它与作为统治阶层的英国皇家学会具有不同的社会阶级基础，它的听众来自爱丁堡的"工人与中低阶层"。英国皇家学会的制度化规范确认了这种劣势地位身份，并被英国皇家学会贪婪地采用。夏平认为这就能够充分说明当时的颅相学的特殊历史命运。夏平的思想反映出从社会建构论到米歇尔·福柯（Michel Foucault）的知识与权力的系谱学对科学事业所持的极端的怀疑主义态度。科学家眼中的由实验与观察所确立的科学事实，在他看来只不过反映出时代政治的价值。社会建构论对"启蒙精神"提出了激进的清算，渴望揭露近代科学起源中无处不在的认知表征下的权力斗争。

如果说科学哲学在表面上选择了自然一方，将它的目标界定为通过方法论规则过滤而获得的对实在的表征，那么社会建构论者们则选择了社会一方，认为社会建构了实在，认为除了权力与利益，不需要谈及其他。因此，如果说科学哲学把科学变成了方法论的傀儡，那么社会建构论则把科学变成了权力的玩物。在社会建构论在社会语境下对科学合理性的解读中，理性、客观性和真理等概念的全部内容最终被归结为某一共同体采用的社会文化规范，其目的"是腐蚀掉人们所熟悉的客观性概念之理性基础"③。社会建构论的做法完全误读了科学的任务，误解了科学家的努力目标——理解自然。就像伊莎贝尔·斯滕格（Isabelle Stengers）说的：当社会建构论者面对科学家时，就意味着"科学大战"。④

（三）科学哲学与社会建构论之间的相通性

社会建构论所进行的哲学批判的最终落脚点是瓦解科学实在论，但批判的结果却是用社会实在论取代了自然实在论，造成了批判者与被批判对象的"两极相通"——陷入表征主义科学观。

---

① "这样的观点"，不是颅相学协会的观点，也不是英国皇家学会的观点，是指"不同的结论，完全出自不同的阶级立场"的观点。

② Shapin S, "Phrenological Knowledge and the Social Structure for Early Nineteenth-Century Edinburgh", *Annals of Science*, Vol. 32, No.3, 1975, p. 229.

③ Hollis M, "The Social Destruction of Reality", in Hollis M, Lukes S(Eds.), *Rationality and Relativism*, Oxford: Blackwell Press, 1982, p. 69.

④ Stengers I, *Cosmopolitics I*, Minnesota: Univ of Minnesota Press, 2010, p. v.

这种相通性表现在两方面：

（1）共同聚焦于科学知识，认为科学知识是解释科学合理性问题的核心。科学哲学从当代哲学的语言学转向中借用了一个概念，即认为科学知识是由以语言为中介而呈现出来的表征所构成。在解释科学知识内容的时候，科学哲学家总希望从科学家的言说中概括出合理性的普遍标准，而不考虑这类话语说于何地、何时，对谁，为何目的等语境问题。知识内容是如何被决定的？这些内容如何意向性地指向世界中的对象？逻辑经验论对这些问题的经典说明虽然被科学实在论所拒绝，但在科学实在论对科学知识的解释中，表征性内容仍然占据着中心地位。科学实在论认为一个陈述的指称首先是由其标准的使用所引起的因果联系来固定的。如当约瑟夫·汤姆森（Joseph Thomson）使用"电子"一词来描述阴极射线管的实验时，无论与实际实验现象相遇的是什么客体，这个词从此就指称他所讨论的对象。科学实在论把科学视为抽象的、非物质的知识内容，它是通过理性而获得的近似真理。这种观点消除了科学成果的物质和社会的语境。

对于将知识内容从其实际语境中抽取并表征出来的做法，社会建构论者持强烈的批评态度。他们坚持认为，对科学工作的说明，不可消除知识建构的地方语境特征。然而，从认识论的角度来看，社会建构论并非一种反叛，因为社会建构论"追随着涂尔干的理论，突出了实验室里丰富的混乱现象中的两个组成部分。一部分是可见的：知识，在这方面，社会建构论是一种认识论的纲领，继承了知识的哲学传统。另一部分是社会，社会被理解为隐藏的秩序，如利益、结构、习俗或其他类似的东西。同时，社会建构论认为社会是某些先验的、确定性的东西，能够决定尚存疑问的知识"①。因此，像科学哲学一样，社会建构论关注的不是直接可见的社会因素，而是试图挖掘隐藏的社会结构，寻求知识的社会表征，指称内容从科学哲学家的"自然"变成了社会建构论者的"社会"。

（2）共同假定科学知识是反映论意义上的表征。科学哲学与社会建构论的第二个共同点是客观知识所表征对象的"本体论地位"。从本体论的角度来看，两者都是以康德赋予自然与社会两分的这条界线为自己工作的出发点。科学哲学家一直以自然一极作为其认识论基础，在其中，物自体被留给它们自己，没有主动性、活动性，被各式各样强加在它们身上的模式或范畴所塑造。它们唯一的任务就是确保我们知识的超验的物特征，以

① （美）安德鲁·皮克林：《作为实践和文化的科学》，柯文、伊梅译，北京：中国人民大学出版社，2006年，第4页。

避免唯心主义的谴责。例如，如何解决表征性内容与它声称所表征的事物之间的关系问题。对科学哲学家来说，科学陈述具有特别的表征内容，它们的真假依赖于世界是否像它们所展示的那样。在描述被表征的客体时，科学实在论者再现了理论的表征内容，因为除了使用科学理论提供的语言来描述这些客体之外，他们别无选择。相应地，社会建构论者也属于实在论的阵营，只是走向了另一个极端，把科学视为一种以人类利益为中心的事业。布鲁尔在《知识和社会意象》中，用涂尔干的社会结构（利益）来取代康德的自我，要求用同样的社会学术语来对称性地解释科学的理性与非理性。这无疑是一个重要的进步。然而，对称性原则的这种成功，伪装了布鲁尔论点中的不对称性，即社会应该被用来解释自然，结果，社会建构主义开始从自然轴转向了社会轴，知识是对"社会"这种本体的反映。

　　社会建构论者的确更关注科学实践过程中的语境性。然而，其挖掘实践中所深藏的"社会利益之类决定因素"的做法，使他们未能跳出科学哲学的知识表征主义的窠臼。"这样一来，社会学家所致力于反规范的描述主义就会让人吃惊地强化其对如下做法的默示的忠诚：把知识表征内容的抽象当作是他们需要解释的对象"[1]。如在《利维坦和空气泵：霍布斯、波义耳与实验生活》一书中，夏平与谢弗在一开始就向主流的科学观、科学哲学与正统的科学编年史提出了激进挑战。在该书的结语处，夏平与谢弗从他们的特殊案例研究中得出的社会建构主义的结论是：实验从一开始就不是获取自然真理的方法。"我们现在生活在一个缺乏确定性的年代。我们不再相信科学知识的传统特征，这种特征是把科学进步描述为它的充分实在性。"[2]社会建构论这种挖掘现象背后"本质"的做法，是社会建构论拥有的合法化方案的基本资源，但这会放弃对实践的具体语境的自然主义描述。因为，如果人们发现，决定哪些对象是最重要的认识目标，确定这些对象的最重要的认识内容，这些决定和确定居然就像政治斗争一样，都由社会利益之争最终裁决，科学理论的建立居然是偶然的社会互动和利益争斗的结果，而不是自然或理性的结果，那么，这样的社会学批判就丧失了其批判力量。

　　无论是科学实在论还是社会建构论，表征主义意义上的科学都具有非历史性的特征，这种非历史性就是消解内在于科学的客观性。在科学哲学

①（美）约瑟夫·劳斯：《涉入科学：如何从哲学上理解科学实践》，戴建平译，苏州：苏州大学出版社，2010 年，第 22 页。

② Shapin S, Schaffer S, *Leviathan and the Air-pump: Hobbes, Boyle, and the Experimental Life*, Princeton: Princeton University Press, 1985, p. 343.

的长期发展中，自然的历史性始终未能进入哲学家的视野，它不具有自己
的独特生命，更没有自己的生成、演化与消亡的历史，实际上，哲学家把
科学变成了没有历史感的木乃伊（哈金语），这与 20 世纪 20～30 年代兴
起的逻辑经验主义的"拒斥形而上学"的运动密切相关。逻辑经验主义持
有自然之镜的实在论，客体静态地躺在自然之中，无时间性与生命力，等
待着人们利用科学方法去发现；库恩（或后实证主义）成功地历史化了我
们对自然科学的理解，但库恩把客体视为范式化自然的结果，科学成为范
式的木乃伊；社会建构论干脆就完全撕下了客观性这一面纱，直接用主体
去规定客体，用社会去决定自然。正如布鲁尔所说："人们感到，它们（自
然）就根本没有'历史'，它们仅仅是'在那里'，它们给更为变化不定
的人类舞台提供了一个稳定的背景，而在人类舞台上，观念是变化的，各
种理论来了又去了。"①因此，布鲁尔的方法论对称性原则实际上是不对
称的，即用社会来解释自然，知识是对"人类社会"这种本体的反映。客
体从作为理论的试金石变为社会建构论者的玩物，或者成为科学家为确立
其科学权威而建构的"义务通道点"（obligationary passage point）。

　　总之，关注作为知识的科学与反映论意义上的表征概念，这两点构成
了科学哲学和社会建构论的共同主题。这些相互竞争的不同的解释都在寻
求一种合法化方案，寻求一种普适的原则。两种传统的绝大多数参与者都
尝试通过说明科学知识内容的历史发展结构及其对象的本体论地位，来解
决科学知识的合法化问题。这种表征主义只允许人类用语言或文化去塑造
我们对自然的理解，相信语言的主语与谓语之结构代表着世界的一种先验
潜在结构。这是社会建构论与主流科学哲学的共同的形而上学基础。在这
种共同的形而上学基础上，"自然"充其量仅仅是语言或者文化变化历史
的承载物，被动地、静默着处于抽象的永恒之中。这样，无论是科学实在
论还是社会实在论，其共享的表征主义科学观，均丧失了内在于科学中的
自然的生命，丧失了与之对应的处于演变中的过程客观性，继而丧失了基
于客观境遇性的历史性。

三、科学的"实践建构"

　　1999 年 STS 中两位代表性人物布鲁尔与拉图尔之间爆发了"对称性原
则"之争。在这场论战中，拉图尔以"本体论对称性原则"挑战了布鲁尔
的"方法论对称性原则"。拉图尔指出布鲁尔的"方法论对称性原则"并

---

① （英）D. 布鲁尔：《反拉图尔论》，张敦敏译，《世界哲学》2008 年第 3 期，第 74 页。

没有真正坚持对称性，因为它将解释权赋予了社会，造成了自然的"失语"。为此，拉图尔把对称性原则从方法论推向本体论，即"在对人与物资源的征募与控制上，应当对称性地分配我们的工作"[①]。也就是说，我们要在人与物这两类本体问题上保持对称性态度。要保持这种本体论上的对称性态度，首先要突破自然与社会、物与人的截然两分，破除反映论意义上的表征主义。其次要赋予"物"以力量或能动性，以理解在实验室中物与人之间力量或能动的冲撞。拉图尔在谈到他把对称性原则从方法论推向本体论时，这样解释道："如果说 M. 卡隆等人和我已经倾向于放弃科学知识社会学，这不是出于一时的兴致，而是出于一些强有力的原因，在我们对科学家、工程师和政治家的日常实践做了若干年的研究之后，这些原因很快就出现了。"[②]社会建构论者柯林斯却毫不掩饰对科学的敌意："作为社会实在论者，我们从社会事物的角度提供了一种规则，以解释自然事物。这个世界是一个竞争的领域（从拉图尔那里借用过来的短语），自然实在论者将站在自然的立场以解释社会事物……在自然科学与社会科学的关系中，我想用科学来弱化自然科学。"[③]

　　布鲁尔与拉图尔之间的"对称性原则"之争，实际上是 1992 年拉图尔、卡隆与柯林斯、耶尔莱的"认识论的鸡"[④]之争的延续。这两场争论在本体论和认识论上反映出社会建构论内部两派之间学术旨趣的分歧，也表明了统一的社会建构论纲领的正式分裂，从"社会建构"开始转向"实践建构"。这样的论战，用拉图尔的话来说，是要在"科学大战"的语境中，撇清他与反科学阵营的关系。"在这个科学大战的时代，这样的澄清也许是有用的，因为我们总是在警告科学知识社会学的同事们，他们顽固

---

① Latour B, *Science in Action: How to Follow Scientists and Engineers through Society*, Cambridge: Harvard University Press, 1987, p. 144.

②（法）B. 拉图尔：《答复 D. 布鲁尔的〈反拉图尔论〉》，张敦敏译，《世界哲学》2008 年第 4 期，第 72 页。

③（英）哈里·柯林斯，斯蒂文·耶尔莱：《驶进太空》，见安德鲁·皮克林：《作为实践和文化的科学》，柯文、伊梅译，北京：中国人民大学出版社，2006 年，第 391-392 页。

④ "认识论的鸡"（又称为"胆小者游戏"）之争是一个比喻。"鸡"的游戏是西方人爱玩的一种游戏，它是指面对着公路上高速行驶的轿车，考验玩游戏者穿过公路时的胆量。游戏中胜者是最后一位穿过公路的人，因为只有他才不会被嘲笑为胆小鬼，而前面那些匆忙穿过公路的人会被讥笑为像"鸡"一样胆小的人。在《认识论的鸡》一文中，柯林斯与耶尔莱用它来比喻他们与拉图尔和卡隆在本体论（或广义）对称性问题上的争论。拉图尔提出的本体论对称性原则，把自然与社会进行对称性处理，因而站在两者的中间（公路的中间），仿佛以胜者自居，而柯林斯和耶尔莱面对迎面而来的飞速轿车，像胆小的鸡一样，吓得冲过了公路，跑到了社会一边，以成为失败者告终。柯林斯与耶尔莱指责拉图尔的本体论对称性原则实际上是在玩"鸡"的游戏。

地坚持传统社会学的做法会使我们与科学的勇士们产生直接对抗，而这也正是已经发生的情况。我乐于抓住为我提供的这个时机来说明，（我们）在这个带有'反科学'烙印的领域里的共识多么少。"①

"认识论的鸡"之争的文章，主要出现在皮克林主编的《作为实践和文化的科学》之中。其中有柯林斯和耶尔莱的《认识论的鸡》、卡隆和拉图尔的《不要借巴斯之水泼掉婴儿：答复柯林斯与耶尔莱》，以及柯林斯和耶尔莱的回复文章《驶进太空》。不过，这场论战很快就超出这几个人的范围，一些哲学家也参与其中，对社会建构论的后继发展产生了重要影响。

柯林斯和耶尔莱将 STS 学者在本体论问题上的争论比作"鸡"的游戏，评判游戏胜负的标准就是看谁是最勇敢的，谁能够在方法论的策略上走得更远。像布鲁尔一样，游戏的一方，柯林斯和耶尔莱主张某种形式的社会实在论，认为科学知识的最终根基在于社会这类本体存在物，从而用社会学消解了科学哲学的自然界的本体地位。卡隆和拉图尔则主张一种本体论的对称性原则，即要为科学保留自然、保留客体，并对自然与社会、客体与主体作对称处理，从而能够追随行动者建构科学知识的过程。社会建构论学者则指责拉图尔等"科学实践"的观点不仅危险而无用，而且还是去人性化的认识论游戏。他们"在哲学上是极端的……在本质上是保守的"②。但拉图尔与卡隆认为，柯林斯和耶尔莱仅仅提供了一种去本体论的社会学话语，其目的是建立一种社会学霸权。

争论主要围绕着客体是否具有能动性的问题来展现。布鲁尔要求"把世界与人们对世界的描述分开"③。科学史家或社会学家最好不要说这样的话：罗伯特·安德鲁·密立根（Robert Andrews Millikan）"观察到了电子"或"观察到了电子效应"。最好这样说，密立根观察到了一种东西，他把这种东西归因或解释为他所想象出来的并称其为"电子"的实体。这样，就会使我们否认"自然有一种产生具体文字性描述或反应的自主倾向"④的说法。因为密立根的同代人和对手菲利斯·埃伦哈夫特（Felix Ehrenhaft）就不相信电子在科学家认识它的过程中起了作用。

————————

①（法）B. 拉图尔：《答复 D. 布鲁尔的〈反拉图尔论〉》，张敦敏译，《世界哲学》2008 年第 4 期，第 72 页。

②（英）哈里·柯林斯，斯蒂文·耶尔莱：《认识论的鸡》，见安德鲁·皮克林：《作为实践和文化的科学》，柯文、伊梅译，北京：中国人民大学出版社，2006 年，第 325 页。

③（英）D. 布鲁尔：《反拉图尔论》，张敦敏译，《世界哲学》2008 年第 3 期，第 78 页。

④（英）D. 布鲁尔：《反拉图尔论》，张敦敏译，《世界哲学》2008 年第 3 期，第 78 页。

一旦认识到这一点，布鲁尔就认为电子"自身"并没有参与此事，因为它是两种不同的认识背后的共同因素，它是令人们感兴趣的差异的起因。因此，人们必须对数据而不是科学家的"解释"给予特别的注意。也就是说，必须特别关注：是什么样的因素导致了密立根观察到而埃伦哈夫特没有观察到的东西，是什么样的因素决定了他们报告的读数和他们记入实验室笔记本的测量结果。于是，人们获得"这样一种意识：客体与对客体的描述之间有差距。这些描述为知识社会学家提供了主要的课题和难题。这就是对称性原则令我们思考的内容"①。柯林斯说得更加露骨："在建构科学知识时，自然界只起很小的作用，甚至根本不起作用。"②何为"自然不起作用"，布鲁尔把经验主义定义为由感觉资料组成，感觉资料提供中性描述，而中性描述不会制造差别，不会造就知识。当人们着眼于由主客体之间的楔子产生的断裂的另一边的社会制度时，才开始有差别，才能生产知识。也就是说，密立根的理论与埃伦哈夫特的理论在经验上是等价的，他们之间的理论差异只能用对称性原则中的社会原因去诠释。正如布鲁尔所说："这个有趣的理论任务是要把某个社会制度的这种模型与全部知识都具有社会制度（自发性）的特征这一社会学的见解结合起来。"③

拉图尔认为如果客体存在那里，但没有制造差异，这是不可思议的，因为当我们说某种客体，如电子起着"重要的"、"关键性的"和"决定性的"作用时，它必然会在认识上产生差异。如果它在全过程中没有产生差别，那它只是背景中的一个固定物，或者仅仅是一个"花瓶"，它就算作是"零"。"请不要对我说，某物既起作用又没有作用，既制造差别又不制造差别，它在那里存在着，但却'不参与此事'"，这显然是荒唐的。④"只要电子'自体'没有被允许引起我们对它们的解释，不管科学家谈论电子时，多么热衷于使电子具有意义、具有因果性都是如此。我认为，这种把对动因的各种形式的荒唐归类视为合理，是现代式解决方法的最古怪的特征。"⑤

卡隆与拉图尔则认为，社会建构论的对称性原则，无非是将解释权从

①（英）D. 布鲁尔：《反拉图尔论》，张敦敏译，《世界哲学》2008 年第 3 期，第 78 页。

② Collins H, "Stages in the Empirical Program of Relativism", *Social Studies of Science*, vol.11, No.1, 1981, p.3.

③（英）D. 布鲁尔：《反拉图尔论》，张敦敏译，《世界哲学》2008 年第 3 期，第 88 页。

④（法）B. 拉图尔：《答复 D. 布鲁尔的〈反拉图尔论〉》，张敦敏译，《世界哲学》2008 年第 4 期，第 74 页。

⑤（法）B. 拉图尔：《答复 D. 布鲁尔的〈反拉图尔论〉》，张敦敏译，《世界哲学》2008 年第 4 期，第 75 页。

自然转向了社会，并没有真正坚持对称性原则，最终的结果是自然的沉寂和"失语"。这是一种"认识论的不公正性"①。"爱丁堡学派禁止事物在我们的信念系统中制造差别，而对于自成一格的或者说是自我指涉的社会，他们依靠的是因果性的规定，自成一格解决了用许多惯例来做解释所造成的问题，这是一种更为能言善辩的'武断性'。"②在社会建构论那里，政治、利益、信念、意识形态、符号、无意识、疯癫——任何一个都可信手拈来，使得解释资源变得日益臃肿。人们很快就会认识到，当失去了那些认识论上的可用资源之后，社会建构论虽然在研究科学，但提供的大部分解释却与科学关联不大。

为此，拉图尔在《行动中的科学》一书中、卡隆在论文《转译社会学的某些原则：圣布里厄湾的渔民与扇贝养殖》中，将对称性原则从方法论推向本体论，即所谓"本体论对称性原则"。如何做到这一点，拉图尔说："科学的全部目的是通过实验室技术，使非人的事物相关于我们谈论它们的内容。"③在这种关联中，"有待分析的科学家和事物都已经被重新安排，更不必说社会的其他部分了"④。

要把对称性原则从方法论推向本体论，拉图尔强调两点：第一，破除人与物、社会与自然的反映论意义上的表征关系。第二，关注实验室中人与物之间力量的张力，使得"物"拥有能动的活力。也就是说，我们要在人与物这两类本体关系间保持对称性态度。拉图尔的主要思想是，首先，用人类和物取代主体和客体这对范畴，其次，符号化人类与物这对范畴，最后，通过"铭写""转译"等概念分析人类与物在属性上的相互界定，于是，人类开始具有了物的属性，物也开始具有了人类的属性（如能动性）。这样，主体与客体、人与物、自然与社会之间的二元对立在本体层面上被清除。新本体论成为以人与物、自然与社会的内在行动为基础的一个行动者网络，出现了一种"社会与自然之间的本体论混合状态"。在这种状态中，"被比较的不是社会差异和来自感觉的中性输入，而是一些关联的长链，包括心理实体、意识形态实体、认知实体、社会实体和物质实体，其

---

① （法）布鲁诺·拉图尔：《我们从未现代过：对称性人类学论集》，刘鹏、安涅思译，苏州：苏州大学出版社，2010 年，第 109 页。
② （法）B. 拉图尔：《答复 D. 布鲁尔的〈反拉图尔论〉》，张敦敏译，《世界哲学》2008 年第 4 期，第 76 页。
③ （法）B. 拉图尔：《答复 D. 布鲁尔的〈反拉图尔论〉》，张敦敏译，《世界哲学》2008 年第 4 期，第 79 页。
④ （法）B. 拉图尔：《答复 D. 布鲁尔的〈反拉图尔论〉》，张敦敏译，《世界哲学》2008 年第 4 期，第 79 页。

中有许多是非人的因素。沿着这些长链的每一个环节都拥有相邻环节赋予它的意义"①。这种"途径是扩展了我们的对称性原则的含义，以决定只要能够应用于人类的术语，我们同样可以用于非人类。这并不意味着我们希望把意图性扩展到事物，或把机械功能扩展到人类，而只是我们用来描述事物的一种方式。这样做，我们就跨越了人类与非人类的界线，我们希望在学术领域中克服偏向于一极，而且仅仅偏向于一极的做法"②。与之对应"在行动者网络理论的图景中，人类力量与非人类的力量是对称的，二者互不相逊，平分秋色。任何一方都是科学的内在构成，因此只能把它们放在一起进行考察"③。

柯林斯和耶尔莱极力反对这种说法。他们指责卡隆和拉图尔的观点不过是实证科学史观点的皇帝的新装，"与其说极端的对称性解释增加了我们对科学的理解，不如说它看起来更像是对传统科学史的一种解释"，只是这一旧故事穿上了新外衣，"语言发生了变化，但故事依旧"④。

显然，这场争论的名称虽然是"认识论的鸡"，但主要的分歧还是围绕在本体论层面上展开的，即是否要打破自然与社会之间的截然两分。柯林斯为代表的社会建构论坚持这种两分法，把决定权赋予人类社会，自然与科学都要由社会来决定；而拉图尔等要求打破这种两分，把自然与社会视为具有同等力量的行动者，共同参与了科学事实及其理论的实践建构过程。

在研究自然的问题上，拒绝科学主义独占的霸权，是两条进路的共同之处。然而，两派却又相互攻讦，都指责对方在达到自己的学术目标的同时，却又有意保留了科学主义的话语霸权。

柯林斯和耶尔莱的方法论策略是，用以人类为中心的社会学话语取代以自然为中心的科学主义或科学哲学的话语。他们称"因为自然科学家的特殊权力与权威来自于对一独立领域（自然）的优势占有，因此把人类社会置于中心就消除了这一特殊的权威。在法国学派（指拉图尔学派，引者

————————

① （法）B. 拉图尔：《答复 D. 布鲁尔的〈反拉图尔论〉》，张敦敏译，《世界哲学》，2008 年第 4 期，第 78 页。

② （法）迈克尔·卡伦，布鲁诺·拉图尔：《不要借巴斯之水泼掉婴儿：答复柯林斯与耶尔莱》，见安德鲁·皮克林：《作为实践和文化的科学》，柯文、伊梅译，北京：中国人民大学出版社，2006 年，第 361 页。

③ （美）安德鲁·皮克林：《实践的冲撞：时间、力量与科学》，邢冬梅译，南京：南京大学出版社，2004 年，第 11 页。

④ （英）哈里·柯林斯，斯蒂文·耶尔莱：《认识论的鸡》，见安德鲁·皮克林：《作为实践和文化的科学》，柯文、伊梅译，北京：中国人民大学出版社，2006 年，第 320 页。

注）的工作中，所有行动者之间的对称性再一次把人类从中心角色移开。这是理解法国学派'用途'的关键"①。也就是说，拉图尔等的工作把自然重新引入科学，把社会学家已经夺回来的话语权重新还给科学或科学哲学的话语世界。

卡隆和拉图尔则认为，如果柯林斯和耶尔莱坚持自然与社会的截然两分，那么就会将自然留给科学主义，将人类继续留给社会垄断。"在他们的世界观中，两人都深深地卷入科学主义。"②因此，卡隆和拉图尔用"披着狼皮的羊"来比喻柯林斯与耶尔莱，想表明在面对自然与科学家时，他们表面上强大，实则畏缩的态度。③卡隆和拉图尔坚持本体论对称性原则的进路，试图从人类学方法论的视角对自然和社会都展开经验研究，从而使得原本属于科学家的自然领域和属于社会学家的社会领域都可向人类学方法论学者开放。他们的方法论策略就是在科学研究的实际活动中，"追踪科学家"和其他行动者。只有这样，才能够彻底打破在研究自然问题上科学主义独占的霸权，从而进入一种非现代式的无霸权的多元图景。

皮克林将关于科学的"实践建构论"定位为"后人类主义"，即从人与物之间的内在相互作用——科学实践——中思考科学，并认为这是科学实践相对于科学的社会建构论的超越之处。在科学的"实践建构论"与科学的"社会建构论"两派之间，更为深层次的分歧是康德式二元论的现代思维与多元论的后现代思维之间的对立。

第一，从本体论来看，两者的分歧体现在是否坚持自然与社会之间的截然二分。自康德以来，自然与社会的二分就成了主流西方哲学思想的出发点，传统的科学哲学也不例外；把科学哲学作为其主要批判对象的社会建构论，也没能跳出这一窠臼。因为只有在自然与社会的界限分明的前提下，社会建构论才能够在自然与社会之间选择一种"还原性"解释资源——社会，就像科学哲学选择自然一边作为自己的"基础性"解释资源一样。拉图尔的本体论对称性原则却主张不要在自然与社会之间进行轮番应变交替，而是把自然与社会视为另一种活动的孪生结果，一种

---

① （英）哈里·柯林斯，斯蒂文·耶尔莱：《认识论的鸡》，见安德鲁·皮克林：《作为实践和文化的科学》，柯文、伊梅译，北京：中国人民大学出版社，2006年，第316页。

② （法）迈克尔·卡伦，布鲁诺·拉图尔：《不要借巴斯之水泼掉婴儿：答复柯林斯与耶尔莱》，见安德鲁·皮克林：《作为实践和文化的科学》，柯文、伊梅译，北京：中国人民大学出版社，2006年，第365页。

③ （法）迈克尔·卡伦，布鲁诺·拉图尔：《不要借巴斯之水泼掉婴儿：答复柯林斯与耶尔莱》，见安德鲁·皮克林：《作为实践和文化的科学》，柯文、伊梅译，北京：中国人民大学出版社，2006年，第364页。

使我们感兴趣的结果。人们称之为网络建筑、共同的事物、拟对象或力量的磨炼。[①]具有语境性和历史依赖性，是由行动者（actants）的存在所决定的。[②]因此，社会与自然不可能是一劳永逸的先验性解释资源——某种本质，它们只能是参与建构科学的异质性要素，这也就使得我们不能够将科学的本质武断地划归到自然一极或社会一极，而只能在自然与社会的混合本体论中，在追随行动者的异质性的冲撞过程中，从实践的过程去考察科学的生成或起源。正如卡隆与拉图尔指出："所有这些可靠研究并没有假设实体的社会或自然起源的问题。这就是我们的标准，这一标准允许我们解读所有的 SSK 的研究为'反动的'，因为他们的出发点是一种封闭的社会定义，随后利用这一定义来解释自然——几乎都完全无用。对我们来说，那些用一个毫无限制的先验的自然定义出发，来解释争论解决的研究者，也一样是反动的。相反，我们采用了一种进步的研究，以表明社会与自然的协作生产。"[③]

第二，从认识论来看，社会建构论与实践建构论体现出现代式的宏大叙事与后现代式的多元文化之间的分歧。社会建构论的宏大叙事表现为"建立可以说明这些规律性的理论"[④]，这就是其"科学性"象征。就像传统的科学哲学一样，表现出一种绝对主义的元叙事，简言之，就是预设存在一个超验本质，然后透过现象去抓住这一本质。

另外，布鲁尔著名的强纲领四原则中的反身性原则一直是社会建构论面对的一个诘难。然而，柯林斯和耶尔莱却想终止这种诘难，他们认为，各类社会因素就是不需要进一步解释的最基础的元事实，自然是社会建构的，但社会却不是社会建构的，到此为止，因此无须进一步做反身性解释。按照这种理解，牛顿的万有引力是一种社会建构，或许我们可以把牛顿发现万有引力归于某种恋母情结。这是真实的故事，而不是"社会建构"。这样，柯林斯和耶尔莱认为社会因素是决定科学的一种超验规范，这是真理。因此，他们认为，可以把反身性应用于科学理论或科学哲学，但绝不

①（法）迈克尔·卡伦，布鲁诺·拉图尔：《不要借巴斯之水泼掉婴儿：答复柯林斯与耶尔莱》，见安德鲁·皮克林：《作为实践和文化的科学》，柯文、伊梅译，北京：中国人民大学出版社，2006 年，第 356 页。

②（法）布鲁诺·拉图尔：《我们从未现代过：对称性人类学论集》，刘鹏、安涅思译，苏州：苏州大学出版社，2010 年，第 98 页。

③（法）迈克尔·卡伦，布鲁诺·拉图尔：《不要借巴斯之水婴泼掉儿：答复柯林斯与耶尔莱》，见安德鲁·皮克林：《作为实践和文化的科学》，柯文、伊梅译，北京：中国人民大学出版社，2006 年，第 357 页。

④（英）大卫·布鲁尔：《知识和社会意象》，艾彦译，北京：东方出版社，2001 年，第 4 页。

适用于社会建构论。在这种元事实的实在论基础上，科学的社会建构论者具有了一种"应变交替"的能力，即擅长于在不同的知识模式或参考框架中进行广泛的实用交替理解，因此，他们既能够理解"文学"，又能够理解"物理学"，既能够理解"宗教"，又能够理解"科学"。哲学家和科学家等，充其量只能局限于其自身领域。①这是一种社会学沙文主义，目标就是确立社会建构论的霸权地位。

与社会建构论相反，在认识论上，科学实践所关注的是可视的现象，关注于科学的实际运作过程，并不会去寻找表征背后的所谓隐蔽秩序；实践建构论认为，各种因素，包括被逻辑实证主义绝对化的方法论规则、被社会建构论绝对化的社会因素，都是内在于科学实践之中的行动者，在实际的运作过程发生之前，不会存在任何占据主导地位的要素。因此，研究科学实践，就是追踪科学事实的建构过程。

第三，从知识观来看，双方的分歧反映两种不同的路径——表征主义的静态知识与操作主义的开放性驻足点（open-endedness）知识。在社会建构论进路中，科学被视为知识和文本。皮克林指出，"SSK 的社会实在论'假定和肯定了科学的惯用语'，而不对这种习惯用语本身进行探讨"②。也就是说，社会建构论实际上仍然是一种静止的表征主义的知识反映观，与传统科学哲学的思维方式并无二致，都会陷入一种"方法论的恐惧"，即科学是否表征了社会或自然的恐惧。实践建构论则将科学视为实践与文化，视为一个在具体时空中不断机遇性生成与演化的过程。这样，科学便成了一个在瞬间突现的实践的概念，拥有自己的情境性，并在情境中展现自己的历史性。

不过，关于表征进路与实践进路，还有两点需要说明。社会建构论也讲实践，用布鲁尔与柯林斯的话来说，他们走的是自然主义进路。"我们则以模仿科学的方式敬重科学：在我们所进行的对科学的研究中，我们竭力仿效科学自身所具有的事实特性、非评价特性。"③然而，这与实践建构论所讲的实践有着根本的不同。社会建构论的自然主义的研究，仅仅是为了透过科学事实的表征，去挖掘背后隐藏的作为科学本质的社会因素。

---

① （英）哈里·柯林斯，斯蒂文·耶尔莱：《认识论的鸡》，见安德鲁·皮克林：《作为实践和文化的科学》，柯文、伊梅译，北京：中国人民大学出版社，2006年。
② （美）安德鲁·皮克林：《作为实践和文化的科学》，柯文、伊梅译，北京：中国人民大学出版社，2006年，第18页。
③ （英）巴利·巴恩斯，大卫·布鲁尔，约翰·亨利：《科学知识：一种社会学的分析》，邢冬梅、蔡仲译，南京：南京大学出版社，2004年，第1页。

在这里，实践不过是一个权宜性的工具。当自然被抛弃之后，科学内容仅仅是表征，科学家成为社会傀儡。社会因素是外在于实践并能决定科学实践的超验规范；因此，其实践没有时间性与历史性，"是以非时间性的文化摹写和理论反映来研究实践"[1]。行动者网络理论所代表的实践建构论则认为，各种异质性要素（行动者）都内在于实践，在真实的实践相互纠缠与界定，相互共生、共存与共演，继而摆脱了还原论的色彩。

"认识论的鸡"之争是 20 世纪 90 年代发生在社会建构论内部的一场争论，它集中体现了其内部的诸多分歧：在本体论上，表现为社会实在论与自然-社会混合本体论的对立；在认识论上，表现为静态的反映论与动态的生成论之间的对立；在知识观上，表现为表征主义的静态的知识观与实践的动态科学观之间的对立。总之，它代表了社会建构论之后的一次重要转向——实践转向（图 1-3）。

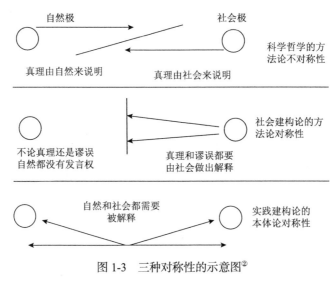

图 1-3　三种对称性的示意图[2]

本 章 小 结

综合而言，在伽里森等批判了科学哲学中占主导地位的"理论优位"习性后，拉图尔等意识到 STS 要走向"实践优位"。要突破这一点，首先

---

① （美）安德鲁·皮克林：《实践的冲撞：时间、力量与科学》，邢冬梅译，南京：南京大学出版社，2004 年，第 4 页。

② 转引自（法）布鲁诺·拉图尔：《我们从未现代过：对称性人类学论集》，刘鹏、安涅思译，苏州：苏州大学出版社，2010 年，第 108 页。文字表述略有调整。

要突破传统的自然与社会的截然两分。结果导致了两场著名的"对称性原则"之争。在这两场论战中，关键问题是要消除自然与社会的截然二分，以及相应的"理论优位"或"社会决定论"。上述分歧集中凸现出"反映的表征论"与"操作的生成论"之间的矛盾。哈拉维曾把表征主义类比于几何光学，是一种反射（reflection）。用镜子照，就是要提供一种精确的几何形象或表征，忠实地复制被照的东西。

总之，"理论优位"与"实践优位"之争，实际上都是基于西方哲学传统中主客二分的知识表征实在的反映论，"一个人类学空想从洞穴人到赫兹（H. Hertz）有关实在与表象的观念。这是一则寓言"①。也就是说，建立在符合论基础上的表征主义无法逃避实在论与反实在论之间的二难选择。如何消除这种静态的反映与被反映关系，哈金呼吁"从真理和表象转向实验和操作"②。

实践建构论者与科学哲学与社会建构论者的最主要差异在于：①当实践建构论者把所有的行动者，如人类、物、自然和人工物，在科学实践中都置于同等地位时，科学哲学与社会建构论者仍然在犹豫不决，不知如何处理人与世界之间留下来的认知缺口。②当科学哲学与社会建构论者一直纠结于是坚持真理对应论，还是坚持真理融贯论时，实践建构论者果断放弃了这些虚幻的真理模式，并在行动者的一系列转译、冲撞或内爆的活动中思考真理的生成。③科学哲学与社会建构论者整天担忧的事情是科学事实究竟是独立于我们而存在的，还是被我们所建构的，而实践建构论者认为它们不仅是被人类心智所建构的，同样还被身体、原子、宇宙射线、商业午餐、宣传甚至文化所建构，其中没有先于实践而存在的特权行动者。当然，纯自然的行动者和社会行动者之间在实践中不断相互作用，由此生成出科学事实及其理论。在科学实践中，除了具体的行动者外，其他什么都不存在。

①（加）伊恩·哈金：《表征与干预：自然科学哲学主题导论》，王巍、孟强译，北京：科学出版社，2011年，第8页。

②（加）伊恩·哈金：《表征与干预：自然科学哲学主题导论》，王巍、孟强译，北京：科学出版社，2011年，第Ⅷ页。

第二章 拉图尔：行动中的科学

前文指出，在与布鲁尔的论战中，拉图尔首先把对称性原则从方法论推向本体论，突破了自然与社会、人与物之间的截然两分，消除了在本体论层面上的主体与客体、人与物、自然与社会之间的二元对立，从而在人与物这两类本体关系间保持了对称性态度。其次赋予"物"以力量或能动性，以追踪实验室中人与物之间力量或能动的冲撞。也就是说，拉图尔的主要思想是，先用人和物取代主体和客体这对范畴，再符号化人与物这对范畴，最后通过具有实践意义的"铭写""转译"等概念分析人与物之间在属性上的相互界定，于是，人类开始具有了物的属性，物也开始具有了人类的属性（如能动性）。

第一节 行动者网络理论

一、行动者

（一）物的行动者身份

在与卡隆、马德琳·阿克什（Madeleine Akrich）、约翰·劳（John Low）等的合作中，拉图尔提出了行动者网络理论（Actor-Network Theory，ANT）。拉图尔最初提出"行动者"这一术语时，用的是自创的一个术语actant，而不是actor，后来由于这一术语难以流行，拉图尔才放弃actant，而采用actor。拉图尔之所以发明actant一词，是用来概括人类的行动者与非人类（物）的行动者，把行动者（actor）从人类身上扩展到非人类或物的身上，目的是摆脱社会建构论的人类主义特征。拉图尔这样做是要把"能动性"从人类身上对称性地扩展到自然万物身上，扩展到各式各样的科学仪器上，使这些物具有行动的能动性。这就是柯林斯等指责本体论对称性原则（如上述的"认识论的鸡"之争）的原因。拉图尔在很多地方对这一概念进行了不断的界定与澄清，他说道："界定一个行动者的关键是考察它在实验室考验之下的所作所为——它的操作（performance）。"①

---

① Latour B, *Pandora's Hope: Essays on the Reality of Science Studies,* Cambridge: Harvard University Press, 1999, p. 303.

拉图尔曾指出，科学社会学研究丢失的某些东西（the missing masses），就是指"物之能动性或力量"。任何一物只要发生了行动或操作，并对它物产生了影响，都可以被看作具有能动性。操作与能力是符号学的一对范畴。拉图尔的界定是：操作所指的是行动者的活动，而能力则指行动者所暗含的某种力量。①在对两者关系的界定上，拉图尔认为，只有在行动者得到界定之后，能力才从其操作中展现出来，也就是说操作或实践在前，能力在后。

在科学哲学与社会建构论中，物之能动性始终未能进入哲学家的视野，物不具有自己的独特生命，更没有自己的生成、演化与消亡的历史，哲学家把科学变成了没有历史感的木乃伊。

这种科学的木乃伊化的一个源头，便是始于 20 世纪 20～30 年代兴起的逻辑经验主义的"拒斥形而上学"的运动。逻辑经验主义持有自然之镜的实在论立场，认为物静静地躺在自然之中，无时间性与生命力，只是在等待着人们利用科学方法去发现。物是不会说话的，自然规律也仅仅是某些毫无情感的机制。然而，科学哲学家会说，科学家自己并没有说话；准确地说，科学家是代表事实说话，或者说利用逻辑的方法论规则进行转译，科学并没有背叛无声客体的行为。这样，在实验室的人工空间之中，这些哑巴的实体从而具有了言说、书写、表明自己意图的能力。用拉图尔的话来说就是，"客体虽然缄默不语，但以忠诚并受过专业训练的科学发言人为媒，自然力就可以使之发声。而且，这种自然力也为之提供了一个重要的担保者：人类并没有制造自然，自然永远存在并始终已经外在于那里，我们所做的仅仅是去发现其秘密"②。物"就是一个客体，一个虽然无法发声却被赋予或托付了意义的客体"③。然而，哲学家后来发现，科学家这样说时，他们也只是在彼此作证，很少从自然规律中去直接获取证言。

库恩的科学哲学的历史主义转向，在反实证主义意义上，成功地历史化了我们对自然科学的理解，但却把客体视为科学共同体范式化自然的结果，物成为范式的木乃伊。科学的社会建构论，激进地发展了库恩的思想，把物从作为理论的试金石又变成社会建构家手上的社会利益派生物。如社会建构论者对真空泵的兴趣，仅仅在于它使社会权力从苏格兰的绅士文化

---

① Latour B, *The Pasteurization of France,* Cambridge: Harvard University Press, 1988, p. 253.
②（法）布鲁诺·拉图尔：《我们从未现代过：对称性人类学论集》，刘鹏、安涅思译，苏州：苏州大学出版社，2010 年，第 35 页。
③（法）布鲁诺·拉图尔：《我们从未现代过：对称性人类学论集》，刘鹏、安涅思译，苏州：苏州大学出版社，2010 年，第 34 页。

中奇迹般地显现出来，从而进入了科学历史年表之中。

在科学哲学说实验室中的空气泵转译了，也就是说"揭露了""表征了"或"使我们掌握了"自然定律的时候，社会建构论者则说，正是作为有闲阶层的富有的英国绅士们的"陈述"，才能使人们对空气压力的"解释"和真空存在的"接受"成为可能。波义耳的绅士身份和英国皇家学会的权威决定着人们对于空气泵之缺陷、漏洞和误差的理解。

分析可见，科学哲学与社会建构论只是各自坚持了两极之见。在社会建构论那里，社会是如此强大并且是一种自主性与始发性的存在，因此它足以塑造和界定哪怕是任何无形的物。与其所取代的自然相比，它不需要具有更深层次的存在原因，仅是先验的或存在于实践之前的解释项。物一文不值，它们仅仅是存在于那里的一块空白屏幕，在其上上映的却是社会学家所导演的电影。在科学哲学中，物又太过于"强大"，其体现出来的"科学的逻辑方法"不仅揭露出自然，而且还塑造了人类社会，并且对于那些制造出它们的科学而言，其建构的社会过程又被抹去。社会变得软弱无力，反过来被那强有力的物所塑造，其行动也完全由客体所决定。客体或物，要么太弱，要么又太强，不过是在社会与自然两极之间交替变换。

随着科学技术论中唯物论研究的兴起，物质文化的维向引起持续的关注，人们开始注意到社会科学与哲学的一组新的研究对象——物。物重新进入了科学技术论研究的视野。

上一章有关对称性原则之争，主要就是围绕着物是否具有能动性而展开的，社会建构论者，如柯林斯与布鲁尔认为科学技术论学者不擅长处理物的能动性或力量，应该把它们留给科学家与工程师。谈论物的能动性，就等于把它们置于与人类力量在所有方面的等同地位。"放弃人与物的所有差异"[1]，就会带来某些反常识的结果。正如谢弗指出：拉图尔对"物活论的异端的承诺，就是要把人类的目的、意志与生活赋予无生命的物质，把人类的利益赋予物"[2]。布鲁尔则认为"非人类不可能具有哪怕一丁点ANT 所赋予的社会生活"[3]。

事实上，拉图尔把能动性赋予物，其目的是要阐明：物制造了一种新的生活形式，它是人类生活与科学研究的基础，也是道德与政治关联的基

---

① Amsterdamska O, "Surely You Are Joking, Monsieur Latour!", *Science, Technology & Human Values,* Vol. 15, No.4, 1990, p. 499.

② Schaffer S, Latour B, "The Eighteenth Brumaire of Bruno Latour", *Studies in History and Philosophy of Science*, Vol. 22, No. 1, 1991, p. 182.

③（英）D. 布鲁尔：《反拉图尔论》，张敦敏译，《世界哲学》2008 年第 3 期，第 90 页。

本条件，还是一个不同时空中秩序的聚集点。在物之能动性基础上，拉图尔创立了 ANT，即行动者网络理论，一种追踪科学实践的方法论，它能够把物融入科学的哲学与社会学解释，继而赋予物在传统的哲学与社会学意义和内涵解释中所没有的能动地位。与既往的社会学的说明相反，拉图尔强调这种方法论指向在于理解各种关于建构性科学的理论与思想的实际微观所涉，而不是致力于寻求对科学的宏观与本质性解释。这种方法论不仅与传统的科学哲学和科学社会学决裂，而且也与社会建构论划清了界限。

要理解作为方法论的 ANT，就要承认物是具有能动性的行动者，才能理解科学实践。社会建构论者的参考系，要求社会学家采用一种宏观的社会关系（如权力、利益与修辞）去界定科学，而科学哲学家也利用相同的无法观察到的自然界的本质来从事同样的解释工作。在具有物之能动性的 ANT 中，唯一可观察的是由对象、论证、技巧与集体活动留下来的痕迹记号的可见流动，也即追踪网络——痕迹的记号、陈述与技巧的循环。在其中，人们肯定看不到社会关系或事物本质，因为它们只有在科学实践活动过程的彼此界定中出现，只有在科学活动的开放性终结中生成。这一点构成了 ANT 研究的一个基本原则。

在主流的科学哲学与社会学传统中，物或非人类是指被置于主体对立面的被动的客体，主客之间受到了完全不对称的处理。在拉图尔那里则不同，首先，"物"这一概念是对静止的与无生命力的"物的观念"的批判。其次，它是一个统称，用来指人类以外的所有实体，包括"客体或兽类"①，如"微生物、扇贝、岩石与鱼"②；包括工具与技术人工物，如质谱仪③、基础设施、污水处理系统④；还包括表征自然的符号与超自然的实体，如人与物所组成的超大规模机构，IBM、法国教育部或世界市场⑤。

物或非人类这一术语，继而成为 ANT 的起点。

① （法）布鲁诺·拉图尔：《我们从未现代过：对称性人类学论集》，刘鹏、安涅思译，苏州：苏州大学出版社，2010年，第15页。

② Latour B, *Reassembling the Social: An Introduction to Actor-Network Theory*, Oxford: Oxford University Press, 2005, p. 11.

③ Latour B, Woolgar S, *Laboratory Life: The Construction of Scientific Facts*, Princeton: Princeton University Press, 1986.

④ Latour B, Hermant E, 1998, Paris: Invisible City, Carey-Libbrecht L(Trans.), http: // architecturalnetworks.research.mcgill.ca/assets/invisible_paris_latour-min.pdf（2022-04-03）.

⑤ （法）布鲁诺·拉图尔：《我们从未现代过：对称性人类学论集》，刘鹏、安涅思译，苏州：苏州大学出版社，2010年，第137页。

在早期的一篇论及"猴子-利维坦"（Monkey-Leviathan）的文章[1]中，卡隆与拉图尔认为，猴子之所以不可能创造与维系一种宏大的稳定的社会结构，并不是因为人类社会与非人类社会肯定存在本质上的区别，也不是因为猴子缺乏人类社会的理性能力，而是因为猴子的社会缺少的恰恰是人类社会中必要的稳定剂——强大的物质基础。这恰恰是拉图尔考虑物的开端。

（二）物之道德性与政治性

ANT 中有许多案例专门讨论物的行动者地位，最著名的就是拉图尔对汽车安全带的行动者地位与卡隆对扇贝的行动者地位的讨论。如果人们认为生物具有行动者地位还稍微可以理解的话，那么纯粹人造物的行动者地位似乎违反我们的生活常识。但是，拉图尔最具代表性的案例分析，即对完全没有生命的汽车安全带之行动者地位的讨论，不仅承认了汽车安全带之行动者地位，而且还进一步引申出汽车安全带所具有的社会性与道德性。

论及汽车安全带这类人造物具有的能动性或能力[2]，首先，拉图尔注意到安全带对人具有能动的约束作用：当一种违规出现时，蜂鸣声音就会不停地烦人地出现，"你应该系上安全带，否则会不断面临噪声的干扰"；在违规的情形下，点火功能将失效，"你应该系上安全带，否则你发动不了汽车"。也就是说，通过感应器，安全带已经施展了一种限制，使人类无法随心所欲。拉图尔将这种行为称为规约（prescription），它体现出物之能动性。规约是指，"某一装置对其预期中的行动者——人类或者物所允许或者禁止所做之事"[3]。同样，一个防止超速的钢筋水泥的警示柱（可称之为"隐身警察"）与一位正在值勤的警察不一样，与减速的信号也不一样，与司机们所接受的文化上的谨慎合作的熏陶也不一样。更为有趣的是校园管理者把"请在校园中减速行车"的行动口号，从一种文化上熏陶的行动转变成一种生物本能行为，在校园内设置了钢筋水泥保险杆或减速带以阻止小车的高速行驶。行动的口号从"为了你的同伴的安全，请减速

---

① Callon M, Latour B, "Unscrewing the big Leviathan: How Actors Macro-Structure Reality and How Sociologists Help Them to Do So", In Knorr-Cetina K, Cicourel A V（Eds.）, *Advances in Social Theory and Methodology: Towards an Integration of Micro and Macro Sociologies*, Boston: Routledge, 1981, pp. 277-303.

② Latour B, "Where Are the Missing Masses? The Sociology of a Few Mundane Artifacts", In Bijker W E, Law J（Eds.）, *Shaping Technology/Building Society: Studies in Sociotechnical Change*, Cambridge: MIT Press, 1992, pp. 225-258.

③ Latour B, "Where Are the Missing Masses? The Sociology of a Few Mundane Artifacts", In Wiebe E, Bijker W E（Eds.）, *Shaping Technology/Building Society: Studies in Sociotechnical Change*, Cambridge: MIT Press, 1992, p. 232.

慢行"变成"为了你自己的生命与家庭，请不要撞击障碍物"。这样，对于人类而言，道路保险杆就建构了从行动到行为、从意义到力量、从文化到自然的转变。其次，在秩序与象征意义上，安全带是一种道德诚命："你必须系上安全带。"这种诚命是人们相互间希望遵守的道德规范。最后，拉图尔注意到这也是国家法律制定的一种政治强制，"你必须系上安全带，否则就要受到法律的制裁"。结果，不遵守交通规则的人将会减少，甚至消失。因此，当工程师设计出这种工具时，人类社会的道德与政治的本性就不可避免地被改变，主体的道德与客体的道德交织在一起，主体的政治性也与客体的政治性交织在一起。

这样，在我们人类的道德与政治的关系中，就不可避免地面对着一系列技术人工物的干预。我们所看见的是一种真实的范畴化的诚命，是一种真实的客观化的规范。技术人工物这种新型的道德与政治的行动者，使得传统的道德与政治的内涵发生变化。正如卡隆说道，"电话创造了一个公共的空间，它能够合并涂尔干的宗教或布尔迪厄的习性。这暗示着一种不可思议的力量：我们集体所有的，事实上，已经超越了人类的某些规范、政治与道德的原则"①。

这里，物已经不容置疑地改变了我们人类的道德与政治关系的结构。拉图尔的这种观点，破坏了传统的道德选择与政治决策的范围，它不再把道德与政治视为一种理性的逻辑限制、一种规范的规训逻辑或可能的法律惩罚。通常，我们会认为道德与政治这些词汇是专属人类的；但拉图尔在此将这种性质同样归属于技术人工物。物对人的规约想要表明的是：人们应该如此行事，应该这样做，不应该那样做。这就是拉图尔眼中的安全带之道德性。

在拉图尔看来"规约就是机械装置的道德与伦理之维度"。"多少个世纪以来，我们就知道，人类一直都在将能动性委派给物，不仅如此，他们还将价值、责任和伦理学赋予物"；并且，正是由于物的这种道德，我们人类也才会在行为上更加道德。显然，物的增加会推进人的道德的发展，"道德的总和不仅不会保持不变，而且会随着物的增值而迅速增长"②。由此说，"人类越是深入走进这一结构（人与物的杂合结构）之中，也就会

---

① Callon M, "Techno-economic Networks and Irreversibility", In Law J (Ed.), *A Sociology of Monsters: Essays on Power, Technology and Domination*, London: Routledge, 1991, p. 157.

② Latour B, "Where Are the Missing Masses? The Sociology of a Few Mundane Artifacts", In Wiebe E, Bijker W E (Eds.), *Shaping Technology/Building Society: Studies in Sociotechnical Change*, Cambridge: MIT Press, 1992, p. 232.

越具人性"①。总之，物的道德性体现在，它能够迫使人类行为不得不发生改变，从而导致人之道德的改变，人之道德与物是同生、同存与共演的。这样，凭借人类内嵌的力量和自身的力量，物最终造就了一种情境性的文化、道德标准与行为准则。

拉图尔从 ANT 的框架中重新界定道德与政治的尝试，引起了学界的激烈批评。因为，如果说物具有一种能动性行动的话，那么"对 ANT 来说，就没有什么是本质性的东西。更为准确地说，也更具争议的是说，这种立场消解了那些对人类来说是本质性的东西"②。这种说法无非是把人类的本性强加在物之上，认为物是具有目的、意志的，或具有某种正义，或它们与人类具有完全等同的道德与行动。③当拉图尔谈到ANT 为什么"漠视"人类的特殊先验本性这类讨论时，他的确是在强调这一点。不过，在拉图尔看来，用非对称性的语言去界定意图、自主性与责任这类人类的本性问题，是不恰当的。

这里就涉及如何界定能动性、道德与政治的问题。拉图尔的这些重新界定，从对称性的语言出发，也就是说，不要从先验的非对称性立场出发，而是从人与物的关联这个现实集合中，从我们的生活世界中，从我们的科学实践中去界定物的世界与我们人类社会相互间的道德与政治责任。④从这个意义上来说，ANT 更强调的是方法论功能，而不是本体论功能。正如拉图尔所说："这样做的一种途径是扩展我们的对称性原则的含义，以决定只要能够应用于人类的术语，我们同样可以用于非人类。这并不意味着我们希望把意图性扩展到物，或把机械功能扩展到人类，而只是我们用来描述事物的一种方式。"⑤其实，在拉图尔那里，行动者是由其活动来界定的。那么，活动是如何发生的呢？或者说，行动者为何会活动呢？许多人认为，行动者就是活动的根源，但拉图尔认为这是对 ANT 的一种误解。拉图尔指出活动的潜力（actantiality）并不是指行动者能够做某些事情，而

① （法）布鲁诺·拉图尔：《我们从未现代过：对称性人类学论集》，刘鹏、安涅思译，苏州：苏州大学出版社，2010 年，第 156 页。

② Riis S, "The Symmetry Between Bruno Latour and Martin Heidegger: The Technique of Turning a Police Officer into a Speed Bump", *Social Studies of Science*, Vol. 38, No. 2, 2008, p. 295.

③ Schaffer S, Latour B, "The Eighteenth Brumaire of Bruno Latour", *Studies in History and Philosophy of Science*, Vol. 22, No.1, 1991, pp. 174-192.

④ Latour B, *Pandora's Hope: Essays on the Reality of Science Studies*, Cambridge: Harvard University Press, 1999, pp. 192-193.

⑤ （法）迈克尔·卡伦，布鲁诺·拉图尔：《不要借巴斯之水泼掉婴儿：答复柯林斯与耶尔莱》，见安德鲁·皮克林：《作为实践和文化的科学》，柯文、伊梅译，北京：中国人民大学出版社，2006 年，第 361 页。

是指某些能够导致行动者去行动的东西。①他后来解释得更加清楚，"一个行动者就是被诸多他者所迫使进行行动的东西"②。拉图尔以这种方式讨论的目的在于，将行动者能动性来源归结为网络或关系。也就是说，只有在人与物的实践网络中，物与人相互间才能得到相互界定，人才会受制于物的约束，包括道德与政治的制约，而不是说物具有先验的或先于实践的文化、道德与政治的力量。

也就是说，拉图尔对物、道德性与政治的重新解释，是指向物的能力与角色的关联方式。拉图尔说："我们不能从责任与权威的当下流行的用法中推出技术物本身有着一种明显的道德神圣性……它主要是蔑视这种看法，认为社会学家把握着物质，把握着技术创新，这导致了我先前有点夸张地讨论安全带那可悲的困境。"③这里说的是，道德与政治不是把物与所有其他行动者分离开来的标准，而是在所有行动者（包括物）关联中显现出来的东西。这里强调的不是物与道德或政治的关联性问题，而是强调当我们考虑物与道德或政治的关系时，物是道德与政治的组成部分。这是ANT 的基本点：在物被关联的方式中考虑其道德性与政治性的问题。

（三）物之认识论功能

卡隆讨论法国圣布里厄海湾的扇贝的论文是另一篇经典的论文，论文关注的是扇贝、科学家与渔民之间的行动者网络的运行。

卡隆首先放弃了自然与社会之间的分明界线："观察者必须放弃在自然事件与社会事件之间所有先验的界线。他必须否认两者之间存在着一种泾渭分明的界线的假说。这种分界被认为是矛盾的，因为它们是分析的结果而不是其出发点……与其把一种分析框架强加在这些主题上，不如让观察者跟踪行动者，以识别这些主题定义与联系各种不同的因素的方式，根据这种方式,他们建立并解释了它们的世界,无论是社会的还是自然的……某些行动者使其他行动者（无论它们是人类、制度或自然实体）服从于它们的能力，这依赖于一种社会与自然交互的相互关系的复杂网络。"④

---

① Latour B, *Pandora's Hope: Essays on the Reality of Science Studies*, Cambridge: Harvard University Press, 1999, p.18.

② Latour B, *Reassembling the Social: An Introduction to Actor-network Theory*, Oxford: Oxford University Press, 2005, p.46.

③ Latour B, "Morality and Technology: The End of the Means", *Theory, Culture & Society*, Vol. 19, No. 5-6, 2002, p. 254.

④ Callon M, "Some Elements of a Sociology of Translation: Domestication of the Scallops and the Fishermen of St. Brieuc Bay", In Law J（Ed.）, *Power, Action, and Belief: A New Sociology of Knowledge?*, London: Routledge and Kegan Paul, 1986, pp. 200-201.

在相关的引文中，卡隆的分析对称性地采用了问题、利益、征募与调动（mobiization[①]）的术语。在这里，他考虑了调动扇贝的问题："如果扇贝被征募了，它们肯定会自愿依附在捕捉器上。但这种依附却是不易获得的。事实上，三位研究者将不得不经历与扇贝进行最长的与最困难的谈判。"[②]"研究者会自愿做出任何让步以引诱扇贝苗进入它们的笼子。什么样的材料能使扇贝苗自愿依附在其上？为回答这一问题，必须进行另一系列的谈判。值得注意的是，如果依附在由稻草编织成的网上，扇贝苗的发育会非常缓慢的，因为这种网的密度过大，水无法正常通过其表面来形成循环。"[③]

在这些段落中，我们看见本体论对称性原则的某些应用。科学家想成功地培育扇贝，就必须与渔民、与扇贝不断进行协商，以把握扇贝生长的规律。"这就是你认为扇贝所做的，但它们实际上并没有这样做"，或"某些扇贝趋向支持你的立场，某些扇贝却不支持你的立场"。对卡隆来说，唯一可行的立场就是要放弃先验的科学哲学与社会建构论的立场，去追踪各式各样的扇贝这类实体会如何改变科学家研究的途径。"要确保……扇贝苗依附，扇贝的合作就像渔民的合作一样。"[④]然而，几年后出现了大灾难。渔民突然取下了所有的实验用扇贝，并把它们出售。"研究者撒下了他们的网，但收获者却毫无希望地空等着。原则上，扇贝苗会依附在网上，但实际上它们拒绝进入捕捉器。有可能成功的艰难谈判在随后的几年中开始走向失败……扇贝苗使自己从研究者的计划中逃脱出来，许多其他的行动者把它们取走。扇贝成为持不同政见者。作为合作者的扇贝被那些认为是代表它们的人出卖了。"[⑤]这项研究的失败，表明科学家不仅要与扇贝进行谈判与合作，还要与渔民进行协商与合作。

在主流的科学实在论那里，存在着的是先验与规范的方法论的指令系

[①] mobiization——拉图尔语，它是指在某一事实的建构过程中，尽可能地利用各式各样的资源，以建立行动者的最大联盟。

[②] Callon M, "Some Elements of a Sociology of Translation: Domestication of the Scallops and the Fishermen of St. Brieuc Bay", In Law J (Ed.), *Power, Action, and Belief: A New Sociology of Knowledge?*, London: Routledge and Kegan Paul, 1986, p. 211.

[③] Callon M, "Some Elements of a Sociology of Translation: Domestication of the Scallops and the Fishermen of St. Brieuc Bay", In Law J (Ed.), *Power, Action, and Belief: A New Sociology of Knowledge?*, London: Routledge and Kegan Paul, 1986, p. 213.

[④] Callon M, "Some Elements of a Sociology of Translation: Domestication of the Scallops and the Fishermen of St. Brieuc Bay", In Law J (Ed.), *Power, Action, and Belief: A New Sociology of Knowledge?*, London: Routledge and Kegan Paul, 1986, p. 222.

[⑤] Callon M, "Some Elements of a Sociology of Translation: Domestication of the Scallops and the Fishermen of St. Brieuc Bay", In Law J (Ed.), *Power, Action, and Belief: A New Sociology of Knowledge?*, London: Routledge and Kegan Paul, 1986, pp. 219-220.

统，虽然扇贝外在于我们而存在，但这一指令系统能够指导着无生命力的扇贝苗的生长。在社会建构论那里，存在着的仅是先于科学实践的科学家的利益与权力，它们规定着扇贝苗的生长，因而，扇贝就是由谈论它们的人类的社会关系所制造而成的。然而，正如卡隆与拉图尔在批评社会建构论时指出的那样，"这不是出自他们的大胆无知，而只可能出自他们的两种实在论立场：扇贝是外在于我们，因而迫使科学家自己持朴素的实在论立场，或者说……把朴素实在论归咎于科学家，就是他们把自己归于我们称之为的'朴素的社会实在论'的镜像反映"。①

在这种自然与社会的两分框架中，他们完全忘记了扇贝会以各式各样的形式同时存在（都是人工培育的苗子）这一事实，忘记了所有的科学家并不会忙碌于把自己的讨论限制在社会关系上，而是去艰苦地设计出数百种方法以驯服各种形式的扇贝，从而把握其生长规律。科学家决不会只谈论人的社会关系。扇贝参与了我们的所有研究，但不是作为封闭的、僵硬的或疏远的物自身，而是开放的与主动的，就在科学家的眼前，是与科学家相互作用的自然行动者。当它们进入这种实践场所，它们就被赋予了理性主义者在人类身上所见到的力量，也获得了社会实在论者在人类身上所见到的热情与不确定性。卡隆与拉图尔拒绝先于实践去考虑人与物之间的差异，拒绝把这些差异永恒地等级化。因为一种物并不是生来就是一个扇贝，而是在科学实验中逐渐变成或生成为一个扇贝。

作为行动者的物，在时空中与行动者相聚以制造知识，这也在暗示行动者网络的概念：多变的本体的行动者的一种网络，多变的时间的与多变的空间的一种聚集。任何行动者，当然包括物，都是或多或少地结构化的网络的必要部分。反过来，自己只有被结构化或卷入，才可能成为认知的行动者。行动者总是在"相互作用"，也就是说，它们被各种行动者、各种本体、各种时代与各种可持续性所共享。物之行动者不会再允许人类的行动者随心所欲地操作它："正是在此刻，人类力量操作在并非惰性的物之上，物能够持续地施展并扩展自己的认知力量——当然，这要求制造另一种社会契约。"②对一确定的物"同时作为主体、客体与话语而运转着，

---

① （法）迈克尔·卡伦，布鲁诺·拉图尔：《不要借巴斯之水泼掉婴儿：答复柯林斯与耶尔莱》，见安德鲁·皮克林：《作为实践和文化的科学》，柯文、伊梅译，北京：中国人民大学出版社，2006年，第361页。

② Latour B, "Nonhuman", In Harrison S, Pile S, Thrift N (Eds.), *Patterned Ground: Entanglements of Nature and Culture*, London: Reakiton Books, 2004, p. 225.

存在之中充满网络。对于机器而言，它们负载着主体与集体的认知"①。

二、作为转义者的物

（一）转义者与传义者

拉图尔说："转义者（mediators）具有原创性，它创造了它所转译的东西，同时也创造了实体，并在实体之上实现转义者的角色。"②这种角色，体现在卡隆对圣布里厄海湾渔民的叙事中的扇贝的角色讨论中，也体现在劳对西方海洋扩张的风暴的作用的讨论以及拉图尔对巴斯德实验中微生物的作用的分析中。劳曾经注意到，在最初的分析中，ANT 最初把物处理为一种"关系的稳定配置的效应"，在这里，物不可能是一种行动者，而仅仅是在结构主义意义上的行动者，也就是说，它们并不真实地制造差异，而仅仅传输其他行动的活动。③在一篇文章中，卡隆注意到传义者（intermediaries）与转义者之间的差异。④传义者或表征者仅仅是一个无能动性的中性的占位符，仅仅是一个空间中的中介，表征理论或社会为其量身定做的内涵，仅仅是相互作用或关联链中的一个中介。"一个传义者——虽然是必要的——仅仅是从现代制度的一极向外传送、转移、传输能量。它本身却是空洞的，不具有可信性，多多少少也有些晦涩不清。"⑤一旦把物看成是转义者，而不是传义者，就不可能把物视为简单的人类行动者的传声筒，也就是说，物，就像人类一样，会不断地修改实践中的各行动者之间的关系。转义者不再是一种能够将意义在自然和说话者之间进行双向传达的简单的传义者或者载体。不过，对拉图尔来说，他是从符号学的角度看待转义者的。"意符被赋予首要地位，意指则在其左右穿梭，毫无任何优先权。文本具有首要地位；它所表达的或者传递的意思则是次要的。……文本和语言制造了意义；它们甚至产生出了内在于

---

① （法）布鲁诺·拉图尔：《我们从未现代过：对称性人类学论集》，刘鹏、安涅思译，苏州：苏州大学出版社，2010 年，第 75 页。

② （法）布鲁诺·拉图尔：《我们从未现代过：对称性人类学论集》，刘鹏、安涅思译，苏州：苏州大学出版社，2010 年，第 89 页。

③ Law J, "Technology and Heterogeneous Engineering: The Case of Portuguese Expansion", In Bijker W E, Hughes T P, Pinch T（Eds.）, *The Social Construction of Technological: New Directions in the Sociology and History of Technology Studies*, Cambridge: MIT Press, 2012, pp.105-128.

④ Callon M, "Techno-economic Networks and Irreversibility", In Law J（Ed.）, *A Sociology of Monsters: Essays on Power, Technology and Domination*, London: Routledge, 1991, pp. 132-161.

⑤（法）布鲁诺·拉图尔：《我们从未现代过：对称性人类学论集》，刘鹏、安涅思译，苏州：苏州大学出版社，2010 年，第 88-89 页。

话语和内在于（一定话语之中的）说话者的指称。只凭自己它们就可产生出自然和社会……万物都成了符号和符号体系：建筑和烹饪、时尚与神话、政治——甚至无意识自身。"①这种对本体论对称性原则的符号学的处理，也是后继科学实践哲学家（如皮克林、林奇与哈拉维）对拉图尔的 ANT 进行批判性发展的出发点。

主流的科学哲学与社会建构论很少把物视为稳定的转义者，把它们仅视为黑箱，或占位符，视为等待着科学或社会赋予它们意义或者传达出其他的力量（如科学或权力）的意义的实体。它们在不断扩大传义者的范围，以表明自己理论的普适性。"康德的哥白尼革命使得客体围绕一个新的焦点旋转，并且增加传义者的数量以中和两极之间且行且远的距离。"②例如，为了解释空气泵，科学哲学家只需将一只手放入那充满了永恒存在的自然物的缸体之中，社会建构论学者则将手放入另外一个蕴含着社会世界之永恒动力的缸体之中。自然物一直永恒地存在着，社会也总是由同样的利益、同样的权力、同样的激情所构成。自然和社会能够为我们提供解释工具，而它们本身并不需要接受解释，始终先验地存在于实践之前。传义者是存在的，它们的作用恰恰就在于传达或表征着那种经过所谓方法论规则所过滤了的自然或科学家的利益或权力。物之所以具有传义的地位，仅仅是因为它们本身不具有任何本体论的地位。它们仅仅是传送、转移、表征那两种真实的存在物——自然或社会——所蕴含的力量。物的传义能力并不是自己所具有的。因为它们仅仅是一些畜生或奴隶；或说得好听点，它们只不过是一些忠心的奴仆。有些传义者被看成"自然的"，有些被称为"社会的"；有些被冠以"纯自然的"称号，另外一些则被冠以"纯社会的"称号，倾向于前者的分析者被称为科学实在论者，倾向于后者的分析者则被称为社会建构论者。

（二）作为传义者的空气泵

1985 年，英国科学史家夏平和谢弗在《利维坦和空气泵：霍布斯、波义耳与实验生活》一书中，从社会建构论的视角重构了"波义耳空气泵的实验"。波义耳与英国皇家学会的成员都认为实验所产生的事实，其客观性源于科学共同体的认可。何为"对实验的认可"？在夏平与谢弗看来，

---

① （法）布鲁诺·拉图尔：《我们从未现代过：对称性人类学论集》，刘鹏、安涅思译，苏州：苏州大学出版社，2010 年，第 72 页。

② （法）布鲁诺·拉图尔：《我们从未现代过：对称性人类学论集》，刘鹏、安涅思译，苏州：苏州大学出版社，2010 年，第 90 页。

首先，"实验的证实"代表着一个绅士的证词。波义耳以所谓的"有效的证明"这样一种方式去说服他的听众，即让少数权威人士在实验室中产生一个事实，然后在英国皇家学会上宣读，进而让其成员相信这是事实，最终形成共识。反过来，这一共同体就成为这一事实的口头证明人（这一共同体的绝大多数成员没机会做空气泵实验）。波义耳等的话，一般被认为是可信赖的，因为他们"绝大多数具有绅士风度，是自由的与没有私利的"。绅士，不像追求利润的商人，是完全无私的，因而毫无偏见且值得信任。

夏平在《真理的社会史》一书中探索了这种信任文化与科学知识的联系，他认为科学知识的扩展与永存建立在共同体对一个事实陈述者的信任基础上。因此 17 世纪科学活动建立在一种信任和声望的社会关系之上，是通过探索绅士派头的礼节与可信性来达到的。这种作为真理的告知者的绅士般的形象，是科学共同体制造知识的一种最有价值的资产。对此，拉图尔指出：首先，"波义耳并没有将其研究奠基于逻辑学、数学或者修辞学的基础之上，而是依赖于一种准司法性的隐喻：在实验场地获得可靠之人、可信之人甚至是有钱人的证言，就可以证实事实的存在，即便人们并不了解这一事实的本质"。其次，这种集体证人的模式源于"通过目击证据而获得权威的法律和宗教模式"[1]。把实验证据与集体陪审团意见相结合，法律或宗教的证词模式就变成科学实验的集体证实模式。结果"以事实为依据，可靠的目击证人就进入了可信者的名单之列……证人的社会地位能够维护其可信性，而且多个证人的共同作证也会使那些极端分子无处遁形"[2]。最后，政治的介入。波义耳的实验室活动是以"事实来说话"的生活形式，这为当时英国国王查理二世的民主政治提供了知识论上的辩护。因此，当查理二世的民主政治战胜了查理一世的专制政治后，查理二世便批准了以促进自然科学知识发展为宗旨的英国皇家学会的成立。

夏平与谢弗说道，"实验哲学家的任务是向他人表明：如果继承传统的实验哲学家，进入英国王朝复辟时期的文化，社会秩序的问题就能够被解决。如果他们能够有效地满足这些要求，他们实验活动的合法性、实验室的完整性与科学的角色将能够获得确保。这些要求广泛地体现在王朝复

---

① （法）布鲁诺·拉图尔：《我们从未现代过：对称性人类学论集》，刘鹏、安涅思译，苏州：苏州大学出版社，2010 年，第 27 页。

② （法）布鲁诺·拉图尔：《我们从未现代过：对称性人类学论集》，刘鹏、安涅思译，苏州：苏州大学出版社，2010 年，第 27 页。

辟时期的经济、政治、宗教文化活动的实验共同体之中"①。夏平和谢弗认为，这些历史证词，并不是由哲学家的文本或语言构成，而是由沉默的、冷酷的空气泵，石头和雕像之类的历史残留物组成。夏平和谢弗将一个未知的新行动者——一个充满纰漏的、多种材料黏附到一起的人造空气泵——添加到了科学的历史之中。他们认为空气泵之类的物本身的存在价值，就在于它们向人们传达出某一集体的争论或者陪审团签署的某一决议。法庭表明了原因与事物、语词与客体的准确身份。于是，近代科学的内容只不过是科学共同体利益与权力的传义，它表征出由制度所保证的科学共同体的社会地位、政治利益与经济利益。英国皇家学会在认识上的权威并不是实验，而是政治，"对知识问题的解决是政治的：它是建立在知识政体中的人们之间的关系与规则基础上被预言的"②。夏平和谢弗无非是想表明："我们生活于共同体之中，这种共同体的社会联系产生于实验室内所制造出来的客体；必然性真理被可控的信念所取代，普遍性的论证被同行集体所取代。"③

然而，夏平和谢弗在《利维坦和空气泵：霍布斯、波义耳与实验生活》指涉的这种人类证言，即只有那些被绅士们所观察到的指标或仪器才令人折服，这种说法站不住脚，因为它少了故事的另一半：物。

事实上，在近代科学诞生之初，就存在着事实与价值、自然与社会之间的交织态。17世纪，英国皇家学会最主要的创始人之一波义耳研制的空气泵，由一系列构思巧妙的封闭空间和容器所构成，它们能够使观察者看到玻璃试管内部的变化情况，并允许人们引导甚至控制实验的发展。波义耳将托里拆利试管放入一个封闭的空气泵的玻璃壁之内，并倒置试管，在顶端得到了一定的初始空间。接着，他通过增加空气压力，从而使水银柱的水平面下降，直到接近水银盆中的水银平面。波义耳进行了十几次实验，并用"真空"解释了小动物窒息实验与蜡烛熄灭实验。鉴于其成本及制造的复杂性，空气泵在当时是相当昂贵的仪器，普通科学家没有机会接触到它。这就是空气泵实验的另一半，用波义耳的话来说，英国皇家学会的主要任务是通过实验去判断和解决客观事实的问题。

① Shapin S, Schaffer S, *Leviathan and the Air-pump: Hobbes, Boyle, and the Experimental Life*, Princeton: Princeton University Press, 1985, p. 12.

② Shapin S, Schaffer S, *Leviathan and the Air-pump: Hobbes, Boyle, and the Experimental Life*, Princeton: Princeton University Press, 1985. p. 342.

③（法）布鲁诺·拉图尔：《我们从未现代过：对称性人类学论集》，刘鹏、安涅思译，苏州：苏州大学出版社，2010年，第25页。

波义耳之成功，就在于他与真空、空气泵、英国皇家学会、德性、法律、上帝、国王之间存在着一条连续性的链条或网络。也就是说，空气泵捕捉真空的实验，是在自然与社会、认知与文化、事实与价值的交织态中被建构出来的。然而，在科学事实的最后表述中，人、社会或文化被抹杀了，只剩下真空与空气泵。拉图尔称之为 "纯化"。" '纯化'（purification）创造了两种完全不同的本体论领域：人类与非人类……将一个自在的自然界与一个充满着可预测的、相对稳定的利益与风险的社会分割开来。"①。这条伟大的分界线的用意在于消除科学中 "相对主义、统治或支配、错误的意识" 结果，空气泵成为另一种意义的传义者，即传达出经过科学方法论规则所过滤过的自然的含义。正如拉图尔所说："就其自身而言，事实是不会说话的；自然力也仅仅是某些毫无感情的机制。然而，科学家们会说，他们自己并没有说话，准确地说，是事实在为自己代言。"②

在科学哲学中，这种纯化是通过逻辑经验论提出的 "辩护的语境" 与 "发现的语境" 的二分来实现的。关于两种语境之分的明确表述源于赖兴巴赫 1938 年出版的《经验与预言》。为了表明科学哲学的研究范围，赖兴巴赫引入了两种语境之分："思想家发现这个定理的方式和他提交给公众的方式之间的明显差异解释了正在讨论的问题。我想引入发现的语境和辩护的语境这两个术语来表明这种区分。"③

科学哲学研究的范围就是 "辩护的语境"。科学哲学 "不研究实际发生的思考过程，这是心理学的任务。认识论的任务是用某种方法建构一个思考过程，如果思考的结果可以和一个融贯的系统一致，那么思考的过程应该如此；或者是在思考过程的起点和问题之间建构一些合理的逻辑演算去取代真实的联系。认识论考虑的是不同于真实过程的逻辑替代物"④。这种逻辑替代物就是对科学理论的 "逻辑重建"，即科学理论的逻辑结构以及理论和证据之间的逻辑联系。卡尔·波普尔（Karl Popper）的成名作虽叫《科学发现的逻辑》，但是波普尔在书中明确地否定了书名，指出不存在科学发现的逻辑。

两种语境之分是指社会或心理过程与逻辑论证之间的区分。发现语境

① （法）布鲁诺·拉图尔：《我们从未现代过：对称性人类学论集》，刘鹏、安涅思译，苏州：苏州大学出版社，2010 年，第 12-13 页。

② （法）布鲁诺·拉图尔：《我们从未现代过：对称性人类学论集》，刘鹏、安涅思译，苏州：苏州大学出版社，2010 年，第 34 页。

③ Hans R, *Experience and Prediction*, Chicago: University of Chicago Press, 1938, p. 7.

④ Hans R, *Experience and Prediction*, Chicago: University of Chicago Press, 1938, p. 5.

涉及心理或社会过程，是描述性的，辩护语境关注逻辑关联和事实的澄清，是规范性的。发现过程是无严格的逻辑的，因此，解释科学发现就不是科学哲学家的任务，科学哲学家只能以科学的最终产品——论文、理论或教科书为研究对象。两种语境之区分的目的在于用思想的逻辑重构去取代思维的实际运作过程，用一系列逻辑演算去联结思维的起点与终点。科学哲学关注"应该如何"，而社会学或心理学关注"实际如何"。

赖兴巴赫用"理性重构"来说明科学哲学和社会学的不同任务：理性重构虽然是非真实的建构，但却不是任意的，它与实际过程相一致，甚至在一定意义上是优于实际思考的最好方法。这样，逻辑重构就将科学哲学与科学的历史学、社会学、政治学等其他经验性研究路径区分开来。直到20世纪60年代之前，两种语境之分一直是科学哲学的主导原则，它预设了事实与价值、认知与社会之间的一条清晰的界线。结果，在赖兴巴赫看来，作为传义者的空气泵，它不过是"揭露了"、"表征了"、"物质化了"或者"使我们掌握了"过滤过的自然定律。而在夏平和谢弗看来，只有富有的英国绅士的"陈述"，才能使人们对空气压力的"解释"和对真空存在的"接受"成为可能，波义耳的个人态度和英国皇家学会的权力影响着人们对于空气泵之缺陷、漏洞和误差的理解。这走向了社会建构论的另一极端。

（三）作为转义者的空气泵

从本体论对称性原则出发，在重新解释空气泵实验时，拉图尔将自己摆在自然与社会中间点的位置上，从而可以追踪非人类和人类的交织态是如何建构出真空这一"科学事实"的。拉图尔既不允许使用外在实在解释社会，也不允许使用权力游戏塑造外在实在。"如果我们将空气泵不偏不倚地放到联结客体轴与主体轴之线段的中间，空气泵就成为一个转义者，而非传义者。"[①]空气泵的科学实验奠基于某种生活形式、实践、实验室和网络之中。一方面，它不会完全在自在之物那一边，因为"真空"这一事实是被制造出来的。窒息而死的那只鸟、大理石气缸、下降的水银，所有这些并不是我们的纯粹创造物，它们并不是由稀薄的空气所构成的。另一方面，它也不能完全置身于主观世界一侧，如社会、大脑、精神、语言游戏或者绅士文化，也不是纯粹的社会关系，更不是人类的某些范畴。

在波义耳的空气泵实验中，科学事实确实存在于实验室的新设备中，

①（法）布鲁诺·拉图尔：《我们从未现代过：对称性人类学论集》，刘鹏、安涅思译，苏州：苏州大学出版社，2010年，第30页。

但不是空气泵自动生成的，而是通过使用空气泵所进行的人工干预被建构出来的。波义耳屏住呼吸，小心翼翼地操作着那透明的、封闭的空气泵，泵中倒置着托里拆利试管，从而建构出了"真空"。他们在实验室中利用空气泵制造规律。空气泵参与了事实的建构，就成为一个转义者，而不是真空的传义者或表征者，因为"真空"不可能是自然界的自在之物。当然，空气、小动物、大理石等自然物，也都在转义者之列，它们都参与了对"真空"的建构。在本体论对称性原则中，它们位于自然轴上。

当然，也不能忽视社会轴，对波义耳的空气泵实验中"真空"这一事实的认定，也是基于：①17 世纪英国的绅士文化，一种信任和声望的社会关系，通过对绅士派头的礼节与可信性的认定来达到；②实验证据与陪审团意见的结合，把法律或宗教的证词模式转变成科学实验的集体证实模式；③民主与专制之间政治斗争的语境。空气泵实验以同样的方式将人类和非人类实体聚集在一起。这样，在 STS 领域，所有那些专属于政治、国王、上帝、经济、圣迹和德性的东西，现在被转译、被转义，进入制造"真空"的实践之中。这就能解释那些有关国家、上帝及其圣迹、物质以及各种力量是如何并且为什么能够通过空气泵而发生转义的。空气泵串联起了、组合起了并且重新展现出了众多的行动者，其中有一些是新涌现出来的、以前没有过的——英国政治、真空、空气质量等。这也可以解释波义耳、绅士文化、法律或宗教的证词模式、物以及其他力量是如何并且为什么能够通过空气泵而转义出"真空"的这一事实。转义者不同于传义者，作为转义者的物或社会，必然会对行动者网络赋予自己的内涵。把物或社会归类为转义者后，我们对空气泵之历史的解释，就不再仅仅使用自然之缸或者社会之缸内的资源。拉图尔认为："客体并非手段，而是转义者，就像其他行动者一样。他们并不会忠诚地传达着我们的力量，我们也不会是它们的忠诚信使。"[①]物既不是我们实践的先验的条件，也不与其他行动者一起并置在黑箱中。它们时常冒险，时常不稳定。进入人类集体时，它们被行动者网络赋予了某种能力，并以这种能力去与网络中的其他行动者相互周旋。在这种意义上，物被其循环的网络所改变，同时也通过其循环改变了集体。这里，在一端，是物本身，在另一端，是语言主体和思想主体、价值与符号的社会。科学事实就发生在两者的中间，在两者之间流通，都在转义、转译和网络中生成。事实上，空气泵实验之所以"成功"，恰恰

---

① Latour B, "Nonhumans", In Harrison S, Pile S, Thrift N (Eds.), *Patterned Ground: Entanglements of Nature and Culture*, London: Reakiton Books, 2004, p. 204.

因为它将大量的人和物混合起来，它并没有搁置任何东西，也没有排除任何聚合。

空气泵就是这样一种杂合体（hybrid）。拉图尔从本体论对称性原则指出，事实上，我们在现实生活中所遭遇的东西都是杂合体：如臭氧层空洞的不断扩大，就把大气层化学家、阿托化学（Atochem）公司和孟山都（Monsanto）公司的首席执行官、政府首脑、气象学教授、生态学组织等都关联起来了。在巴黎的罗伯特·盖洛（Robert Gallo）教授的实验室中，艾滋病病毒的培养基把美国和法国的科学家，还有时任美国总统和时任法国总统联系起来；这种传染病又在撒哈拉以南的非洲不断传播，将生物和社会杂合到了一起，即各国的政府首脑、化学家、生物学家、绝望的患者和实业家都共同纠缠在一个前景未卜的不确定性的历史之中。这类杂合体，拉图尔借用米歇尔·塞尔斯（Michel Serres）的话说，就是拟客体（quasi-objects）。所谓拟客体，就是指这样的客体，与自然界的那些"硬"事物相比，它们具有更强的社会性和人类集体特性，但它们又不是完全的社会产物；与人类社会的那些"软"事物相比，它们具有更多的实在性和客观性，但它们也不是纯粹的自然产物。[①]因此，拟客体就是自然与社会的杂合体。空气泵既追踪了空气弹性，勾画出了17世纪英国的社会概况，同时也界定了一种新的用以表述实验室之实验的文字铭写。在追踪空气泵的过程中，我们无需假定或者追问万物是自然的还是社会建构的，抑或是打上了双重的印记。在STS中，我们应该从拟客体、一种人与非人的杂合体角度去思考问题。拉图尔把这种思考途径称为新的"唯物论的实践哲学"或"本体论"。

化学中的化合物，是几种事先就具有自己属性的物质之间的反应，但拟客体却不一样，它们只有在杂合时才能得到相互界定，并彼此改变了相互间的属性，改变了它们的行动方式。在此意义上，拉图尔说道，"多亏了转译[②]，我们无须使用那些拥有固定的边界和早已分配好利益的行动者作为我们的出发点。相反，我们能够追踪行动者B赋予行动者A一个固定边界的方法，行动者B分配给A利益或者目标的方法，追踪A和B所共享的这些边界和目标的界定方式，最后，为了其联合行动在A与B之间进

---

① （法）布鲁诺·拉图尔：《我们从未现代过：对称性人类学论集》，刘鹏、安涅思译，苏州：苏州大学出版社，2010年，第62页。

② 在拉图尔的著作中，转译和转义的基本含义是一样的，在早期使用的是转译（translation），后期使用的是转义（mediation）。本著述尊重拉图尔不同时期的用法。在不同的地方分别使用"转译"和"转义"。

行责任分配的方式"①。如上面所提到的拉图尔讨论的"公路上的减速带"。安装减速带的目的是通过将机动车的速度降到一个"安全速度"内来拯救生命。在其中，物（如混凝土或汽车）与作为使用者的人（警察、安全工程师或司机）之间发生了互动。任何单独的一方，无论是人还是物，都无法界定这一复杂的互动，只有在两者的互动中，减速带才能获得其控制速度的意义，工程师才能体现出其价值，警察才能发挥其职责，司机才能具有安全意识。总之，当拉图尔说"拟客体"时，他并没有简单称物和人都参与了其中，而是指在这一参与过程中，各种因素共同构成了一个互相界定的过程，在这种互相界定中，彼此的内涵与方式都发生了改变。如真空，如果没有波义耳，它就难以成为"真空"。同样，如果没有真空，波义耳也就难以成为如今科学史上的波义耳。

　　从本质上而言，"真空"是一种轨迹，它具有自己的历史性，它将所有这些结点连接起来。每一个行动者，以相互界定好的方式，在实践空间中展现自己独特的轨迹。为了追踪这些轨迹，我们无须去建构自然之本质或者社会之本质的任何前提条件。自然和社会就不再是一种先于实践的先验性解释术语，而是某些需要共同解释的事情，是在科学实验室中生成的东西。围绕着空气泵的工作，我们见证了一个"捕捉到真空"的新波义耳的出现，见证了一个新的自然——"真空"，这种人工物的涌现、一种新的学术共同体的诞生，即一个包含着空气泵、真空、科学和实验室的新社会群体的诞生。正如拉图尔所说：实验成功后，"自然的形象将会异于波义耳的实验室，对英格兰社会而言亦是如此……如果仅有自然和社会这两种存在物亘古长存，或者如果前者永远不变而后者则仅仅是历史之产物的话，这种改变将难以理解。要理解它们，恰恰相反，就必须要将本质性重新赋予组成这段历史的所有实体。"不过，如果这样，它们就不再是简单的——具有或多或少可靠性的——传义者。它们成了转义者——即是说，它们成了某种行动者，并被赋予了转译其所传输之物的能力，赋予了重新界定之、展现之或背叛之的能力。②

　　对波义耳、霍布斯、空气弹性、真空、空气泵、国王以及英国的绅士文化来说，其都是在这一实验的过程中被改变或扩展的，是历史造就了它们，存在源于转义工作之中。阿基米德的滑轮、波义耳的空气泵、巴斯德

---

① Latour B, "Technology is Society Made Durable", *The Sociological Review*, Vol.38, No.1, 1990, p. 127.
②（法）布鲁诺·拉图尔：《我们从未现代过：对称性人类学论集》，刘鹏、安涅思译，苏州：苏州大学出版社，2010 年，第 92-93 页。

的细菌、冷冻胚胎、专家系统、数字计算机、传感器、杂交玉米、数据库、精神治疗药物、装有雷达探测装置的鲸鱼、基因合成器，总之，任何科学成果，都是这样的拟客体。因此，STS 应转变研究的视角，深入拟客体被制造的真实场所之中。这些新的物具有某些不可思议的杂合性，因为它们同时既是社会的又是非社会的，是自然定律与社会表征的杂合。这种杂合态既是集体性的、真实的，又是话语性的。意义的世界和存在的世界，与转译、替代、委派、传递中的世界，都是同一个世界。所有的持久性，所有的稳定性，所有的永恒性，都与转义者联系在一起。自然的超验性和客观性、社会的内在性和主观性，都生成于转义的工作。产生出一个自然或者产生出一个社会，这些工作都是转义的日常工作所取得的持久的不可逆的成就。

第二节 网络与理论

一、网络：流动中的实体

ANT 的另一个术语是"网络"（network）。劳曾说过，ANT 的首要的难题源于术语"网络"。如今电脑网络已经渗透到社会的日常生活中，人们就时常用电脑的网络去想象 ANT 中的网络，但拉图尔认为这是一种错误的认识。

拉图尔最初采用这一术语是 1987 年，当时网络还是比较少见的新鲜事物，他当时用这一术语是把它当作一个批判工具，用来反对诸如制度、社会、国家或更为一般的任何扁平的抽象概念。行动者网络的最初形式是actor-network theory，但拉图尔后来把连字符去掉了，原因是这一符号会返回传统社会学理论中能动性/结构这样的二元划分的陈词滥调上。实际上，几乎所有对 ANT 的误解都来自这一连字符所连接的两个术语。对 ANT 的批评主要是围绕着连字符的两极来展开的，一是围绕着行动者，二是围绕着网络。前者认为 ANT 具有多毛的大猩猩特征，后者认为 ANT 消解了人性，如道德、社会或心理的缺场。也就是说，对 ANT 的批评集中于两点：一是造物主的出现，二是人之死。然而，这些批评并非对 ANT 的中肯批评。因为，ANT 并没有涉及能动性与结构之争（structure/agency debate），没有想到如何去克服这种矛盾，也没想要去克服这类现代主义的困境，而是忽视或避开它们。

拉图尔认为传统社会科学总是错误地在行动者与系统或能动性与结

构之间不断替换。当社会科学家研究某种能够被称为宏观层次的东西时，他们通常会迅速意识到这种宏观层次中已经存在着某些相互作用的元素，或从其他地方会汇聚过来某些元素。因此，那些激励人们去寻求在这些具体性场所中的不直接可见的概念，制造着对应的相互作用情形的抽象结构。这就是科学社会学一直献身于诸如社会、规范、价值、文化、结构、社会语境之类的抽象概念的原因，所有这些术语的目标都是在表明：究竟是什么赋予了微观的相互作用某种塑形的力量。然而，一旦达到这种新的抽象层次，就会出现另一种不满。社会科学家就会感觉到某些东西丢失了，某些比文化与结构、规范与价值这些抽象术语更为重要的东西丢失了。结果，人们就会走向另一极端，返回到重新联系这些术语的出发点的活生生的地方性情境中。但一旦返回地方性情境，同样的担忧又会把它们推向探索社会结构迅速出现的方向。如此循环往复，总是在行动者与系统或能动性与结构之间不断二者择一。

拉图尔认为，尽管 ANT 不满传统科学社会学这种处理问题的方式，但却并不想去克服或解决这类问题，而是避开它，开拓出另一条道路，探索使这两极都成为可能的那些条件。通过使社会科学自身的争论主题化，ANT 可能找到了另一条途径去解释社会秩序的现象：科学或社会过程并不是完全由力量与结构所制造的某种奇异的性质，而是一种流动中的实体（circulating entity）。过去一直困扰科学社会学的概念上的两极摆动可能只是一种人为的事实：通过利用两个概念，即宏观与微观、个体与结构、能动性与结构之间的对立，来试图掩盖一种轨迹、一种运动。

ANT 关注于一种运动，这种运动具有许多特殊的性质。其一，是对那些早期被认为是宏观社会层次的抽象内容进行重新描述。ANT 并没有委派一个抽象的社会范畴，也没有预先设计出一个先验的力量领域，去理解地方性的相互作用。相反，它指向完全不同的事情，对各种装置、铭写与公式的一种非常地方性、非常实践性、非常微观的节点上的相互作用进行追踪。其二，对传统科学社会学中行动者概念的质疑。行动者的潜力并不是一个行动者所为，而是某些能够导致行动者去行动的东西，"一个行动者就是被诸多的他者所迫使行动的东西"[①]。拉图尔这样讨论的目的在于，将行动者的力量来源归结为网络，用行动者网络去界定行动者的行动及其主体、意向性、道德性。也就是说，当你与这一流动实体关联时，那么你

---

① Latour B, *Reassembling the Social: An Introduction to Actor-network Theory*, Oxford: Oxford University Press, 2005, p. 46.

在部分上就被赋予了意识、主体与行动性等。没有理由在一个抽象的社会秩序观念与另一个个体的情境性的相遇的观念之间摇摆。成为一个行动者，本身就是一个地方性的成就，在一种地方性情境中，行动者之间的相遇不需要什么先验的地方性、先验的社会。正如拉图尔所说："把社会从那些作为一个表面的地方、一个领地、一个实在的地区转变进入一种流动之中，我认为这是 ANT 的最重要的贡献。它并没有给从宏观结构到微观的相互作用留下任何空间，而是把宏观与微观视为与循环实体相关的地方性效果。"[①] 拉图尔提出了一个客体间性（interobjectivity）作为一种表达行动者新地位的短语。[②]

拉图尔指出，与电脑中的"网络"术语不同，ANT 中的"网络"，类似于吉尔·德勒兹（Gilles Deleuze）与费利克斯·瓜塔里（Félix Guattari）的术语"根茎"（rhizome），意味着一系列的转换——转译、转义与流动，这些不能被任何传统社会学用网络的大众化理解的术语所捕捉。一方面，行动者由其关系而得到界定，关系的变化便意味着行动者身份的变化；另一方面，从关系的变化到行动者身份的变化之间，存在着建构、折叠和铭写，通过这种建构、折叠和铭写过程，行动者从其他行动者那里获得了新的属性，从而真正改变了自己的身份。这种关系主义，自然具有异质性、不确定性、生成性的特征。也正是因为如此，拉图尔认同林奇对其思想的界定——行动者-根茎本体论（actant-rhizome ontology）。

二、理论：行动的方法

ANT 所碰到的第三个问题是术语"理论"。与许多社会学家的解读相反，ANT 绝不是一个研究"社会由什么构成"的理论，而是一种试图追踪并说明行动者的行动的方法。正如拉图尔所说："ANT 更关注于一种方法的创新，用它来追踪建造活动的行动者自己的世界，而不是一种另类社会学理论。"[③] 方法论是指恰当的研究工具、做研究的某些主要原则，而理论是对研究对象的普遍的与本质性判断。

ANT 是一种分析的方法论，与社会学理论中的"理论"这一术语的典型含义关系不大。正如拉图尔曾分析说：ANT 是一种理论，它比任何其

---

① Latour B, "On Recalling ANT", In Law J, Hassard J（Eds.）, *Actor Network Theory and after,* Oxford: Wiley-Blackwell Publishers, 1999, p. 21.

② Latour B, "On Interobjectivity", *Mind, Culture and Activity,* Vol. 3, No. 4, 1996, pp. 228-245.

③ Latour B, "On Recalling ANT", In Law J, Hassard J（Eds.）, *Actor Network Theory and after,* Oxford: Wiley-Blackwell Publishers, 1999, p. 15.

他理论更为抽象，保留着更少的说明力量。它是一种研究的原则，并不综合。①在拉图尔早期的著作中，把 ANT 描述为一种"基础性语言"（infralanguage），它的功能仅在于允许一种解释，一种经验性追踪与描述。②在这种意义上来说，ANT 或基础性语言的功能被视为一种研究工具，能够阐明、扩大与关联所研究的实践，但并不会对相关研究领域得出一组详细的、严格的、相容的、普遍的与实质性主张。例如，就物之能动性来说，在 ANT 看来，一种理论的陈述绝不能够决定物的行动与能动性的本性，也就是说，这种视角保留着对经验问题的相对确定性。在这种意义上，拉图尔明确认为 ANT 并不是有关物之能动性的一种普遍的或本质理论。因此，这种立场代表着一种方法论的敏感性，它引入了有关能动性的本性的不确定性，是物作为行动者的可能程度的呈现。"这并不是断言（人与物之间，引者注）不存在可觉察到的差异的问题。关键问题是方法论方面的。"③因此，把物的能动性的主张解释为对所有物进行一种完整的与严格的理论阐释，这不是 ANT 的说法。然而，不幸的是，这样一种说法，一直是 ANT 的批评者的普遍看法，把 ANT 的方法论主张解读为传统社会学中的理论。

ANT 采用的是人类学（anthropology）研究方法。拉图尔认为，STS 的学者就是追踪行动者的行动，不仅从科学家的所做中学习，而且还得理解他们为什么做与如何做。STS 学者也许缺少理解科学家的所做的知识，但能揭开科学家未能意识到的东西，即科学家为何时常会受制于他们自身力量的无意识控制。ANT 是一种途径，它消除了社会学家不可信的伪装，这些社会学家总想作为一种立法者的姿态出现。ANT 为社会学解释打开另一空间。与其说是 ANT 是一种关于社会的理论，或是，更为糟糕地，认为它是某种对行动者实施社会压力的说明，不如说，ANT 是一种方法，它从行动者的实践中进行学习，但并不会在行动者身上强加一种"建构世界的能力"的先验定义。ANT 的词汇，如关联、转译、转义、联盟、义务通道点等，就清楚地表明这些术语并不会取代行动者实践的丰富的词汇，而

① Latour B, *Reassembling the Social: An Introduction to Actor-network Theory,* Oxford: Oxford University Press, 2005, pp. 220-221.

② Latour B, "The Enlightenment without the Critique: A Word on Michel Serres' philosophy", In Griffiths A P（Eds.）, *Contemporary French Philosophy*, Cambridge: Cambridge University Press, 1987, p. 85.

③（法）迈克尔·卡伦，布鲁诺·拉图尔：《不要借巴斯之水泼掉婴儿：答复柯林斯与耶尔莱》，见安德鲁·皮克林：《作为实践和文化的科学》，柯文、伊梅译，北京：中国人民大学出版社，2006 年，第 363 页。

只是一种途径，去避免利用社会科学家所谓的抽象的社会学，或科学哲学中的思辨形而上学与本体论。拉图尔说："我利用这些笨重的迂回曲折的说法就是避免引入术语'研究'，因为 ANT 的研究者并不能确切地声称他们正在研究其他社会行动者。作为一种方法，ANT 只是说，通过追踪流动，我们就能超越仅仅是界定实体、本质或领地。ANT 实际上只是反本质主义运动的一种形式。同样，像人类学方法论一样，ANT 不是一种理论，而是一种使社会科学家进入或接近实践场所的方法，一种从一个场所到另一个场所，从一个田野到另一个田野的追踪途径，而不是解释行动者的所做是如何被封闭在一个更令人不安的与更为普遍主义者的语言中。"[①]也就是说，ANT 并不会告诉人们一个形状（圆、立方体）将如何被画出来，而仅仅是在画图的场所中对称性地记录建构图形的过程。ANT 并不主张去解释行动者的行为，并不扮演社会学理论的引导角色，而是一种方法，它解释了行动者如何通过相互间的建构行动来开拓自己的发展途径。

物具有能动性，但并不是说，人与物之间具有同样类型、同样强度的能动性。"我们的经验纲领并没有声称人类与人工事实是完全相同的，或者说它们完全是不同的。我们留下这一问题给大家公开讨论。一个防止超速的钢筋水泥保险杆（可恰当地称之为'隐身警察'）与一位值勤的警察不一样，与减速的信号不一样，与英国司机生下来就接受了的文化上的谨慎合作也不一样。"[②]当拉图尔称放弃人与物之间的差异时，其意指这些差异并不能先于分析，更不能先于实践。

在物之能动性问题上，我们看到了 ANT 的方法论概貌与基础，它的目标在于把物融入科学实践。使我们意识到物如何被理解为一种社会存在的必要条件，一种主动的行动者，一种与我们道德与政治关联的行动者，一种作为被编织在不同时间与空间中的聚会的行动者。只要我们放弃物在本体论上具有完全不同于人类特征的想法，物便具有我们能够追踪的属于其自身的历险。唯一要考虑的是其能动性、其行动与它们被赋予的各种形态。ANT 只是在这种意义上说一种特殊的物具有能动性，不是说人类行动者或物具有隐蔽着的本质的先验的能动性。ANT 并不能声称物"在本质"上具有能动性，它们自身并没有，因为它们自身并不是自己，而是来自与

---

① Latour B, "On Recalling ANT", In Law J, Hassard J（Eds.）, *Actor Network Theory and after*, Oxford: Wiley-Blackwell Publishers, 1999, p. 22.

②（法）迈克尔·卡伦，布鲁诺·拉图尔：《不要借巴斯之水泼掉婴儿：答复柯林斯与耶尔莱》，见安德鲁·皮克林：《作为实践和文化的科学》，柯文、伊梅译，北京：中国人民大学出版社，2006 年，第 368 页。

人类相交集的实践活动中。从方法论的角度来看，把物理解为具有能动性，这就使术语"本质的能动性"失去意义。的确，物缺少先验的特质性，相反，它是指一种相对于其他实体的可能模式的集体。把 ANT 作为一种方法论，能够消除对物概念的许多标准的批评。例如，坚持认为人与物是等同的立场。从物的观念来看，ANT 看起来提供了一种有用的出发点，提供了分析我们与他人、我们与物之间关联的复杂性的恰当工具。使我们更好地关注微小的位移、转译、实践、过程、保护、论证、探险、斗争与集合，而不是宏观的社会学解释。这对理解科学实践的工作是至关重要的。正是由于这一原因，ANT 对人与物的先验的差异并不感兴趣。这一视角要求我们继续保持这种开放的可能性,物是在与社会相关的链条之中的某些东西，加上它就使某些事情发生，没有它相应的事情就不会发生。这种添加肯定跳出行动与能动性的传统社会学的框架。这就是拉图尔暗示的：这一行动是否被置于人类或物之中，至少与社会学无关。

在这种意义上说，ANT 已经摆脱了社会建构论意义上的社会学，进入了一种对称性的人类学。ANT 与主流的科学哲学或社会建构论的主要差异在于：是坚持对自然与社会的反对称的二元解释，还是坚持一元论的对称解释。主流科学哲学关注于自然，争论着本体论的问题（例如，没有人类的干预外部世界是什么样的？）与认识论的问题（一个独立的主体仍然能够理解外部世界吗？）；社会建构论关注的是，如何控制难以驾驭的充斥着热情的个人自由意志，以运行一个具有良好的认知秩序的科学共同体。正是人类文化王国整体中包裹着的自然与社会的分离促使 ANT 出现，它要在自然与社会所形成的关系网络中追踪并理解科学对象的生成、科学理论的产生、科学共同体的诞生。

第三节　科学的实验室研究

一、实验室研究

科学技术论中"实验室研究"（laboratory studies）的最初动机是展示科学事实是如何被建构的。它着手在工作台、笔记本、科学机构的谈话和科学论文的撰写中观察知识的建构过程。

拉图尔与伍尔伽的《实验室生活：科学事实的社会建构》一书拉开了STS 中实验室研究的序幕。这本书展现出的实验室何以能使科学知识得以增长、得以重构的思想，后来在诺尔-塞蒂纳的著作中也可以找到。事实上，在现有的实验室研究的专著中，存在着不同的研究视角和进路。在《实验室生活：科学事实的社会建构》一书中，拉图尔和卡龙采用了具有符号学色彩的行动者网络理论；诺尔-塞蒂纳在《知识的制造：论科学的建构主义和情境性》[①]中提出了知识社会学的建构论进路，后来被拓展成了知识的文化模型[②]；米歇尔·林奇的《实验室科学中的技艺和人工物：研究型实验室中工作台上的活动和谈话的研究》[③]，代表了一种常人方法论的取向；沙伦·特拉维克（Sharon Traweek）的专著《物理与人理》[④]则代表了符号人类学家对高能物理学的分析。

实验室研究表明，科学知识的生产过程中充满着事实与价值、自然与社会、认知与文化的交织态。在解释科学知识内容或方法的问题上，主流的科学哲学家一直扮演着权威角色，偏爱着"辩护的情境"，忽视并轻视知识生产的情境，即"发现的情境"。科学史则把科学内容的问题定义为独立于局部情境的思想史问题。例如，在解释科学理论的有效性或科学的理性信念时，"实验"一直占据着科学哲学研究内容的核心地位，为"科学方法论"的运用与成果的孕育提供着基础性的框架。实验是科学以经验的方式逐渐进步的单位，是理论检验和经验证实的阶梯。科学哲学主要从方法论的角度去界定实验：实验的设计、控制组、全盲和双盲的程序、要素隔离和实验的重复、理论的检验，等等。所有这些程序都与实验有关。实验的优势在于：可以分离出各种变量，并对每个变量进行独立的检验；可以与控制组的结果进行比较；可以避免科学家的偏见和主观期望；可以通过"任何人"都能重复的实验而使原先的结果得到辩护。在主流的科学哲学中，由于有了这样一套界定实验的方法论规范，人们对在不同时空中真实发生着的实验过程就不那么在意了，容易忽视实验中的各种情境性因素，如信念、意会、权力、修辞、文化、经济等方面的作用。

在这种意义上，我们可以说实验是一个实证的概念，它强调一种"去情境化-普遍-全景式"图景。这样，作为现代世界中最具影响同时也是最神秘的空间——实验室，就始终未能进入科学哲学家、历史学家或 STS 学者的视域。从 20 世纪 70 年代中期后，拉图尔、诺尔-塞蒂纳等开始进入科

① Knorr-Cetina K, *The Manufacture of Knowledge: An Essay on the Constructivist and Contextual Nature of Science*, Oxford: Pergamon Press, 1981.

② Knorr-Cetina K, *Epistemic Cultures: How the Sciences Make Knowledge,* Cambridge: Harvard University Press, 1999.

③ Michael L, *Art and Artifact in Laboratory Science: A Study of Shop Work and Shop Talk in a Research Laboratory*, London: Routledge & Kegan Paul, 1985.

④ Traweek S, *Beamtimes and Lifetimes: The World of High Energy Physicists,* Cambridge: Harvard University Press, 1992.

学实验室研究，对实验室进行常人方法论的研究。实验室研究加深了人们对科学研究的理解，如知识的生产过程不是对自然的"描述"，而是对自然实在的建构性"表征"。当然，这些理解产生于对实验室活动的参与性观察，而不是对"成型的"、已完成的理论文本的理论提升。实验室研究中"实验室"这一概念，不仅是一种理论性的概念，而且还是一种呈现知识生产的地方性类型的空间。从这个意义上说，实验室代表着"行动中"或"作为实践的科学"。

实验一直是主流科学哲学研究的核心，但对实验室的研究，一直备受冷落。只是近 30 年来，通过直接观察和话语分析来研究科学技术，"实验室研究"①才为 STS 的研究者开辟了一个新研究领域。在 20 世纪 70 年代后，STS 具有了更明确的研究主题，不仅思考科学知识生产的制度环境[像罗伯特·默顿（Robert Merton）那样]，而且开始重新阐释科学知识"硬核"——科学知识内容的生产。也就是说，实验室研究把主流科学哲学中狭隘的方法论研究和默顿式的组织社会学的孤立考察都融入科学实践中，强调"情境化-地方-微观"的科学说明。它采用一种地方性分析的尺度，关注科学结果得以建构、利用与传播的特殊情境，从而把人们的目光从方法论转向科学的文化活动。

实验室研究并未将科学家视为一种"理性算法"的精英，也未将科学视为编码化的透明信息的生产，而是在更广阔的情境中思考科学建构活动的情境性。正如劳斯所说：从根本上说科学知识是地方性知识，它体现在实践中，这些知识不能为了运用而被彻底抽象为理论或独立于情境的规则。用海德格尔的话说，科学与其说是关于孤立事物的去情境化的认识，毋宁说是必须在上手的工作世界中经过深思熟虑的一种把握。②这种情境是由仪器和符号的实践构成的，科学的技能活动正是植根于此。换句话说，实验室研究突出强调了与知识生产有关的所有可能的活动。从而，理性的与非理性的、命题的与意会的、内部的与外部的、认知的与社会的、辩护的与发现的等所有这些因素都是在实验室活动中相互界定、相互冲撞，共同建构出具有开放式终结（open-endedness）特征的结果——科学事实及其理论。

从这种意义上来说，实验室并不是一个独立于行动者或者独立于内在

---

① （奥）卡林·诺尔-塞蒂纳：《实验室研究》，见（美）希拉·贾撒诺夫等：《科学技术论手册》，盛晓明等译，北京：北京理工大学出版社，2004 年。

② （美）约瑟夫·劳斯：《知识与权力：走向科学的政治哲学》，盛晓明、邱慧、孟强译，北京：北京大学出版社，2004 年，第 113 页。

的主观观念世界的客观世界，而是一个实践者所践行的行动世界。这个行动的世界不仅干预了自然界，而且还深深地介入社会（哈金语）。这种双重介入使实验室"现象场"展现出一种"自我–他人–物"的体系的重构[莫里斯·梅洛–庞蒂（Maurice Merleau-Ponty）语]，"重构的结果使社会秩序和自然秩序以及行动者和环境之间的对称关系结构发生了变化"[1]。

二、科学事实的实验室生成

首先，实验室"提升"了自然的秩序，实验室所运行的是这样一种现象，即实验对象并非那些"本然"的自然实体。事实上，实验室很少利用那些存在于自然界的纯粹对象，所采用的通常是对象的图像、视觉、听觉与电子等效果，或是它们的某些精华或"纯化"的成分。如当农业科学发展到生物技术阶段后，田野中成片的农作物进入实验室中的细胞培养基进行培养时，细胞在培养瓶中的生长显然比成片的农作物在田野中的自然生长要快，这便缩短且加速了观察的过程。这些过程也独立于季节和天气的变化。结果，"自然秩序的时间尺度便臣服于社会秩序的时间尺度——它们主要受制于研究的组织与技术……实验室探讨的是被'带回家中'的自然过程，'被带回家'的过程只受制于社会秩序的地方性条件。实验室的力量（当然还包括它所受的限制）恰恰在于它拒斥独立于实验室的自然，在于它使自然对象得到'驯化'。实验室使自然条件受'社会审查'，并从新的情境中获取知识财产"[2]。"把问题推给自然"的实证论的做法被终止了，因为自然不会说话，无法防止争论的出现。实验室研究的许多案例都表明了这种提升的"机遇性"特征：对地方性材料的依赖性和依附性、仪器和化学材料的替换（由于有时候手头上没有这些仪器和材料），在场景的基础上选择某种研究对象，以及地方性的事件所暗示的"知识"等。

其次，科学对象是在实验中生成的，是用以界定行动者的塑形（shaping）活动不断变换的结果。在巴斯德研究乳酸菌的案例中，细菌的塑形在实验过程中不断发生变化。最初在尤斯图斯·冯·李比希（Justus von Liebig）的化学理论中，乳酸菌只是"发酵的化学机制所产生的一个不可见的副产物，甚或更糟，它不过是一种不受欢迎的杂质，只会干扰和破坏发酵

---

① （奥）卡林·诺尔–塞蒂纳：《实验室研究》，见（美）希拉·贾撒诺夫等：《科学技术论手册》，盛晓明等译，北京：北京理工大学出版社，2004 年，第 112 页。
② （奥）卡林·诺尔–塞蒂纳：《实验室研究》，见（美）希拉·贾撒诺夫等：《科学技术论手册》，盛晓明等译，北京：北京理工大学出版社，2004 年，第 112-113 页。

过程"①；而在巴斯德的实验中，乳酸菌最初也被剥夺了"所有的本质属性，所有这些都被重新分配在（人们的）基本感觉材料之中"②。它不过是一层"灰白色物质上形成的斑点"，某些情况下具有黏性，它们被发现黏附于容器的上层内壁上，并且它们之所以能出现在容器上层，是因为空气运动将它们带到了那里。至此，细菌还仅仅是人们的感觉材料。随后，巴斯德设计了另一套实验，"把大约 50 到 100 克的糖溶解到 1 升水之中，再加入一些白垩，撒入微量的灰白色物质"；次日，巴斯德发现，"它引起了发酵，使清澈的液体变得浑浊，使白垩消失了，结成一种沉淀物，产生了气体，出现了结晶，带有了黏性"。但是，这时，这种物质仅仅代表"行动之名"，还没有成为一种真正科学成果。在随后的实验中，巴斯德说："在此，我们发现了啤酒酵母菌所具有的所有普遍属性，这种物质很可能具有有机结构，按照自然分类法，它们成了相近物种或两种相关联的科。"这样，它便向"物之名"开始迈进。随着实验活动进一步扩展，它最终获得了一个新名字——"酵母菌"，一种新的科学事实得以生成。

这种阐释过程，引发了对传统实在论的挑战。"巴斯德发明细菌之前，细菌存在吗？"这句话，实际上意味着有两种不同的答案，答案的不同，取决于它被置于何种框架之内。

在自然与社会、主体与客体的二分框架中，主流的科学实在论认为细菌一直静态存在于"自然"之中，是巴斯德凭借其敏锐的认知能力"发现了"它；而社会建构论认为"细菌"并不存在，只不过是巴斯德为确立其生物学权威，或为把自己的实验室建成生物学界的"义务通道点"而建构的"证据"。坚持主体与客体的截然二分，就要严格区分主动性与被动性。如果说巴斯德创造了微生物，就称发明了它，那么微生物就是被动的，如果说微生物"引导着巴斯德的思考"，那么巴斯德就是被动的观察者。在实在论的两端，细菌要么永恒存在，要么从来没有出现过。然而，如果仅有主体与客体这两极的主角，我们就不能合理地理解科学史。因为巴斯德理论具有自己的历史，它在 1858 年诞生，但细菌没有这样的历史，因为它要么永远存在，要么从未存在过。在这种二元的框架中，科学史家会告诉我们，菲利斯·阿奇曼德·普歇特（Felix Archimede Pouchet）及其追随者为何会相信错误的自然发生说，巴斯德如何在多年的艰苦探索后发现了正

① Latour B, *Pandora's Hope: Essays on the Reality of Science Studies,* Cambridge: Harvard University Press, 1999, p. 116.

② Latour B, *Pandora's Hope: Essays on the Reality of Science Studies,* Cambridge: Harvard University Press, 1999, p. 118.

确答案。

在自然与社会、主体与客体的二分框架中，科学的历史仅仅是认知主体或共同体的历史，而非客体的历史。传统的科学史赋予主体或社会以真实性，剥夺了客体的历史真实性。于是形成了一个没有历史的客体和有历史的主体之间的矛盾。这样，"历史不过是人类进入非历史的自然的一条通道，……避免相对主义的唯一途径就是在历史中收集那些已经被证明为事实的实体，并把它们置于一个非历史的自然之中"①。

如何消除无历史的客体和有历史的主体之间的矛盾？拉图尔的广义对称性原则，目的就是消除主体与客体的绝对分离，赋予细菌这种客体以历史的真实性。"在巴斯德之前，细菌存在吗？从实践的观点来看——我说从实践上看，并不是从理论上看——它不存在。"②在1865年之前，细菌无疑在自然中存在，也经历着其生命的过程。但在巴斯德的实验室里，它却是以独特的、情境化的机遇方式而造就的一种涌现。细菌并非隔离于历史，而是科学家在实验中将自然-仪器-社会三者机遇性地集聚在一起，形成一个行动者网络，从而将其变成一个相对稳定的实体。为成功地消除普歇特的自然发生学说的影响，巴斯德用自己实验室的相关细菌的研究去占据其对手的所有领域。最后巴斯德的工作出现在细菌学、医学实践以及农业综合企业的实践中，从而根除了自然发生说的影响。这种根除同样需要开始重写教科书和科学史，重构从大学到巴斯德博物馆的众多机构。如果上述网络关系得以确立，那么细菌就会增加其历史的真实性：事实的可能状态就变成了事实，随后变成了必然。

这就是拉图尔眼中的客体的建构。如果我们说"历史的真实性"意味着细菌"随着时间生成并演变"，就像所有生物物种的历史真实性一样，那么细菌的历史真实性就牢固地扎根于科学实验过程之中。在时间的延续中，细菌在行动者网络的具体展现中（包括历史讲述、教科书的写作、设备的制造、技能的训练、职业忠诚与学派谱系的创立等）得到最终确立。在巴斯德之前，乳酸菌是什么？它仅仅是发酵过程的副产物。在巴斯德之后呢？它开始成了乳酸菌，开始具有了我们现在所谈论的乳酸菌的一切属性，开始获得了乳酸菌的权能。在此，"指称循环……将我们……从一种本体地位带到另一种本体地位。在此……物偷偷地从几乎不存在的属性转

① Latour B, *Pandora's Hope: Essays on the Reality of Science Studies,* Cambridge: Harvard University Press, 1999, p. 157.

② Latour B, *The Pasteurization of France,* Cambridge: Harvard University Press, 1988, p. 80.

变为了一种成熟的物质"①。因此，汉斯-约尔格·莱茵贝格（Hans-Jrg Rheinberger）指出，"时间在字面上意味着生成：科学实在意味着孕育着未来"②。

三、实验室中的修辞技巧

当"实验"这一概念转向"实验室"的概念时，就开辟了一个科学方法论力不能及的新的研究领域。实验室概念扮演着一种作为方法论堡垒的实验概念所无法扮演的角色，它把人们的目光从狭窄的方法论转向了对广阔的科学的文化活动的研究。"实验室"使得那些从事 STS 研究的学者能在更广阔的情境中思考科学的认知与技能活动。这种情境是由自然、仪器和符号的实践构成的，科学的实践活动正是植根于此。当然，这种做法不必倒退到无视科学的知识内容的立场上去。换句话说，实验室研究突出强调了与知识生产有关的所有可能的活动。例如，它表明，科学对象不仅是在实验室中通过"技能"建构出来的，而且也不可避免地服从于符号的与政治的解释。对科学事实的解释，可以通过在科学论文中随处可见的说服性的文字技巧、在科学家之间建立同盟、调动资源时所使用的政治策略等过程中得以呈现。拉图尔说道，"如果事实是通过实践操作被建构出来，如果实在是这种建构的结果而不是原因，那么这就意味着科学家的活动不是被引向'实在'，而是被引向陈述的操作"，这样的事实"结合了社会冲突的许多典型特征（如辩论、劝说、联盟），暗示着科学工作主要是一种文学的解释和劝服活动，又解释了迄今为止以认识论术语描述的现象（如证明、事实、有效性）"③。首先，修辞体现在文本的修辞上。文字修辞的建构是通过文本的意义与结构的转换（类似于意义在口头对话中的转换）来实现的。铭文装置在这一点上做出了补充，它把我们从自然科学的实验室带入产生文本的场所中。经过意象的转变，"文本"的建构提供了更有效的劝导手段，告诉我们文本上的思考是如何通向"现实的"意象的。如各种科学论文中通常包含着引文、脚注。当科学家 B 在论证其科学观点时，他往往会引用著名科学家 A 或 C 的工作，并把后两者的工作作为其研究的

① Latour B, *Pandora's Hope: Essays on the Reality of Science Studies,* Cambridge: Harvard University Press, 1999, p. 122.

② 转引自 Daston L（Ed.）, *Biographies of Scientific Objects*, Chicago: University of Chicago Press, 2000, p. 11.

③ 转引自赵万里：《科学的社会建构：科学知识社会学的理论与实践》，天津：天津人民出版社，2002 年，第 201-202 页。

一个支持证据，或者反驳对手的一个证据。这样，如果你要质疑这位科学家，他就会对你说："如果你质疑我，那么，你实际上也质疑了 A 或 C 这两位科学家。""在争论如此激烈的科学与技术中，修饰变得越重要，使我们陷入所谓的'技术性'（technicalities）就越深。"①当论文变得越来越技术性与专业化，它就会利用越来越多的参考文献来支持其论证。这一过程被认为是修饰运用的关键，因为文献的引入就意味着联盟的建立，这一越来越强大的联盟会进一步加强作者的观点。这种途径常常被称作为"来自权威的论证"。"通过带入越来越多的文献资源，文献变得越来越技术化……持不同政见者陷入孤立状态，因为科学文章的作者聚集大量的读者在他们一边。"②作者至少在部分上是通过聚集和展现联盟的方式来劝服读者的。"一个文献越来越技术化和专业化，它就变得越'社会化'，因为大量的联盟必然会驱使读者脱离他们原有的立场，迫使他们接受一个作为事实的断言。"③

其次，修辞还体现在论文的图表中。论文中通常会包含大量的图表，这些图表代表着实验室的某些操作结果。如果你质疑这位科学家的工作，那么，他会对你说："请你看看我的这几张图表，这些就是我在实验室中直接操作实验活动而得到的成果，这是事实，而不是我编造的。"大量的引文和图表会使科学论文显示出一个具有严密的逻辑结构和论证的体系。"文本是被分层排列的。每一主张都被引向文本之外，或文本之内的其他的参考点……，并被……指向图表、柱状图、表格、图例或曲线图。"④

最后，修辞还表现在科学仪器的功效上。如果你还怀疑图表的真实性，那么，科学家通常的做法就是把你带到他的实验室，将你领到一部仪器面前，这部仪器的一端放着小白鼠或某些其他动物的一段组织，另一端可能是一个有点奇怪的指针之类的东西。随后他启动仪器，你会看到，随着仪器在动物组织上的某些操作，开始在屏幕上出现一些波形图案。这时，科学家会对你说："看到了没有，现在你不用再怀疑我所说的真实性了吧。"正如拉图尔所说："教授（科学家）说服其读者的技巧必然会超出文本的

① Latour B, *Science in Action: How to Follow Scientists and Engineers through Society,* Cambridge: Harvard University Press, 1987, p. 62.

② Latour B, *Science in Action: How to Follow Scientists and Engineers through Society,* Cambridge: Harvard University Press, 1987, p. 30.

③ Latour B, *Science in Action: How to Follow Scientists and Engineers through Society,* Cambridge: Harvard University Press, 1987, p. 62.

④ Latour B, *Science in Action: How to Follow Scientists and Engineers through Society,* Cambridge: Harvard University Press, 1987, p. 48.

范围，现在被扩展到了回肠①的准备工作、波峰的校准工作和电生理现象测定仪的调整工作之上。"②也就是说，论文开始走出文本的范围，进入仪器的操作性层面。在这一层面上，"铭文装置"或"仪器"具有能把物质材料转换成数据或图表的修辞意义。

因此，我们可以看出，即便是科学会议上的薄薄几页纸的论文，它实际上也蕴含了诸多的修辞层次：最上层的是科学家对事实的判断；其次是文本，文本之后又有更多的文本（通过引用而将它们动员起来，征募进入你的文本）；文本之后是层层排列的柱状图、表格或曲线图等，也就是铭文；铭文之后是仪器；仪器之后是作为自然代言人的科学家。当我们开始怀疑一篇论文的合理性时，它所有的这些修辞手段都会从各方面赶来，开始显现出来，为这一论文进行从上往下的修辞辩护，使科学事实得以生成。

第四节　科学事实的网络生成

一、行动者网络中的事实

1999 年，科学家、哲学家与社会学家之间的"科学大战"正酣之际，拉图尔出版了一本文集《潘多拉的希望：论科学研究的实在的文集》，以回应科学实在论与社会建构论对其行动者网络理论的双重误解。文集中的第一篇文章标题是"你相信实在吗"，这篇文章表达出该文集的主旨，实在或真理不是对外部世界或社会利益的两极反映，而是科学实践的建构结果。因此，要理解实在，我们就要追踪科学家建构科学事实的实践过程，将这一过程中人与物之间的相互作用机制充分展现出来，才能看到科学事实真实的生成过程。与此相应的是，有关科学理论的真理性、客观性、有效性等传统合理性的概念，也只有在这一过程中才能得到理解。用拉图尔的话来说，这就是"从建构到实在"③。

行动者网络理论最擅长的事情，也是"理解科学研究的实在的唯一方法，就是追踪科学研究的最佳活动，也就是密切关注科学实践的细节"④。

---

① 回肠，指连接空肠和盲肠的一段小肠，形状弯曲。

② Latour B, *Science in Action: How to Follow Scientists and Engineers through Society,* Cambridge: Harvard University Press, 1987, p. 67.

③ Latour B, *Pandora's Hope: Essays on the Reality of Science Studies,* Cambridge: Harvard University Press, 1999, p. 113

④ Latour B, *Pandora's Hope: Essays on the Reality of Science Studies,* Cambridge: Harvard University Press, 1999, p. 24.

该文集的第二篇文章是拉图尔1991年所做的一个人类学研究案例。拉图尔跟随由两位土壤学家、一位地理学家与一位植物学家所组成的一个研究团队（两位来自法国、两位来自巴西），到巴西博阿维斯塔（Boa Vista）的热带雨林中进行冒险考察。科学家们探险的目的在于去理解巴西雨林和草原之间的界线变化，而拉图尔的目的则是去理解语词与世界的关系。拉图尔再次将他的人类学考察扩展到了田野考察之中；除了人类学追踪视角外，这次田野考察的研究目的是哲学问题。"作为一位哲学家，而不是社会学家，我希望注重科学指称，而不是'语境'的问题。"[1]但拉图尔是"从经验的角度去研究科学指称的认识论问题"[2]。也就是，通过对科学指称（scientific reference）产生过程的研究来理解语词与世界的关系。"我们的哲学传统一直被误导，因为它们一直想着如何制造物自身与人类理解范畴之间对应点的现象。实在论者、经验论者、理念论者与各式各样的理性主义者一直在围绕着语言与世界之两极模式不停寻求自己的答案。"[3]

拉图尔认为，一旦以人类学家身份去近距离地描述科学家的研究活动，人们将能够发现上述探索途径的问题，即它们并没有尝试在经验基础上去解决问题。旧的科学哲学的解释中从语词和世界之间的鸿沟开始，把语词和自然理解为完全不同的本体存在，科学就是在这个鸿沟上建造一条危机四伏的小小的人行天桥。拉图尔是想通过追踪科学实践来表明，"这里既没有语词与世界的对应，也不存在鸿沟，甚至不存在两个不同的本体领域，而是完全不同的现象：循环指称（circulating reference），一个被认识论长期掩盖的概念。为了抓住这一指称，我们需要放慢速度，把所有节省时间的抽象放在一边。在我的相机的帮助下，我将尝试在科学实践的丛林中引入某种秩序"[4]。

在一片延伸数百公里的茂密森林边缘，人们可以看到，森林外面是干燥和空旷的枯草地，森林里面是潮湿的并充满着生机，仿佛好像是当地居民制造了这一现象，但却从来没有人耕种过这些草地，也没有人去制造这种边界。科学家们认为，要研究雨林和草原之间的这种界线变化情况，除了研究其典型植物的发展变化之外，另一个方法就是研究其土壤结构中的

---

① Latour B, *Pandora's Hope: Essays on the Reality of Science Studies*, Cambridge: Harvard University Press, 1999, p. 27.

② Latour B, *Pandora's Hope: Essays on the Reality of Science Studies*, Cambridge: Harvard University Press, 1999, p. 26.

③ Latour B, *Pandora's Hope: Essays on the Reality of Science Studies*, Cambridge: Harvard University Press, 1999, p. 75.

④ Latour B, *Pandora's Hope: Essays on the Reality of Science Studies*, Cambridge: Harvard University Press, 1999, p. 25.

变化。"土壤比较仪"（pedocomparator）这一工具是我们理解这一问题的关键。它是一个木制框架，其中嵌满了立方形的小纸板盒；加上一个盖子之后，这个框架能够被改造为一个手提箱，这样，人们可以将其随身带着，同时不会混淆各种样本；人们在每一小纸板盒上加注了一个笛卡儿坐标，就可以更简单地将样本内容表示出来。这样一个工具的方便之处在于，它使得我们能够带走所需要的土壤样本。

在语词与世界的框架内，我们该如何定位这样一个土壤比较仪呢？它的把手、它的木制框架、它所填充的土、它的纸板，所有这些都属于"物"的范围；但是，其立方纸盒的排列方式、其竖列与横排的设置方法、其不连续性的特点、其彼此之间自由替代的可能性，所有这些又属于"符号"的范围，这是一个杂合体。正是基于这个杂合体，拉图尔能够从对物世界的追踪扩展到符号世界的生成，从事态（state of affairs）扩展到命题（statement）的抽象过程。

科学家们借助于某些古老的科学，如几何学、测量学等在树林之中做出某些标记。在标记之处，植物学家采取植物样本；土壤学家则挖出一个洞，采集土壤样本。最后都打上了标记，使样本之间不会因混淆而丧失可比较的基础。

科学家在采集好了土壤后，会将之放进小的纸板盒之中，并在纸板盒上贴上一个记号。当土壤样本在勒内（René，一位土壤学家）的左手时，它们还保持了"土壤的所有的物质性"，然而，当它们被转换到勒内的右手并被放入纸板盒后，土壤变成了记号，表现为一种几何学的样式，变成了数字代码的承载者，并且很快又被标记上了颜色。但对分析哲学家来说，他们只关注如何用语言去表征这个世界的真理，把真理的赌注押在研究结果中语言的结构、相容性与有效性上。因此，"对于科学哲学而言，它研究的仅仅是最后的抽象结果，在他们看来，（勒内的）左手并不知道其右手所做的事情！但在科学论中，我们把读者的关注点聚焦在这种杂合体上，关注这一土壤从左手到右手的变化过程，关注将来的记号从土壤中被抽象出来的那一时刻。我们的眼睛应当时刻不离这一行动的物质分量"[1]。"勒内在一种快速的手势中完成了从具体到抽象。他把物变成了记号，把三维的土壤转变成二维的图表。"[2]从真理对应论的角度来看，人们一直在惊

---

① Latour B, *Pandora's Hope: Essays on the Reality of Science Studies*, Cambridge: Harvard University Press, 1999, p. 49.

② Latour B *Pandora's Hope: Essays on the Reality of Science Studies*, Cambridge: Harvard University Press, 1999, p. 54.

讶数学的这种神奇作用，但这种作用是以牺牲土壤的颜色等第二属性为代价的。拉图尔认为这种歪曲性理念一直误导着人们的哲学观念。因为数学从来没有跨越土壤与图表之间的鸿沟，而是穿越过土壤本身、土壤比较仪与记录数学的图表之间的微小界线。这种穿越只要动一下塑料尺子就能做到，它具身在科学家的活动之中。

现在，科学家们并没有从土壤样本跳到关于土壤的观念，而仅仅是从一个土块过渡到一个"用坐标系 x 和 y 编码的几何立方体的不连续的颜色上"[①]，正是这种左手到右手的活动，真实的土壤就变成了土壤学解释的土壤。因为小盒子中颜色的标记并不是任意的，科学家是依据芒赛尔（Munsell）码对之进行符号标记，这样，一个土壤样本可能就成了一段文本，如 10YR3/2。而且，勒内也没有将自己预先存在的范畴强加到土壤之上，他所做的就是使土壤成为土壤学所熟知的样子。现在，土壤被改变了状态——无形的土壤具有了正方形的形状；它们也被改变了位置，被装入了土壤比较仪之中。现在，它们可以被带走了；被带到位于当地的小饭店中（这是科学家们的临时实验室），被带到马瑙斯（Manaus，巴西的一个城市），被带到巴黎。

土壤比较仪并不仅仅只有这一个作用，它还能够使得整个雨林和草原的边界土壤同时再现——田野考察中，我们看到的只是我们所考察的那点范围；其不同的标度和颜色能够使我们知道它是从多深的土壤中被取样的，并且这些标度和颜色也能非常方便地帮助我们绘制表格与图表。最后，经过一系列复杂的操作，土壤比较仪最终成为论文中的一个表格。"整个雨林和草原的边界土壤就被转译成现在易于把握的竖横排列的坐标系，这得益于土壤比较仪这一工具。"[②]这样，当科学家们在巴黎或巴西的办公室中进行研究时，他们已经将巴西的雨林和草原搬到了巴黎。

这时，科学家的工作展现出从具体到抽象的过程。从原始森林和草原中的土壤，变为土壤比较仪，然后标记上各种符号，土壤比较仪就成为实验室的一个仪器，最终，科学家从仪器过渡到铭文，从各种土壤、符号、格子过渡到了论文。[③]在这个过程中，我们并没有发现在物与符号之间的断裂；因为在每一阶段的开始处，每一要素是以物质（matter）的形式存在，而在每一阶段的结束处，又是以形式（form）的状态存在。每个阶

[①] Latour B, *Pandora's Hope: Essays on the Reality of Science Studies,* Cambridge: Harvard University Press, 1999, p. 51

[②] Latour B, *Pandora's Hope Essays on the Reality of Science Studies,* Cambridge: Harvard University Press, 1999, p. 51.

[③] Latour B, *Pandora's Hope: Essays on the Reality of Science Studies,* Cambridge: Harvard University Press, 1999, p. 54.

段对前一阶段来说都是符号，而对其后一阶段来说又是物。我们可以将每一个阶段都视为一个转义，每一阶段的产物都是人的因素和物的因素之间互译的阶段性杂合结果。"文字与世界之间的鸿沟现在就变得仅有几厘米了。"①

在这一看似不复杂的科学探险中，我们没有看到"发现"的时刻，也没有看到主体与客体之间的直接交锋；我们所看到的仅仅是科学家对各种物质的不断操作，看到的是一个能够将各种对象至少暂时性组织起来的链条。结果是，我们在一个笛卡儿坐标中拥有了森林和草原的分界线——注意，是笛卡儿坐标，而不是笛卡儿的二元论。在这一个过程中，样本（土壤、植物等等）、仪器、文本性的编码以及某些参考标准等都参与进来了，我们无法再分清哪里是物、哪里是人，存在的只是一个杂合的世界。

科学家最后写出了论文，如果我们要问这一论文的证据何在，或者说如何为其认识论地位进行辩护，那么，是外部世界——森林和草原吗？"语言哲学对此的答复是，仿佛存在两个独特与极端的鸿沟所造就的不同领域，它们必须通过寻求词与世界之间的指称而对应起来。"②拉图尔对这种答案持否定态度，因为在他看来，论文的所指并不是外部世界，因此，外部世界也就无法为论文的真实性进行充分的辩护；论文的所指在于其内在所指，即在论文中所呈现出来的表格、等式、地图或草图。"将它自身的所有这些内在所指动员起来，科学论本身就携带了对它的确证"，这样，指称所代表的不再是语词与世界之间的符合关系；"语词'指称'所指代的是整个（转变、转译）链条的质量……只要这种链条没有断裂，这里的真值就像电流一样通过一条电线而流动。"③因此，指称就从单单指代语词与世界之间的指称对应关系，变成了语词与世界之间的一系列的转义和运动，拉图尔将这种指称称为循环指称。"知识就来自这种流动，而不是来自对雨林的单纯深思。"④

在循环指称模型中，唯一的条件就是保持每个转义之间的连续性；如果其中的任何一个环节被打破，那么，科学也就无法获得成功。例如，如

---

① Latour B, *Pandora's Hope: Essays on the Reality of Science Studies,* Cambridge: Harvard University Press, 1999, p. 38.

② Latour B, *Pandora's Hope: Essays on the Reality of Science Studies,* Cambridge: Harvard University Press, 1999, p. 69.

③ Latour B, *Pandora's Hope: Essays on the Reality of Science Studies,* Cambridge: Harvard University Press, 1999, p. 69.

④ Latour B, *Pandora's Hope: Essays on the Reality of Science Studies,* Cambridge: Harvard University Press, 1999, p. 39.

果土壤比较仪不小心被科学家弄丢了，如果比较仪中的样本被混淆了，如果样本的编码被破坏了，如此等等都将导致科学家必须要重新回到田野之中再进行一次田野考察。相较于流动指称模型，传统的复合模型用两个极点代替了整个链条，流动模型更加细节地表明了科学研究的真实过程，表明了语词与世界发生关联的方式，一种科学事实生成的方式。

二、客体与主体的相互建构

行动者的实验生成过程实际上也是不同行动者的属性之间相互卷入的过程。拉图尔认为，实验室中并不存在纯粹的主体和客体、不存在纯粹的自然和社会；现实情况是，"物通过一系列关键的转译、阐述、委派的上位和下位，被卷入了人类之中，而人类也同样被卷入了物之中"[①]。结果，在这一实验过程中，实验室研究不仅建构出新的客体——细菌，同样也改变了认知主体。也就是说，客体与主体都在彼此的建构中获得了新的属性，并逐渐改变了自己的原来的本体状态，进而最终获得了自己的新本体地位，是一种主体与客体相互协调过程的历史发展。如在巴斯德细菌实验过程中，一种全新而特殊的科学共同体——巴斯德学派应运而生。这个共同体的成员具有能建构"细菌"的各种技能、能力和知识。这些技能与知识也只有在建构细菌的实践发展中才能获得或凸现，也只有在其成功操作中才能展现出来；这些能力成为相关专业共同体的科学资本，一同汇聚到建构细菌所演奏的"准交响乐"中。

首先，这个专业共同体创造了"细菌"这个专业共同体的客体，而这些专业人员又是这个"细菌"的创造主体，这样，每一方都发展并呈现出一个与对方相关的特定形象。因此，如果我们把实验室视为在确定的时空场所中创造性地重构出相对科学家而言是"可行"的对象，那么，实验室同样也配置出相对于这些对象而言是"可行"的科学家，即具备熟练技能来操作这些对象的科学家。这是一个客体与主体相互建构的过程，一种"自我-他人-物"的体系的重构。因此，在实验过程中，不仅知识生产中的问题、工具、程序与对象具有可塑性，而且科学家本身都是可塑的。正如拉图尔所说，"客观性和主体并不是相对立的，它们共同发展"[②]。

其次，实验室不仅建构出了客体，同时也"改变"了社会秩序。巴斯

---

① Latour B, *Pandora's Hope: Essays on the Reality of Science Studies,* Cambridge: Harvard University Press, 1999, p. 193.

② Latour B, *Pandora's Hope: Essays on the Reality of Science Studies,* Cambridge: Harvard University Press, 1999, p. 214.

德在实验室内培育了细菌之后，必须再提炼出疫苗并进而对之进行野外实验。如何保证接种疫苗程序的有效性？巴斯德的做法是，把实验室 "搬到" 农场，严格按照巴斯德实验室的规定对农场来进行某些关键性的改造。通过在政治谈判或社会交往中常见的说服性的文字修辞技巧，通过经济利益来建立同盟，同时调动各种资源，在经过一系列的磋商之后，巴斯德及其手下的科学家们说服了参与到实验中的农民接受消毒、清洁、保存、记录等实验室程序性工作。这样，巴斯德将他的实验室扩展到了农场。也就是说，在法国的农场重新构建实验室的条件，重新构建能够维系科学结果得以 "再生产" 的条件。在拉图尔看来，巴斯德改变了法国农场的条件，反过来，他的疫苗接种方法在这些地方具有再生产性。一旦巴斯德在农场的实验取得了成功，那么，其实验室向更广泛的社会的扩展就获得了巨大的基础。此时，一个新的事实开始获得广泛的认可，特别是在农场主的群体之中。拉图尔将这个事实总结如下："如果你想拯救你的动物免于炭疽疾病，请从巴斯德的实验室中订购一瓶疫苗，实验室的地址是巴黎市于尔姆路的高等师范学院。换句话说，只要你认可在一个有限场点中的实验室实践……你就可以将在巴斯德实验室中制造出来的产品扩展到法国的每一个农场。"[1]这样，随着疫苗的传播，实验室的接种程序也发生了扩展。在这一过程中，法国很多农场的命运都被改变了。不仅如此，巴斯德也改变了法国政治，例如，卫生专家借助于巴斯德和细菌的力量，成了 "在所有的政治、经济和社会关系中的第三个党派"[2]。因此，我们可以说，巴斯德通过其所发现的细菌将各种社会力量动员起来，并在这种动员中重构了整个法国社会。

就此看来，拉图尔认为，巴斯德赋予了自己一种新的力量之源。"谁能够想象成为一种不可见的危险的力量的代表呢？这种力量能够侵袭任何地方，能够给当下的社会带来震荡，通过这种力量，人们可以成为关于它的唯一解释者、成为唯一能够控制它的人。巴斯德的实验室在到处都得到确立，它成了唯一能够杀死这些危险行动者的力量，而在此之前，这些行动者却能够使得人们制造啤酒、制造醋、做外科手术、生育、喂养奶牛以及维持大众健康诸如此类的艰辛努力功亏一篑。"[3]如此，巴斯德的细菌不仅为诸多疾病提供了解决方案，而且它也改变了社会本身的结构。因为

---

① Latour B, *The Pasteurization of France*, Cambridge: Harvard University Press, 1988, p. 61.

② Latour B, *The Pasteurization of France,* Cambridge: Harvard University Press, 1988, p. 58.

③ Latour B, "Give Me a Laboratory and I Will Raise the World", In Mulkay M, Knorr-Cetina K (Eds.), *Science Observed: Perspectives on the Social Study of Science*, London: Sage, 1983, p. 158.

他把他在实验室中所发现的微生物纳入社会中了，这些微生物是食品加工和疾病传播的中介行动者，是社会关系（如卫生和传染过程）的中介行动者。因此，实验室本身被看作社会变迁的行动者，一种塑造和建构社会的手段。也就是说，社会被重新塑造，因为原存的关系必须要为细菌腾出一个位置；而且，在为细菌腾位置的过程中，社会也必须赋予细菌的合法代言人——巴斯德——以恰当的地位。无怪乎，拉图尔将实验室的这种扩展过程称为"法国的巴斯德化"。

三、实验室中的社会

实验室研究强调科学中对象的建构与社会秩序之间的联系，科学家通过政治策略来建立同盟和调动各种资源。科学家对不确定的可塑性问题的处理是通过"磋商"来解决的，例如在研究任务与提供资金的机构等部门之间进行磋商。那么，参与磋商的有哪些群体？其中必然包括科学家群体，但也包括提供资金的机构、仪器和材料供应商、行政部门、伦理委员会等，所有这些群体都可能参与其中。科学研究中局内人和局外人的边界变动不居，具有情境的依赖性。对于哲学分析而言，重要的是去理解来自研究人员之外的利益诉求如何影响科学知识生产的那些机制。实验室研究表明，技术的、社会的、经济的和政治的群体都参与了科学事实的建构。磋商概念的最显著的意义是把知识生产中的互动性因素推向了前台：社会互动的过程必然会对研究的过程和结果产生敏感的影响。谁获得授权？让谁来说话？谁与谁结盟？谁代表谁说话？对这几个问题的回答限制着实验室活动的扩展空间。

为理解科学家在实验室如何工作、他们如何"发现"科学事实，拉图尔深入美国加利福尼亚州的一个实验室，对这一实验室的研究活动进行了人类学考察。他称该实验室主任——一位生物化学教授为老板（Boss），看他究竟如何从事研究、发表论文、申请基金、广揽人脉等。特别探讨了科学事实建构中的社会制约因素，涉及人际、社会、理性和知识之间的重组问题，从一个全新的视角对科学事实的建构做出了独到的诠释。拉图尔这样记录这位老板一周的工作日程[①]：

3月13日，老板在实验室内安心地在工作台上做着有关潘多林的实验。

3月14日，老板大部分时间都在办公室内连续接听了来自世界各地的

---

① Latour B, *Science in Action: How to Follow Scientists and Engineers through Society*, Cambridge: Harvard University Press, 1987, pp. 153-155.

同行（4 位在旧金山、2 位在苏格兰、5 位在法国、1 位在瑞士）的 12 个电话，讨论新潘多林实验的论文写作问题。

3 月 15 日，老板飞往阿伯丁（Aberdeen）会见一位同行，这位同行与老板在潘多林的问题上意见相异，其间，老板不停给整个欧洲的同行打电话。

3 月 16 日，早晨，老板飞往法国南部，受到一家大型制药企业的负责人欢迎，整整一天他们都在讨论潘多林的生产、临床试验和专利的问题。

晚上，老板与法国卫生部长讨论在法国建立一个相关实验室，以促进大脑中多肽类问题的研究。老板向部长抱怨法国的科学政策与繁文缛节。为新实验室招募研究人员，他向部长推荐了一系列成员。他们讨论了地点、工资与工作许可证。部长答应为他这一项目放松限制。

3 月 17 日，上午，老板与一位来自瑞典斯德哥尔摩的科学家共进午餐，这位瑞典科学家向老板展示了他的一台新仪器，这台仪器能够追踪实验鼠大脑中潘多林的活动，图片看起来相当清晰。老板说要买一台，而这位科学家说这台仪器是一个样品。他们两人计划寻求能生产这种仪器的厂商。老板答应为这种仪器做广告宣传。老板给这位科学家少量潘多林的样本以供进一步检验。

下午，老板在记者招待会上大力宣扬潘多林的意义，希望每一个人都去迎接这一项大脑研究的革命性成就，随后痛斥了法国科学政策，提议科学家们应成立一个委员会，以制止记者们散布一些歪曲科学的不负责任的言论。

3 月 18 日，上午，老板出席了在美国总统办公室的一场大型会议，其中有不少糖尿病患者的父母出席。老板发表了一场非常激动人心的演讲，指出相关研究正处于突破阶段，但它的进展一直缓慢，主要问题在于官僚习气，呼吁投入更多的钱以培养年轻的研究者。这场演讲得到了糖尿病患者父母们的大力响应，他们呼吁总统应给予这项研究以优先权，并为老板的实验室提供更便利条件，总统承诺将尽力而为。

中午，老板在美国科学院有一个工作午餐，在餐桌上呼吁其同行成立一个专门分支机构，以推进对潘多林的生理学或神经病学方面研究，否则他们就会失去其研究应该获得的奖励。

下午，在《内分泌学》杂志的董事会上，老板埋怨说他的这一新的研究方向没有得到杂志的充分重视，那些低劣的审稿者总是不友好地拒绝优秀的论文，因为他们对这一新学科一无所知。他还呼吁更多的研究大脑的科学家介入这一新学科。在飞机上，教授①修改了一篇讨论大脑科学与神秘主义关系的文章，这篇文章是应一个耶稣会信徒的请愿而写的。晚上，老板在他的课堂上呼吁更多的年轻学生加入他的研究，与助手讨论新的课程计划。

3 月 19 日，银行来实验室进行实地考察，因为老板要向银行贷款 100 万美元。银行工作人员就每一个研究计划与参与实验的每个工作人员进行了讨论。老板独自待在办公室，以避免对银行工作人员或实验室工作人员施加影响。

3 月 20 日上午，在一家精神病医院，老板试图说服医生进行潘多林的临床试验，并暗示该医生与其合写一篇论文。

下午，老板到达一家屠宰场，试图说服那里的负责人接受一种新的屠宰方法，避免损伤动物的下丘脑，争论非常激烈。晚些时候，教授严厉批评了一位博士后，因为他未能按教授的要求草拟一篇有关潘多林的论文；教授与同事们讨论该购买哪种仪器。

这就是拉图尔记录的这位教授一周的工作情况。与这位教授的工作相反的是，他的一位同事或合作者，寸步不离其实验室，她在实验室内度过了整个一周，并且每天在工作台上工作超过 12 个小时，不断进行潘多林的实验。她也会接到电话，但这些电话主要是老板、其他一些同行或材料供应商打来的。她说希望与律师、企业甚至政府都保持一定的距离，因为她正在研究"基础科学或硬科学"。

我们看到了两种科学家的形象，"当她（合作者）待在实验室内的时候，教授却正在周游世界"②。究竟是谁在研究科学？研究实际上发生在何处？

表面上看，是否只有老板的同事在实验室中从事着科学研究？但事实上，这位女性同事的一篇论文被《内分泌学》杂志接受，将刊登在老板专门为这一杂志开辟的专栏中；她同样也有来自糖尿病协会的资金去聘请一位新的实验室技师；她获得了来自屠宰厂的更干净的新鲜下丘脑；她同样也在考虑接受来自法国卫生部的任命，去承担建立一个新实验室的重任，这是老板与法国政府高官长期谈判的结果；她从瑞典一个厂商那里购买了

---

① 注：老板和教授是同一个人，但两种称谓的寓意在语境中有微妙的差异，体现在不同语境中同一个人扮演的角色有微妙差异，这种含糊也体现出作者拉图尔在这里进行的分析的意义和价值，教授的角色与老板的角色有交叉、有转换。区别使用是有必要的。

② Latou B, *Science in Action: How to Follow Scientists and Engineers through Society*, Cambridge: Harvard University Press, 1987, p. 155.

一台新仪器，这台仪器能够追踪大脑中微量的多肽类的活动。

显然，老板的这位同事之所以能潜心在实验室中工作，是因为老板不断地在实验室之外带来新资源与支持。在实验室的这一周活动中，我们看到，科学（实验数据的获得、论文的写作、杂志社的支持等）、技术（不断获得好的仪器、好的实验原材料等）、社会（资金支持、同行支持、企业的支持，甚至总统的支持）这三个方面无法被分开，因为少了任何一方面，科学研究将不再可能。

这种合作重新配置了那些对科学研究感兴趣的人和群体，重新磋商了大学、工业和社会组织的制度性边界。就研究的问题而言，这种合作意味着对利益相关者的建构——这些相关者愿意信任实验室所生产的知识，愿意践行它的成果，并且愿意以某种方式在进一步的研究和讨论中重新生产它们，从而与科学"发现"结成同盟。拉图尔运用转译这一概念来指称这个过程，即要设法劝说科学家以及其他人接受他的建议、方法和发明，要让他人相信采纳他的提议是符合他们自身的利益的，要对他人的利益重新做出界定，从而与科学家的利益相重合。因此转译就意味着，"招募"一群异质的"行动者"，把他们变成一张能够使科学对象稳定化的关系网络。这也意味着，科学对象和技术对象的确立并非依赖于研究结果所固有的"真理性"，而是在部分上依赖于能否成功地在不同的群体之间建立某种关系联盟，当然，这种网络包含了实验对象和技术工具。如果没有这些，整个关系体系就会崩溃，事实就不会成为事实。由于科学实验借助于转译来编织网络，因此它已经预设了技术对象之间的"合作"与依赖关系。这是拉图尔的实践建构论与布鲁尔的社会建构论之间的本质差别。

总之，在行动者网络中，科学的内部与外部边界被打破了。对潘多林的研究之所以能取得成功，是因为动物的下丘脑、老板、同行、合作者、卫生部长、总统、杂志社、仪器公司、银行等这些行动者，也就是自然与社会所结成的一个网络的生成结果。如果没有了屠宰场的合作，那么，就无法得到合格的下丘脑；如果没有同行的认可，潘多林就根本无法成为一个科学事实；如果没有政府和银行的资金支持，这项实验可能就无法持续下去。

拉图尔在《行动中的科学》中所坚持的研究科学实践的观点，打破了实验室的内外分界、科学的内外分界。科学事实的最终生成，所有行动者的贡献都包含在"行动中的科学"这一范畴中。因此，实践并不单纯是实验室内科学家的实验工作，它是一个更加宽泛的网络建构的工作。

行动者网络的建构说明了知识生产中的要素、结果和程序的情境性。这种情境性体现在以下几个方面。

（1）知识生产中的人类介入的情境性。参与建构的有哪些群体？当然包括科学家群体，但也包括提供资金的机构、仪器和材料供应商、顾客、投资者、老板、政治家和科学管理部门等。实验室研究一开始就已经表明，外部的行动者在这些建构中扮演着某种角色。也就是说，技术的、社会的、经济的和政治的群体都参与了科学与技术发展的界定，因此其设计技术的方式就体现出某种可塑性。

（2）知识生产中物的介入的情境性。拉图尔在论证社会和自然的交互生产时指出，我们在分析中要把非人的行动者纳入建构的群体中。非人的行动者不仅包括潘多林、微生物、海扇贝和科学所研究的酸雨，而且还包括门、减速带、自动门闭合器。非人的行动者包含了事物的能动性，其特征是对人类行为施以限制（如门只允许我们从特定的位置穿过）。实验室活动必然伴随着地方性的方法和资源的重构，伴随着周围的仪器、现有的化学材料、现场所提供的技能和经验的重构。许多例子都可以证明这种研究具有"机遇性"——对实验室可获得材料的依赖性和依附性以及仪器和化学材料的替代性，在手头上没有相关仪器和材料时对仪器或者材料选择的权宜性，在场景的基础上选择某种而不是其他类型的研究动物，在地方性的事件或材料中暗示某种"思想"，等等。拉图尔用"环境"来指称这种潜在的机遇性，即这些存在于周围，并在现场研究中变得可利用的东西，林奇则称之为地方性的特质中的"索引性"（indexicalities）存在。

（3）标准化程序对地方性的适应性。主流科学哲学认为，科学理论和程序是标准化的、普遍有效的，地方性环境仅仅是产生特定的结果的偶然因素。然而，实验室研究表明，一方面，"标准"程序的确在许多实验室中可以成功地"运用"（如 DNA 技术的标准化），但另一方面，"标准"程序的成功运用也必须经受基于修改和适应的痛苦过程，正是这一过程才使得技术适合于新实验室情境，使得科学家适应对应的方法。这些经历了地方性适应的科学结果不会变得更加脆弱，而是变得更牢固、更广泛。地方性的塑造孕育了特殊的优势和机会，如果被纳入科学对象中，它们就能使科学对象在更广阔的情境中获得新的生命力。

（4）知识生产的可磋商性。在科学知识的生产过程中，人与人之间的社会互动介入其中。因此，从经验方面看，科学成果的意义往往是不明确的，即在证据面前具有经验上的"不确定性"。科学家对这种不确定性和模糊性的处理是通过"接洽"实现的，例如科学共同体就其研究任务与提供资金的机构等管理部门之间进行磋商。因此，不确定性所带来的就是"解释的可塑性"，某人或某物的抵抗也确立并强化了过程的开放性。这表明了，事实的建构充满着人与人之间的磋商，因此，"把问题推给自然"这种简单化的做法被终止了，因为自然并不说话，或者说自然所说的话还不够清晰明了，不足以阻止争辩的出现。"什么算得上是一个发现，何为解剖学上的存在物，何为事物的属性，何为测量程序，何为充分的数据和有组织的行动计划"，这些问题都可以以互动的磋商方式得到判断和修改。磋商是互动机制中的一部分，这些机制所生成的事实既不同于个别参与者的成就，也不能被还原为对象的"客观"特征。磋商概念的最显著的意义是把知识生产中人与人之间的互动推向了前台。它们表明了研究的过程和结果如何高度依赖于人与人之间的社会互动的过程和结果。

本 章 小 结

ANT 认为，科学事实并不是被自然所赋予的，而是被建构出来的。对于 ANT 而言，科学真理并不会去反映原初的、裸露的"事实"，也不存在诸如客观性和实在本身这样的"赤裸事实"。ANT 之所以动摇了对可靠的实体的信赖，是因为在实验室研究中，直接观察和详细描述具有解构的作用。它只能观察到那些与建构可靠的实体有关的复杂知识生产活动、描述实验赖以进行的大量异质的东西、作为原初状态的混乱和磋商以及稳定化和固定化的持续进程。ANT 研究揭示了那种被黑箱化为"客观的"事实和"被给予的"事物的活动过程。它们也揭示了似乎是铁板一块、令人惊叹的合理信念系统背后的日常活动。ANT 的解构既不是否定性的，也不是"纯描述的"，而是抛弃了那种支持所谓科学进步的逻辑重构的方法，转向了观察的方法，以考察知识的生产中实际起作用的机制。ANT 是实验室研究对在实际的科学活动中观察到的微观过程所做的回应。这种回应具有以下几个特征。

（1）科学事实的生成性：注意到了诸如科学事实这种持续存在的实体，以及与此相关的参与者、事件、机制的多样性，例如，它们的研究对象从巴斯德实验中的"灰白色物质上形成的斑点"，到相关的行动者、被动员起来的各种自然或社会同盟，再到制造乳酸菌的策略。这样 ANT 瓦解了科学的"发现"所指称的物的世界的说法，把科学事实视为自然与社会在实验室活动中机遇性聚集而生成的东西。因此，ANT 既不是什么虚无主义和怀疑论，也不是把事实还原成赤裸裸的自然和主观精神这样一种思想教条。它认为自然界提供了一种抵抗；事实之为事实，并非因为人们通常持有的这类断言，即它反映出自然界的真相，而是指事实是在自然秩序和社会秩序的抵抗中通过复杂的方式建构出来的。ANT 对这样的想法（即科学规律和科学命题提供了对物质实在的真实描述）敬而远之，因此对它们的解释只能依据外部实在，而不是依据实践建构的机制和过程来进行。当然，ANT 也从未主张说，科学活动中不存在任何物质实在；它仅仅认为，"实在"或"自然"应该被看作这样一种实体——它们通过科学活动和其他活动不断地被改写。ANT 的兴趣所在正是这种改写的过程。也就是说，客观自然无疑是独立存在的，但实验室活动却以地方性的方式成功地重塑了它，这个被科学所重新改写过的事实已经不是原先存在的事实。

（2）实验室活动的场所性：在对科学进行研究时，ANT 并没有想从先验的思辨哲学上去思考上述问题。在实验室研究中，实验活动不是主要按照逻辑事件、认知事件或概念事件来详尽地做出算法规定的。相反，它们把这些问题带入不同的讨论舞台，即从思辨的哲学论证的舞台转入了经验探究的舞台。这就是 ANT 的经验知识论。ANT 所考虑的问题是，在不同的场合中究竟是哪一种与"自然"和物质实在的关系在起作用，在各自不同的研究情境中"物质实在"的意义是什么，特定的知识王国是如何在工具、文字技术和其他社会技术中暗示并呈现出来的，例如探测器这样的技术综合体是如何在自然和客观性之间起"中介作用"的，等等。从实践建构论的视角看，这些相关哲学问题的答案要在其他地方寻找，要在对知识生产的真实过程的研究中寻找。自然科学，是处于这些研究所描述的特定场景、"作坊"（海德格尔语）或"论题结构"（林奇语）之中的。把建构科学重新定位在特定的物理空间和知识空间，意味着人们的关注点远离了特定的行动者，远离了过去和现在著名的个体科学家为科学的面貌不断增添的历史的和当代的解释，即远离了科学家对科学的"回溯性说明"。

（3）人类学方法：在经验自然科学的诸多领域中，个体或群体科学家的角色，以及他们与物质形式协调一致的人类行动者的地位，需要基于他们的活动赖以进行的实践场景来重新做出界定。对构建科学的"地方性空间"的强调，把 STS 研究者带入一种能够指导"实验室研究"的方法论原则，即拉图尔等提出的"追踪科学家与工程师"的人类学方法论原则，这种方法论原则，改变了科学的历史研究和传记研究形态。如果建构科学是被框定在有限的实践场所中的话，人类学方法论的研究者就必须"深入这些空间"、进入事实的建构赖以进行的实践之流当中，去思考科学成果如何得到建构以及相关的哲学与社会学的问题。

（4）自然与社会的共生、共存与共演。知识的研究、完成和实施是通过实践活动实现的，这些实践活动既改变了物质存在，也潜在地改变了社会世界的特征。

　　拉图尔所说的"行动中的科学"，实际上就是将科学作为一个行动者网络。在此意义上，拉图尔号召从大写的科学转向复数的科学。大写的科学的存在条件是站不住脚的：首先，它以纯粹自然物的本体论为基础，但是，在行动中的科学中，自然物仅是科学实践的行动者之一，而科学事实则是各种行动者（自然与社会、人类与非人类）联盟确立后的生成结果，这种事实并不是对静态的、无历史性的自然的机械的反映，而是人类行动者与非人类行动者之间在实践的历史中共同建构的结果；其次，大写的科学要求一种镜像式的符合论的真理观，这样才能够谈论科学与外部实在之间的吻合，但是，无论知识性多强的文本都无法隐藏其外套之下的各种层理结构，无法避免各种人类因素的介入。比如，在客观性的问题上，大写的科学要求先验的客观性的存在，科学理论无非是对这种先验性的反映。复数的科学强调科学事实的客观性仅仅是众多行动者的联盟，仅仅是实践中所生成的机遇性的开放性驻足点；网络一旦断裂，这种客观性就会即刻丧失。拉图尔说："一种普遍（大写）的科学是无法磋商的，因此，它不可能一劳永逸地具有普遍性，但是（复数的）科学则是一种不断增加的或涌现的普遍性资源。"①这里的复数的科学，实际上就是指科学实践，这种复数的科学要求在实践过程而不是最终的理论文本中思考科学。作为理论文本的科学仅仅是实践的科学的参与性要素之一。

---

① Latour B, *War of the Worlds: What about Peace?*, Bigg C（Trans.），Tresch J（Ed.），Chicago: Prickly Paradigm Press, 2002, pp. 43-44.

第三章　皮克林的辩证新本体论

自 20 世纪 80 年代后，由于社会建构论的工作，研究科学的主战场已经从科学哲学转向 STS。广泛语境中的经验研究，使得传统认识论的所有范畴，如知识、理性、真理、发现、发明、证据、论证、实验、观察、专家、实验室、工具、想象、重复、规律等，都进入历史与社会的分析语境之中，科学哲学家也被迫接受科学社会学家和历史学家所崇尚的经验研究。这样，科学的历史图景便面临无法回避的社会学重建，科学史的理性重建也面临社会建构论发起的挑战。社会建构论批判了传统科学实在论所强调的方法论理性主义的狭窄性，崇尚相对主义与社会建构，运用自然主义的方法去分析科学的历史过程、科学家的实验室生活以及科学史上重大争论，突出强调社会因素、利益因素和权力因素在科学知识的历史形成中的作用。科学的社会建构，关注科学活动的整个过程，关注无处不在的各种形式和各种层面的协商与谈判对科学成果产生的重大影响，关注"科学内部"与"科学外部"之间的各种力量的相互渗透与融合，并在大量实证研究的基础上揭示了科学活动过程与结果的极度复杂性和微妙性。所有这些工作，都从宏大叙事进入经验案例研究，从而将科学哲学从逻辑实证主义的象牙塔中解放出来，并使之走向科学实践、走向生活。科学的社会建构于是突出了其"强纲领"的社会性特征。

不过，上文已经指出，社会建构论走向了逻辑实证主义的另一个极端，其"强"字的意义片面强调了社会因素的意义，否定了自然在认识中的基础地位，从而导致了对科学的全面解构，导致了社会建构论与逻辑实证主义的两极相通。尽管社会建构论研究一直主要关注知识，但是社会建构论的实证研究和社会研究一直忽视当代科学的物质维度的作用——在科学研究中全景展示出的仪器、设备、实验组织体系。1983 年，哈金开创的干预性科学哲学开始极力强调科学的机械性运转方面（mechanic aspects of science）。继而，从 20 世纪 70 年代末至今，研究者们对科学研究日常工作的细节的兴趣与日俱增，这种兴趣特别突出了科学活动中惊人的多样性和异质性，把科学客体的概念扩展到了科学的所有维度——概念的、社会的、物质的。

皮克林，当代英国 STS 学者，科学史家。1973 年获英国伦敦大学物理学博士学位（高能物理学专业），随后在 1973 年、1975 年分别于哥本哈根大学的尼尔斯·玻耳研究所与英国达雷斯伯里实验室（Daresbury Lab）从事了两年粒子物理学博士后研究。1986 年其在社会建构论研究的大本营——英国爱丁堡大学的 STS 研究中心，也就是科学论研究所（Science Studies Unit, Edinburgh University），完成论文《建构夸克》，获得科学论（Science Studies）博士学位，虽然《建构夸克》的副标题是"社会学史"，但其内容一开始就表现出对社会建构论的一种反叛，开始关注科学实践中的物质维度——实验仪器，并使科学论开始关注"实践-物质文化"，继而提出作为实践和文化的科学取代作为知识和表征的科学的新的科学观。以此为基础，皮克林对库恩范式理论进行了实践动力学的解读，通过对不可通约性断裂的反实在论分析，从表征主义的实在本体论走向操作主义的生成本体论。

第一节　建　构　夸　克

一、"科学实践"中的物质维度——实验仪器

（一）研究实践的动力学

皮克林《建构夸克：粒子物理学的社会学史》一书讨论了三个具有争议的案例，一个是理论的争论，即所发现的新粒子是粲夸克还是色夸克，另两个是经验案例，即自由夸克与磁单极的发现。皮克林把科学实践解释为"研究实践的动力学"（the dynamics of research practice）。

皮克林说："我是用实践的动力学去说明夸克为什么被接受，这一动力学曾经是认识论的或社会学的。我要避免朴素实在论的循环术语，即夸克那被感知的实在决定了这一研究过程……科学社会学却把这视为科学家之间的社会关系，因而排除了难以理解的技术与概念内容。"[①]皮克林撰写《建构夸克：粒子物理学的社会学史》的目的，就是要"根据研究实践的动力学，来解释粒子物理学的历史发展，包括其中的科学判断模式"。

按照皮克林的解释，在科学实践中，每个科学家都拥有一套独特的从事建构性研究的资源，包括物质性的和非物质性的资源，前者如特定的实

---

① Pickering A, *Constructing Quarks: A Sociological History of Particle Physics,* Chicago: University of Chicago Press, 1984, p. 6.

验仪器与设备，后者如在某个实验或理论分支中所积累的专门知识。进行第二次重复实验，目的是更进一步探索新现象，如果重复实验并没有追踪到上次实验的现象，那么人们就会怀疑上次"发现"实验的所谓操作，并认为理论家的猜测纯粹是一个理论，与实在并没有任何关联；相反，如果第二次实验发现了踪迹，并在某种程度上符合新理论的预言，那么，人们就会相信科学实在论站住脚了。新现象被视为自然的真实属性，原先的实验就会被认为是真实的发现，原先的理论猜想就会被视为那些被观察到的现象的真实解释基础。我们会更进一步做更多的实验，更进一步理论化相关的实验现象，阐述与改正先前的实验与理论成果，这就是皮克林所称谓的基于传统实在论"研究传统"①。

　　皮克林认为理论与实验的关系并不像传统实在论所想象的那样简单，其功能分别为探索与解释自然现象。毫无疑问，在每一传统中，每一代理论为后一代实验者提供了一种基础，在其中后一代物理学家能够发现其研究主题与辩护的资源。就理论物理学家而言，为了辩护其理论选择的合理性，新一代物理学家必须选择新数据，新一代实验物理学家所产生的证据，构成了理论物理学家进一步阐述理论的依据。与之关联，对实验物理学家来说，他决定探索某些现象，而不是其他过程，取决于他对现有某种理论传统的兴趣。每一代理论家都会提出某些新的问题领域，让下一代实验家去探索。因此，人们可以观察到，通过指称共同的自然现象，通过共同的现象媒介，理论与实验两种传统之间保持着一种共生关系（symbiotic relationship）。"在两种传统中，研究实践的共生关系所构成的相互辩护基础，这是我对高能物理学分析的中心。"②关于这种共生关系如何维系与发展，皮克林避免了宏观的空谈，进入了科学家实践的微观分析。

　　对于一位科学家为何以特殊的方式选择了一种特殊的传统，皮克林用了"机会主义"（opportunism）一词进行说明。每位科学家都会利用某些特殊的资源去进行建设性的研究。这些资源可能是有形的、物质的，如实验者可能利用一种特殊的仪器。它们也可能是无形的、心智的，如在专业化训练过程中所获得的对理论的某种默会或针对特殊实验的专业技能。皮克林认为实践动力学分析之关键，就在于观察这些资源与特定语境是否匹配或融洽。因此，"研究的策略，就是根据各个科学家在不同语境中如何

---

① Pickering A, *Constructing Quarks: A Sociological History of Particle Physics*, Chicago: University of Chicago Press, 1984, p. 10.

② Pickering A, *Constructing Quarks: A Sociological History of Particle Physics*, Chicago: University of Chicago Press, 1984, pp. 10-11.

有效地利用自身资源的相对机会来组织和安排的"①。一个科学家对某个研究传统的贡献大小与方式，取决于他在特定语境中利用这些资源的机会。这种研究实践的动力学机制，皮克林称之为"语境中的机会主义"（opportunism in context）。"语境中的机会主义是我对整个历史进行分析的主题。我致力于根据研究者发现自身的语境以及他们在该语境中可资利用的资源来解释科学实践的动力。"②如果一个语境允许科学共同体大多数成员采用现有专业技能，一个纲领便获得了"胜利"，进而成为一种新时尚。换言之，科学家如何进行理论选择的问题不是取决于证据，而是取决于在特定实验语境中如何发挥他们专业技能的机会。于是，皮克林主张，科学家并不是去发现真实的东西，而是利用特殊仪器和专业技能在科学实践中建构东西。这些建构出来的东西，一旦为科学共同体所接受，就成为其存在的证据。粲夸克就是如此。这等于说，科学实践中的仪器与专业技能是夸克这类理论实体存在的基础和前提。

就科学家的专业技能这种物质资源而言，皮克林更关注其中的不可见部分。他认为高能物理学发展的显著特征体现为一个被称为筑模（modelling）的过程。就夸克本身来说，对理论物理学家而言，最微妙的是学会如何把强子视为由夸克组成，就像他们已经知道原子核是由中子与质子所组成、原子是由原子核与电子所组成的一样。就夸克与轻子相互作用的规范场论来说，其成功地在公认的温伯格-萨拉姆模型的基础上实现模型化。这里的要点在于，对基本粒子组成成分的分析依赖于理论物理学家所受的训练与研究的经历，也就是说，温伯格-萨拉姆模型的方法与技能是高能物理学共同文化的组成部分。因此，对于理论物理学家来说，在分析组成部分时，上述技能与温伯格-萨拉姆模型构成了一组共有资源。粲夸克与规范场论的理论研究的成功，则在于把这组资源反复应用到各式各样的实验之中。

这样，在讨论理论传统何以成功的问题上，皮克林主要依赖于实验的物质资源与理论物理学家共有的专业技能。这个实验的物质资源的选择与理论调用的共生过程，就是皮克林所讨论的语境中的机会主义。按皮克林的说法，科学实践建构夸克的前提条件，就是利用上述可利用的资源对实验进行解释。皮克林认为，诸如夸克之类的理论实体的"可感知的实在性"，取决于试验证据得到何种解释。正是这些解释上的变化，使得人们认可了

---

① Pickering A. *Constructing Quarks: A Sociological History of Particle Physics*, Chicago: University of Chicago Press, 1984, p. 10.

② Pickering A. *Constructing Quarks: A Sociological History of Particle Physics*, Chicago: University of Chicago Press, 1984, p, 11.

夸克的存在。所谓实在，不过是科学实践的一种产物，一种人工的建构物，隶属于科学家所建构的世界。"粲夸克的成功以及其对手的失败，不应该根据预言与证据之间的比较来看待。在 1976 年前后，并没有什么实验证据能够表明粲夸克是正确的，而其对手是错误的。粲夸克的成功，关键在于 11 月革命中高能物理实践在社会层面和概念层面上所取得的统一。"[1]

皮克林主要考察的是 1974 年 11 月革命后的那一段时期，此时，温伯格-萨拉姆理论迅速成为弱电相互作用的标准模式[温伯格、阿卜杜勒·萨拉姆（Abdus Salam）与谢尔登·格拉肖（Sheldon Glashow）在 1979 年获诺贝尔物理学奖]。对于这次获奖，皮克林评论道："相当简单，粒子物理学家承认中性流的存在，是因为他们能够明白在中性流为真实的世界中，怎么样更有效地进行讨价还价。"[2]

皮克林这样概括他的研究：回想起来，人们很容易获得在"科学思考"的惯用语中标准模型成功的假象——温伯格-萨拉姆模型以及夸克和轻子，已经做出了被证实了的预言。但是透过这一假象，就像通常一样，则是某种选择的因素在发挥作用。在断言标准模型的有效性中，粒子物理学家选择接受某些实验报告，而拒绝另一些。选择因素在物理学家共同放弃华盛顿-牛津实验结果中最明显。皮克林聚焦于这一插曲。基于皮克林的前一部分的分析，我们看到了 1979 年许多物理学家准备承认华盛顿-牛津实验的无效的成果，并建立为了解释它们的弱电新模型。我们还看到 1979 年时，物理学家的态度已经变得更为坚决。在 E122 实验的激发下，华盛顿-牛津实验结果已经被认为是不可靠的。在分析这一结果时，重要的是要认识到从 1977 年到 1979 年，华盛顿-牛津实验的状况并没有发生实质的改变。没有资料被撤除，也没有人提出上述这两个小组中任何一个的实验在实践上存在致命的缺点。已经改变的是判断数据的语境。语境中最为关键的改变是斯坦福线性加速器中心的 E122 实验结果。原则上说，E122 以它自己的方式提出了一次公开的挑战，就像华盛顿-牛津实验及其成就在当时所表现出来的革新一样。但粒子物理学家们选择接受斯坦福线性加速器中心的 E122 实验结果，并选择根据标准模型（而不是某些与原子物理学成果相容的不同模型）来解释这些结果，于是，就倾向于把华盛顿-牛津实验

---

[1] Pickering A, *Constructing Quarks: A Sociological History of Particle Physics,* Chicago: University of Chicago Press, 1984, p. 272.

[2] Pickering A, *Constructing Quarks: A Sociological History of Particle Physics,* Chicago: University of Chicago Press, 1984, p. 87.

看作是在操作与解释中具有某些莫名其妙的缺陷而排除掉。①

也就是说，粲夸克模型的理论家发现了对问题解答的范例，这种解答符合当时的学术界公认的研究传统——温伯格-萨拉姆模型，如粲夸克模型认为 J-psi 粒子就像一种公认的原子系统一样，这就可能使物理学家从原子物理学的计算转向思考粒子物理学的计算，而色夸克模型为了解释其实验数据，不断增加辅助性条件，但还是无法与当时的物理学理论与实践传统相吻合。其中并没有什么有利于粲夸克模型不利于色夸克模型的决定性的理性、哲学、逻辑的证据。J/ψ 粒子研究问题上粲夸克模型解释的成功，是因为对应的解释更为丰富、充分、流行和详细，而色夸克模型解释却显得弱、不足、不流行。争论终结的原因不在于理性或方法、社会与自然，而在于解释所处的境遇，这就是实践的动力学。为理解科学知识的生产，实践的动力学是我们要关注的焦点。

（二）理论的筑模过程

在理论上，就筑模过程而言，"实验的可错性"与"证据对理论的不充分决定性"是皮克林考量的基础。

关于"实验的可错性"。①因为所有实验在原则上都是可错的，当实验者报告说他们测量到带有一定数值的量时，接下来就要看其同事与同行是否接受，这种接受与否取决于下一步的实验。②如何进行下一步实验，主要通过对数据进行理论分析，从而对实验提出更进一步分析的新问题，实验者就会进入更进一步的探索。结果实验潜在的可错性就被赋予了一种可安排性（manageable）。

关于"证据对理论的不充分决定性"。当不同的理论解释都符合数据，依据实践动力学，所有这些理论都值得怀疑。①具有恰当技能的理论家能够阐述这种或那种数据，产生出新的问题供实验者进一步探索。②缺少这种技能的理论家虽然无法解释这些数据，但却可能提出实验者利用现有技术无法应付的新问题，因而就破坏了理论与实验的共生关系。这样，如果依据实践动力学来进行分析，想直接依据证据来进行选择，将是不可能的。实验的可错性通过理论研究传统与实验研究传统的共生就可得到重新安排。

这会导致一个引人注目的结果：称所有实验是"开放与可错的"，就

---

① Pickering A, *Constructing Quarks: A Sociological History of Particle Physics,* Chicago: University of Chicago Press, 1984, p. 301.

是说没有什么实验技能（程度或解释模式）是完备的。评价一种实验技能就是评价它是否"有效"，即它是否能够产生出在当代实践框架中具有重要意义的数据。这暗示着一种可能性，即实验技能的"调节"（tuning），对它们进行调整与发展，以成功显现出与相关理论兴趣相一致的数据。如果人们从实在论的观点出发，这种调节是有问题的，因为这意味着实验者的技能与科学家的解释未能符合实在。从皮克林的实践动力学来看，自然现象本身就具有两方面的目的：在实现理论建构的过程中，自然现象充当理论与实验之间共生现象的中介的同时，维系并合法化内在于其制造过程中的特殊实验传统，从而表明理论传统与实验传统共生于其实践过程之中。

皮克林对科学判断的社会共识的分析，一直关注着研究传统的共生。他认为高能物理学的历史应该依据一种研究传统的起伏模式来理解，在其中，相容的共识判断通过共有的研究资源而得到结构化。"我更进一步指出这些实践与理论传统时常在一种共生状态存在：各式各样传统的产物，以一种相互支持的方式，为对方提供了辩护与主题。这些理论与实验的共生状态是世界观的生产者与消费者；现象界的特殊观点与相联系的实体是共生的中介，基于中介的进一步的发展，则是这种共生过程的新的产物。"①

基于传统的回溯式的实在论解释，理论发展的过程与理论没有什么关系，理论主要是由实验事实所决定的，与候选理论的起因无甚关联。如果事实本身就是在一种理论语境中结构化判断的产物，那么与之对应的语境的起因就不必成为相关兴趣的中心。针对此，皮克林则认为，如果解释理论被蕴含在经验事实与现象的构成之中，那么理论就不能够被实验单独控制，"理论的发展在某种程度上必须有其自身的生活"②。

皮克林依据科学实践的动力学，分析了理论发展的半自主状态。理论的建构与阐述要求从公认的科学领域到研究前沿的理论资源的反复利用。在新物理学的概念发展中，有两个关键的筑模化过程：其一，利用原子与核物理学的理论工具，强子被表达为由更为基本的实体——夸克所组成；其二，强力与强力的理论被筑模化在电磁学的量子场论基础上。这两个筑模过程同时完成，它们是主动地与机遇性地实现完成的。

理论是半自主的，部分是因为与实践共生的限制。因为理论是认识自

---

① Pickering A, *Constructing Quarks: A Sociological History of Particle Physics,* Chicago: University of Chicago Press, 1984, p. 406.

② Pickering A, *Constructing Quarks: A Sociological History of Particle Physics,* Chicago: University of Chicago Press, 1984, p. 460.

然现象的概念工具，它提供了一个框架，在其中，经验事实得以确立，其内在的动力学的理解的关键是要理解科学知识建构的整体概貌。在高能物理学的历史中，共有资源的筑模变换是理论发展的核心。筑模并非多种资源中选择一个，它是所有变换的基础。没有筑模过程，就不会有新物理学的产生。

二、对回溯式科学编史学的实践动力学批判

皮克林以科学实践的动力学研究为出发点，旨在揭示自然科学是一种实践与文化的过程，而不是对实在的静态反映。为此，皮克林对粒子物理学发展的实在论的科学史进行了批判。

他认为，科学实在论总是首先断定理论实体（如夸克）或自然现象的概念化认识（如弱中性流）是实在的，随后制造出一个发现的神话以彰显其合法的"实在论"身份。科学实在论者"一向利用自然的内容认定这些理论构造的实在论身份，然后，又用这种身份追溯性地赋予现有科学判断以合理性和无可争议性"[①]。由此，皮克林声称："任何人在建构自己的世界观时，都没有必要去考虑 20 世纪的科学所说的那些……太过于聆听科学家的声音只会窒息想象。世界观是文化的产品。"[②]在他看来，科学实在论是借用富有独创性的实验来检验高度复杂的理论以编造自己的世界观，并吹嘘其中的科学方法。因此，他强调，科学实在论的历史，是一种事后理性化的、不可信任的辉格史。皮克林拒绝传统科学实在论，这种实在论认为实验是理论的最高裁决者，它决定着理论被取舍的命运。

回溯式的实在论（retrospective realism）的观点非常简单。它是建立在这样一种主张之上，即实验事实迫使科学家接受新物理学的信念，所观察到的强子谱系暗示着基本夸克概念的有效性；在轻子强子散射中的缩放观察，支持着夸克的分子模型，弱中性流确证了弱电规范理论家的直觉，等等，总之是实验事实充当着一种检验理论的唯一标准。

这种回溯式的实在论在哲学与编史学上的问题在于：在哲学上，它仅关注到在研究过程中科学判断的作用，但这些判断所涉及的特殊的科学观察报告是否应该初步接受为一种事实，或遭到拒绝，则涉及一种特殊的理论是否可用来解释某一确定范畴内的观察的问题。皮克林注意到，在实际

---

① Pickering A, *Constructing Quarks: A Sociological History of Particle Physics*, Chicago: University of Chicago Press, 1984, p. 7.

② Pickering A. *Constructing Quarks: A Sociological History of Particle Physics*, Chicago: University of Chicago Press, 1984, pp. 413-414.

的科学研究过程中，科学家的解释就包含着各种各样的判断因素，它远远超越了传统科学实在论。回溯式的传统实在论，通常在已经决定了自然界真实状态之后，支持这种决定了的"真实状态"的数据才会被赋予自然事实，继而，与所选择的世界观对应的理论就被表现为具有了内在的合理性。但就真实发生的历史而言，由于判断贯穿于科学发现的整个过程，因此，在讨论关键实验发现时，就不可避免地存在着合理的分歧。对某些公认的"事实"领域来说，多种理论可能都会推进其解释，这些理论中没有一个会准确地永远符合事实，粒子物理学家必须不断地选择哪一个理论会得到更进一步阐述，哪一个理论将会被放弃。这些涉及实验数据与理论合理性的选择一直具有不可还原的特征。历史上，粒子物理学家看起来从来没有被迫依据证据做出自己的决定，哲学上，字面意义上的强迫也从来没有出现过。这一点是很重要的，因为所做出的选择制造了新物理学的世界，制造了新物理学的理论实体。正如皮克林们在中性流的详细研究中所发现的，相关的中性流的存在与否是一种不可还原的科学判断的产品。

科学判断的说明与结构因此成为这种解释的中心。皮克林一直试图理解为什么科学家选择接受这种现象，而不是那种现象，为什么提出这种理论，而不是那种理论。皮克林考察了特殊的选择与语境之间的关系，正是在具体的关系中，他们做出了特定的选择。其中，科学家是真正的能动者：是行动者与思想家，是建构者与观察者。皮克林始终坚持，科学判断是被情境化在实践（科学研究的日常活动）的连续流中的。在这种连续流中，判断被视为对未来实践具有意义，依据有关自然现象的存在或理论的时效性，研究的机会会出现或消失。于是，对实验与理论研究来说，如实践对气泡室（Gargamelle）[①]小组创新性解释的接受，暗示着中性流的存在、新领域的存在，继而，依据强电规范理论对中性流的解释，这种解释再次提前进入了新的实践与理论化领域。

皮克林讨论了这些机会怎样被其探索资源的结构化过程：这些知觉利用了分布在高能物理学实验共同体中的硬件与技能，一组储藏在高能物理学理论共同体中的理论技能。科学选择在原则上是不可还原的与开放的，但历史上，依据对未来实践所感觉到的机会，选择被中断。在个体研究的微观水平上，它看来是一种不显著的观察。如果像传统的回溯式编史学所显示的那样，通过决定性地强调每一单独的经验主张的问题方面，科学家连续不断地选择把难以处理的注释置于经验数据上，那么所涌现出来的科

[①] 欧洲核子研究中心气泡室（Gargamelle），主要任务是侦测中微子。

学面貌会与"皮克林们"所知的科学面貌大相径庭。个别科学家想在一种建设性的而不是破坏性的时髦中做出一个不可还原的判断，这看来不是一种极端的结论。在共同体实践的宏观层次上，这样的有趣的不可还原的情况，同样会从高能物理学的历史中出现。

在批判科学实在论的同时，皮克林也批判了科学的社会建构论的模式。按照社会建构论的解释，夸克的存在，这一事实并不能依据夸克"存在"的证据而得到说明。相反，夸克存在与否，要依赖于科学共同体对实验结果的解释，依赖于科学共同体内部在权力统摄与修辞上的共识。换句话说，不是夸克本身，而是科学共同体可资利用的各种资源（包括学术权力、实验设备和修辞技巧），说明了夸克的"理性"，确定了夸克的存在。

皮克林在这里引出了辩护与发现的关系这个重要的科学哲学问题。辩护与发现之间的差别，最初是由赖兴巴赫提出，并被作为逻辑实证主义的格言——没有"科学发现的逻辑"，意即：科学家像我们所有的人一样，是通过各式各样的方法论手段来达到自己的结论的，科学理性被限制在那些辩护的方法论范畴内，它无须过问科学发现的起源问题。依据这种观点，辩护在逻辑上是独立于发现的。辩护与发现的分界的目的在于保持科学研究中主体与客体的各自独立性，保持主观与客观的二分。

皮克林认为，这种二分法比科学实践本身更为神秘：按照这种两分法，"理论检验，哲学论证，能够（或应该能）按照形式逻辑的规则做出详细的说明。它们都是非个性化的、非历史的、文化上中立的过程，因此，是科学哲学探索的最恰当目标。另一方面，理论建构被认为是不能做出哲学解释的，它被视为是私人的与个人的，因此被弃给了心理学领域。通常，大多数理论的建构都被归结为科学天才的个人灵感。我要论证的则是，赖兴巴赫在两种语境之间的清晰划界无论在哲学上，还是在历史上都是站不住脚的"。①

对"辩护的语境"与"发现的语境"之两分法的拒绝，导致了社会建构论的"自然主义"（naturalism）倾向。皮克林同样反对这种二分，但他比社会建构论的自然主义走得更远。

传统科学哲学始于基础主义与规范主义，目的是制造一个明确的分界，使认知过程存在于波普"世界 3"的抽象理念世界之中，认知的规范、方法、原则与真理也皆存在于理念世界之中，随后把认知过程强加于自然

---

① Pickering A, *Constructing Quarks: A Sociological History of Particle Physics,* Chicago: University of Chicago Press, 1984, p. 414.

界，将其方法论规范强加到真实的科学实践之上。社会建构论关注的是科学家在实验室中的所为之事、实验过程中的话语分析和科学史上重大争论的案例，从社会学角度对科学内容进行自然主义分析。皮克林感兴趣的则是分析科学家建构知识与生产文献的实际过程，如他们在什么时候介入争论，如何达成共识结论，他们什么时候把自己有关自然的主张与有关社会的断言联系起来，等等。

同社会建构论一样，皮克林主要也是考察科学的实践过程，把着眼点从科学的最终产品转向它们的建构过程。按照皮克林的看法，一旦科学产品（包括实验事实、争论结果和科学论文）发表，科学就成为一个黑箱，在黑箱中，科学过程的动因与来源就是不可见的，其建构过程的丰富性被掩盖起来。这也就是在传统上人们为什么一直相信科学产品与自然之外的事情无关的原因。基于这一认识，皮克林强调应该把优先权赋予行动中的科学而不是其行动的结果。这样，随着科学社会学中自然化倾向的出现，真实的、历史的、实际的科学情境便不仅与科学产品相关，而且还成为科学实践过程中的最重要因素。

与社会建构论不同，皮克林在自然主义问题上走得更加彻底。如前所述，社会建构论研究科学实践，主要是想发现隐藏在科学实践背后的利益导向，挖掘出一种不同于自然实在论的科学本质，科学被理解为反映社会利益与权力的静态知识，从自然实在论走向社会实在论。皮克林的科学实践动力学解释，则要挖掘出上述两种观点中丢失的东西，即科学实践过程中的物质因素——科学实验仪器的作用。对科学实践过程中实验仪器作用的揭示，皮克林打开了作为实践和文化的科学的科学论研究的大门，促生了新的科学理解框架中诸多的问题的生长点。

皮克林说："科学家并不关心绝对、终极与超验的真理。他们关注于实践。在实践中，他们能够做出这种或那种发现，争论被理解为探索未来实践的可能性。因此我们需要考虑的是'实践的动力学'，而不是静态的科学知识。"[①]

第二节　对库恩范式理论的实践动力学解读

应该说，《建构夸克：粒子物理学的社会学史》一书作为皮克林的早

[①] Pickering A, From Quarks to the Mangle，这是皮克林教授 2010 年 9 月在南京大学马克思主义社会理论研究中心演讲的内容之一。

期著作，虽然还带有社会建构论的色彩，但已经显示出其背离社会建构论主流的发展趋势。社会建构论的主流方向是强调科学知识的人为性，突出不同社会群体的利益和权力在知识生产过程中的主导作用。社会建构论关注科学活动中的人类力量而无视物质力量，一旦涉及物质力量就把物质力量归并为人类力量的某一特定领域。结果，在回答知识是如何产生的问题时，任何显示物质力量和科学操作重要性的答案从一开始便被排除了。皮克林称主流的社会建构论研究为人类主义（humanism）研究，而他自己所强调的则是物质力量——实验仪器的力量：科学家正是借助于实验仪器来建构实在的，这种意义上的实在建构，开启了远离社会建构论的主流的后人类主义（posthumanism）的研究道路，并基于此，对库恩的《科学革命的结构》一书进行了自己的独到解读。

一、实验仪器意义下的不可通约性

皮克林通过对相关案例的研究，开始意识到《科学革命的结构》一书的局限性。在寻找夸克的试验中，威廉·费尔班克（Willian Fairbank）与贾科莫·莫柏哥（Giacomo Morpurgo），这两位物理学家对是否存在自由夸克给出了相互矛盾的证据。皮克林发现，这种不可通约性并不是库恩意义上的范式之间的不可通约性，即不同理论之间的不可通约性，而是物质世界的不同实验仪器的不同操作活动之间的不可通约性：费尔班克的实验仪器能够提供自由夸克存在的真实证据，而莫柏哥的实验仪器却提供出夸克不存在的证据。正是在这一点上，他意识到科学的物质基础——科学实践中仪器的作用，而这方面前人未曾给予充分的重视。皮克林注意到"正是在这一点上，我开始感觉到对于科学的物质基础——其机器与仪器以及它们的力量，我们有某些重要的事情要讨论……值得注意的是这种讨论一直是多么地困难，我们要思考科学无处不在的物质性"[①]。

就范式之间的不可通约性而言，皮克林发现，在粒子物理学中，那种库恩式的新旧理论之间的界线也是错误的。按照皮克林的分析，从旧的 V-A 理论到新的弱电规范理论的转变，并不是库恩从汉森那里借用过来的格式塔式的转变。旧范式与新范式之间并非像兔子和鸭子那样不可通约。旧物理学是从 20 世纪 50 年代到 70 年代慢慢地消失，并没有明显的内部危机。新物理学也不是从旧物理学的废墟中突然飞出来的新凤凰。新物理学最初是作为旧物理学的一个边缘分支，随后才逐渐取得统治地位。这种变

---

① Pickering A, "Reading the Structure", *Perspectives on Science,* Vol. 9, No. 4, 2001, p. 500.

化源于对一系列实验结果（弱中性流与粲夸克）的解释，随着这些实验结果的出现，原来占边缘的传统就与主导理论进入一种共生阶段，并构成了相互竞争的不同范式。

皮克林认为，新旧理论之间的转换，必须放在理论传统与实验传统的共生的动态发展的进程中加以考察。理论传统与实验传统是一种共生的关系，概念层面上的不可通约性必须联系到实验操作层面上的不可通约性。与 V-A 理论相联系的实验装置是低能强子束以及用于检测大多数过程的传统探测器，而与弱电规范场论相联系的实验手段则是高能中微子束与用于检测稀有现象的特殊探测器。这就是新物理学家与旧物理学家生活在不同的世界的意义，也是皮克林对库恩的不可通约性的物质文化式的解读。

不可通约性是来自库恩的一个令人迷惑并且非常难以回答的问题，即工作在不同范式中的科学家通常生活在不同的世界之中，然而，我们只有一个世界，这如何是可能的？库恩的不同范式指的是不同的科学话语框架，范式之间彼此不可翻译的，涉及的主要问题是语词，而不是物。《建构夸克：粒子物理学的社会学史》说出了一个不同的故事：新旧物理学范式的确生活在不同的世界之中，不同的数据与现象，不同的理论解释，但是，使它们保持分离的不仅是不同的语言，而且还有不同的物质基础——不同的机器与仪器领域。这导致了皮克林思考产生不同的并且是不可通约的世界的不同的物质-概念-社会的组合。他称之为机器的不可通约性（machinic incommensurability），这里不仅涉及知识，而且涉及机器与仪器的领域，而不是纯粹的社会结构或利益。

从基本粒子物理学史中，皮克林概括出：①库恩的反常-危机-革命的科学模式是站不住脚的；②库恩的不可通约性必须同时考虑科学的物质层次与概念层次。[①]

二、历时性的涌现

除了这种不可通约性的物质文化式解读外，皮克林还认识到库恩的常规科学概念的深刻意义，从中走向了科学的实践生成论。正是库恩的常规科学概念，将皮克林的注意力转向了科学实践。在《科学革命的结构》一书之前，科学哲学家几乎都忽视了科学实践中的"时间性"问题。科学哲学生活在一种无时间的世界中，仿佛只能依靠某些先天的认识论标准来衡量科学的发展。皮克林认为，"库恩的伟大贡献之一，就是把时间引入范

---

① Pickering A, "Reading the Structure", *Perspectives on Science,* Vol. 9, No. 4, 2001, pp. 499-510.

式之中，从而把常规科学看作是某种动态的东西，某种在时间与历史中变化的东西"①。

皮克林通过粒子物理学史案例的研究，充分意识到这种时间与变化的重要性。如在粲夸克与色夸克的争论中，无论数据如何变化，双方都可以使自己的假设在任何时刻适合实验数据。从实验统计上来看，两种理论无所谓谁优谁劣。但从实践动力学的角度来看，粲夸克模型总能让人们明白下一步的有趣工作，而色夸克模型总是面临着大量的反驳。这里关键是不要把库恩的"范式"看作一种世界观，而是要把"范式"理解为一种"模式"（model）。因此，皮克林得出结论说：粲夸克理论战胜色夸克理论，根源于动态的、持续富有成效的工作，而不是静态的理论模型与实验数据之间的非历时性关系（atemporalised relation）。

针对这种动态关系，皮克林提出了上述讨论中的"筑模"概念。这一概念来自巴恩斯的《库恩与社会科学》一书，在该书中，巴恩斯强调"筑模"——范式的扩展——是一个灵活的、开放式终结的过程。就拿牛顿力学来说，牛顿原理虽然是所有科学家寻求理解自然界的基础，但牛顿原理自身却没有告诉人们如何将它扩展到新的领域，对牛顿原理的开放式终结的扩展过程，引发了基于牛顿又超越牛顿的科学发展。这主要有三种含义：第一，这种扩展有无限种可能性，是一个开放的空间；第二，每一次成功扩展的结果是一种突现式的稳定（驻足点）；第三，这种稳定是下一步开放式扩展的新起点。在《实践的冲撞：时间、力量与科学》②一书中，皮克林用"阻抗与适应的辩证法"（dialectic of resistance and accommodation）来解释科学实践中立足现状而又没有既定目标的筑模过程，从而在客观主义的科学哲学和相对主义的社会建构论之间找到了第三条道路——实践建构的生成与演化的道路。

在《科学革命的结构》一书中，库恩基于常规科学、范式、革命、不可通约性四个基本概念的展开，打开了科学研究的广阔的空间。它打破了传统的科学真理观与科学实在观，即科学知识代表科学真理或者接近科学真理，科学真理反映科学实在或者接近科学实在。库恩在完成科学哲学的逻辑主义向历史主义转向的同时，诱发了科学哲学的社会学转向。但是，

---

① 邢冬梅：《在科学实践的物质维度解构科学实在——评皮克林的〈建构夸克〉》，《科学文化评论》，2004 年第 3 期，第 123 页。原文在 Pickering A, "Reading the Structure", *Perspectives on Science,* Vol. 9, No. 4, 2001, p.507, 该文概括了皮克林的论述。

② （美）安德鲁·皮克林：《实践的冲撞：时间、力量与科学》，邢冬梅译，南京：南京大学出版社，2004 年。

库恩的"范式不可通约性"，在消解"科学的自然实在论"的同时，为"科学的社会实在论"留下阵地，这一点集中体现在其对常规科学与科学革命采取了两种不同的解释方式中所蕴含的矛盾与困境。

在库恩那里，常规科学是强范式约束的科学，常规科学是范式指导下的有谜底的解谜活动，科学内在逻辑所对应的既成的科学理论体系以及对应的先验的哲学标准，如理论美感、简单性以及与经验的相符合等，在常规科学中起主宰作用。但他对科学革命的解释则完全不同。在科学革命期间，那些通常的标准失去了意义。革命是一种科学内在逻辑的断裂，是一种格式塔转换。在库恩的不可通约分析中，如果在科学革命中科学世界发生了变化，那么适用于变化了的世界的理论本身必须发生变化。这里的关键问题是：不存在一个中性的方法评价这种理论的转换。每一个理论都适用于其自身所属的世界，而不适用于先前的世界或后继的世界。在革命性的连续性中断的两端，理论之间是不可通约的，也就是说他们之间不能用同一的尺度衡量。

按照库恩的见解，发生在科学中的革命性变化，总是与为后继科学理论做出贡献的理论的连续性中断的本体论的转换相伴随。在现代化学诞生时期发生的从燃素说到氧化说的转换（只有在氧化说的理论框架中燃素说才是错误的；同样，在燃素说的理论框架中，氧的作用完全是另一套解释），经常作为典型例证陈述这类革命性的变化。如果问题果真如此，那么我们凭什么应该相信以往的本体论基础是正确的？谁会知道下一次科学革命会不会扫荡夸克或者基因，就像以往的本体论在通往今天的道路上一次次被扫荡一样。既然范式在理论上不可通约，那么，第一，是什么支撑了范式的转换？第二，如何理解实际存在的科学发展的稳定性？第三，既然科学的本体论基础不断地被扫荡，那么支撑科学作为科学的基础又会是什么？对这些问题，库恩开启了科学哲学的历史主义转向，但并没有做出具有说服力的历史主义解答，反而陷入一种科学范式转换困境：要承认科学范式转换的不可通约性，就自然要承认不断转换的"科学"不再是科学！

皮克林认为，库恩的科学范式转换困境，源于尽管库恩消解了"科学的自然实在论"，但其范式理论在整体上没有摆脱传统科学哲学的表征主义科学观。在表征主义科学观的话语框架中，无论是实在论者还是反实在论者对于不可通约性的争论，区别仅仅在于试图表明：我们关于我们的世界的思想，能够或者不能够影响我们对于世界的认识。

实际上，我们如果考虑知识生产的情境性以及路径依赖关系，就可以把握表征性语言描述中的不可通约性产生的根源。一方面，在任何时候，经验知识和理论知识的功用都不仅仅是对世界怎样的描述，同时是对世界给出社会的、学科的、概念的以及物质的综合的特定说明。知识产生的空间是与情境相关的。另一方面，知识的价值和意义不取决于既定的生产知识的空间，实践的真实路径不可避免地会经历偶然性的空间。如果接受皮克林所刻画的把科学知识的产生理解为一种筑模过程，那么筑模维向的偶然式固定、偶然式阻抗的产生、适应策略的偶然式形成以及所有这一切中包含的偶然式的成功或失败，都内在地扮演着知识生产中的构成性角色，所有这些偶然性都构建着实践和实践的产物。

在对科学的表征性语言的描述中，这些与偶然性相关的特性，对于反映论的实在论而言都构成一系列重大问题和挑战，因为表征性语言描述的本质内在地排斥偶然性在知识生成中的构成性作用，偶然性总是属于在原则上、在最终意义上被排除的因素。偶然性永远体现为表象，科学的任务是透过显现看本质，通过偶然把握必然。但是，如果在真实的科学中，偶然性的确是知识产生的内在的构成性要素，一次次的偶然性的确内在地导致表征知识链的断裂，那么表征意义上的不可通约性就成为必然。

皮克林认为库恩的范式不可通约性仅仅在其称为"人类主义"基础上的对科学的表征性语言描述中成立，强调要在"后人类主义"基础上的对科学的操作性语言描述中，分析科学实践中实验仪器设备与人类的共同作用。对此，皮克林在后继著作《实践的冲撞：时间、力量与科学》中进行了更为全面和透彻地分析。摆脱表征主义的实在本体论，走向操作主义的生成本体论。

三、走向"生成本体论"

皮克林早期的实践动力学分析，包括两个重要的成分：专业技能与实践仪器。应该说，前者属于库恩后的 STS 的主流观点。库恩在其《科学革命的结构》一书的后记中，把其备受争议的"范式"概念定义为"共有的范例"[1]，而对范例知识的把握则是一个类比的默会过程，即强调非命题性要素——默会技能在建构知识实践过程中的重要作用，这实际上是维特根斯坦后期哲学影响下的 STS 研究的主流特征。规则与遵守规则、语言游戏、生活形式以及经由例证的学习，都强调默会知识（tacit knowledge）的重要性。波兰尼发展了此概念，用以解释非命题性信息的传播。许多知识，

---

[1]（美）托马斯·库恩：《科学革命的结构》，金吾伦、胡新和译，北京：北京大学出版社，2003年，第 168 页。

许多操作实验室仪器的技能，或对实验数据做出解释，都无法在明确的语句中得到表达。从这种观点来看，科学建构在相当程度上取决于场所性的能知（know-how）、专业技能与无法言说的默会知识。波兰生物学家弗莱克就说过："在任何方面，科学研究都是一项技能性的活动，它依赖于大量非形式化的、部分具有默会性质的知识。"[①]由此，在研究实验重复的问题时，柯林斯区分了算法模型（algorithmic model）与文化适应模型（enculturation model）。在前一种模型中，科学被程序化为明确的方法论建构，后一种模型中，例证式学习中的默会技能则非常重要——科学语句常常是非常含糊的，其意义无法被还原为经过表达的明确内容，也不能够被还原为语句体系所表达的内容。实验室的重复实验时常暗含着科学家与实验安排之间的复杂的互动；整个科学文化的传播都伴随着这种能知、默会观看体验与解释方式。正如柯林斯指出的那样："科学家们必须在他们取得过成功的实验室里待上一段时间，才能够成功建造自己的 TEA 激光器。"这种对默会知识与技能的强调，是自库恩后的 STS 的主要特征。

在这样的基础上，皮克林则通过物质文化——科学实验仪器的研究，更进一步推进了其实践性和物质性维度，不仅打开了研究物质文化如实验仪器哲学与文化研究的大门，而且还使 STS 返回到本书导言所指出的拉图尔要求 STS 返回到的"真正的唯物论"。这种推进，由皮克林通过对筑模过程的提出和分析展开。

筑模过程是对现有科学文化（scientific culture，包括实验仪器的工作原理和有关对象的理论）的创造性拓展。在真实的时间进程而不是回溯性的历史考察中，这种拓展在大多数方向都会遇到阻力，导致拓展的"终结"（closure）。科学实在论总是想利用一些固定不变的标准来解释拓展的终结，社会建构论者则时常借助特定群体的社会利益来解释，但皮克林强调，阻力的出现具有"突现"（emergence）的性质，是真实历史中的涌现事件（contingency）。面对阻力，科学家会修正自己的筑模途径，继而主动地适应这种路径，一旦出现适应，就会把现有模式或科学文化拓展至更大的空间。1840 年威廉·哈密尔顿（William Hamilton）的数学工作就是一个精彩的案例说明。在哈密尔顿时期，复数与几何之间的一一对应已被确立。哈密尔顿最初意图是把代数拓展到三维空间，但拓展的结果导致了代数与几何的冲突。用皮克林的话说，在哈密尔顿的数学实践中出现了阻力，他

---

① 转引自（美）希拉·贾撒诺夫等：《科学技术论手册》，盛晓明等译，北京：北京理工大学出版社，2004 年，第 33 页。

在三元代数与三维几何之间建立对应关系的所有尝试都失败了，直到他把非交换性观念引入代数，确立了其与四维空间的对应关系，才最终解决问题。这意味着科学实践并无既定的目标，它是在阻力与适应的冲撞（mangle）中拓展自身的文化成就的空间。[①]在传统的科学哲学和社会建构论中，对理论变化的解释总是根据一些固定不变的标准，比如认识论的理性标准或利益、权力等。而在皮克林关于科学实践讨论中，真实时间进程中突现的各种阻力和适应之间的辩证法才是解释的关键。并且，皮克林的 "共生" 这一概念不仅是在《建构夸克：粒子物理学的社会学史》一书中指向的理论传统与实验传统、各种不同理论传统的 "共生"，而且还把它发展为科学实践中各种异质性要素相互间如何从对方汲取营养（feed off）而演化。不仅如此，他在后继的研究中展开了更加丰富的科学实践辩证法的研究，并由此导引出他的辩证的新本体论——生成本体论。这种本体论，在皮克林后继的冲撞理论中得以凸显：一种科学实践的生物学与演化论模式——关于实体在真实的时间中相互作用、共同生成与演化的本体论。

第三节　实践的冲撞：物质-概念-社会之间力量的共舞

1984 年，皮克林在美国麻省理工学院与库恩相遇，库恩对皮克林说："安迪，你们这些社会建构论者在科学家之间的协商上真的做得很好，但是在科学家与自然之间的协商上呢？"[②]这触发了皮克林开始思考在知识的建构过程中科学家如何与自然打交道，思考自然对科学家实验操作活动的具体约束。1986～1987 年在普林斯顿高级研究院，皮克林开始重新思考 "建构夸克" 的工作，开始把科学事实的建构看作是一个微妙的、相互的、不确定的自然、仪器及其操作和概念之间的冲撞过程。那段时间，谢弗经过普林斯顿大学，请皮克林为他主编的书《实验的用处》写一篇论文，皮克林写下了《生活在物质世界：论现实主义与实验实践》一文[③]。这篇论文构成了皮克林思想的一个重要转折点，促成他写出了《实践的冲撞：时间、力量与科学》一书，并成为《实践的冲撞：时间、力量与科学》的写作主

---

① （美）安德鲁·皮克林：《实践的冲撞：时间、力量与科学》，邢冬梅译，南京：南京大学出版社，2004 年。

② Jensen C B, "Interview with Andrew Pickering", In Ihde D, Selinger E (Eds.), *Chasing Technoscience: Matrix for Materiality*, Bloomington: Indiana University Press, 2003, p. 84.

③ Pickering A, "Living in the Material World: On Realism and Experimental Practice", In Gooding D, Pinch T J, Schaffer S (Eds.), *The Uses of Experiment: Studies of Experimentation in the Natural Sciences*, Cambridge: Cambridge University Press, 1989, pp. 275-298.

线。这本书回答了库恩关于"与自然协商"的问题，但皮克林是从生成实在论，而不是在反映实在论视角下思考这一问题的。如果说，《建构夸克：粒子物理学的社会学史》一书表现出对传统的科学实在论的批判，而《实践的冲撞：时间、力量与科学》一书则使皮克林更加显示出对社会建构论的反叛。这种反叛使他在实验室中真实的物质世界——"物质-概念-社会"的聚合中思考科学知识的建构与生成。

一、实践的冲撞中的莫柏哥小组"捕捉"夸克的实验

夸克的研究历史起始于 20 世纪 60 年代早期，这一时期是基本粒子物理学领域的"大爆发"时期。在此之前，只有为数不多的几个粒子被确认。在这一时期，未知粒子（严格意义上讲是"强子"）开始大量涌现。1961 年，理论物理学家尤瓦勒·内埃曼（Yuval Ne'eman）和默里·盖尔曼（Murray Gell-Mann）为这些粒子构建了一个序表，被称为 SU。这个序表把剧增的粒子分为不同的家系或"群"。1964 年，盖尔曼和乔治·茨威格（George Zweig）进一步发展了 SU 序表，认为如果在一定意义上强子被理解为由更基本的实体粒子——盖尔曼称之为夸克——组成，那么，基本的 SU 群结构本身就可以得到解释。这样，夸克可能成为真正的基本粒子，成为至今为止所发现的宇宙的最基本"基元"。然而，当时最迫切需要解释的是：夸克粒子携带的是分数电荷——1/3 电荷，准确地说，要么携带 1/3 电荷，要么携带 2/3 电荷，这自然与 21 世纪以来公认的物理学信念相冲突：度量电荷的基本单位是一个电子 e，即一个电子电荷数的整数倍。从基本粒子到宏观物质体，一切物质都被认为只能携带整数倍的电荷数目（或者 0 电荷）。这种结论已经由多年实验反复证实。

盖尔曼和茨威格 1964 年就设法弥合上述夸克的特性与实验发现之间的明显矛盾，他们暗示携带 1/3 电荷的夸克以某种方式被组合在一起，使这种组合达到 e 的整数倍，从而把夸克捆绑成强子。当然还存在一种可能，独立自由的夸克在某一时刻可能出现，因为一个合理的推论是：最轻的夸克粒子（应该存在有三种）是稳定的，它们无法摆脱其分数电荷。基于这种观察，新的实验程序开始启动。无论是对基本粒子，还是对宏观物质样本来说，测量电荷数将会相当直接地检验夸克假说：1/3 电荷数是否出现，成为直接证明夸克粒子是否是"独立"的存在，或者说是否存在着"自由"的夸克粒子的证据。1964 年，某些物理学家遵循这一思路进行理论推理，其中几位开展寻找自由夸克粒子的实验，莫柏哥就是其中之一，相比较其他物理学家而言，莫柏哥追寻自由夸克的时间最长，态度最执着。

1965 年，莫柏哥及其两位同事建造了后来被称为磁悬浮电测仪（magnetic levitation meter，MLE）的装置。皮克林研究了莫柏哥如何利用这个装置去捕捉自由夸克。这种"捕捉"与其在《建构夸克：粒子物理学的社会学史》一书中的"建构"不同，在《建构夸克：粒子物理学的社会学史》中，科学家利用仪器与理论资源"建构""夸克"，"夸克"是被动的，而在《实践的冲撞：时间、力量与科学》中，"夸克"具有自己的力量（agency）、能动性或主动性，它与使用仪器的科学家以共舞的方式始终处在阻抗与适应的辩证矛盾之中。其间为克服"夸克"的阻抗，莫柏哥的目标、计划及仪器设备的物质形态需要不断改变和转换，以适应"夸克"的"要求"。

莫柏哥小组实验是在那种最普通不过的实验室中进行的，目标是在宏观样本（石墨）上寻找分数夸克粒子。他旨在进行一些类似于经典的密立根油滴实验的那类实验。利用 MLE，他们进行了实验。他们 1965 年 7 月的报告是有关测量石墨颗粒携带的电荷的一种设计：这些石墨颗粒悬浮在磁场中，石墨是抗磁性的，它被磁场内的高磁区强烈排斥，使用形状近似于磁帽的电磁体，莫柏哥发现这些石墨颗粒悬浮在"磁井"上是可能的。达到这种稳定的悬浮系统——捕获物质力量——是实现莫柏哥最初实验的最困难部分，是许多异质性要素共舞在一起的关键点。悬浮颗粒的支架是两个小金属盘，在这些金属盘上施以电压，显微镜可以观察这些颗粒在电场中的反应。磁悬浮系统、金属盘、对它们的能量供应，加上光学系统以及各种各样的辅助要素，构成莫柏哥仪器的物质形式。

从对电场中石墨颗粒反应的观察到对石墨颗粒所带电荷的讨论，莫柏哥提出了对 MLE 工作原理的理论解释。MLE 的工作机理非常简单，可以由经典静电力学规律给出。根据经典静电力学，在电场 E 中施加在电荷 q 上的力 F 是 $F=Eq$。E 可以由以 d 为间隔的电场中的两个金属板之间的电压比直接计算出来。莫柏哥对 MLE 的基本解释是等式 $F=(V/d) \times q$。通过这个方程，对 F 的测量可以直接转换为对 q 的测量，这样便可以观测到石墨颗粒上的电荷数目。而且，当磁场被激活时，F 本身可以通过观察它偏离其位于磁井底部平衡位置的程度而得到测量。莫柏哥推论：石墨颗粒的空间距离与施加在其上的力成线性比例关系。这就是莫柏哥对其仪器这种物质形式工作原理的理论基础。[①]

---

① （美）安德鲁·皮克林：《实践的冲撞：时间、力量与科学》，邢冬梅译，南京：南京大学出版社，2004 年，第 82-86 页

二、追寻夸克实验中的三种力量共舞

对科学实践的研究，皮克林的主要贡献在于关注于物的能动性或力量（agency）。传统的科学哲学与社会学是无物质性的，知识、理性、规范、价值是科学的主要内容与主导因素，机器与仪器是附属于科学理论的工具性因素。通过对发现夸克过程的新旧物理学关系的研究，皮克林发现了物质性（materiality）因素在科学知识产生中的构成性作用。

在《建构夸克：粒子物理学的社会学史》中，皮克林的科学实践动力学的核心是筑模过程。但是他未能对筑模过程的细节进行充分的讨论。在《实践的冲撞：时间、力量与科学》中，皮克林又回到了意大利物理学家莫柏哥"追寻夸克"的实验，并对其进行重新深描。

皮克林注意到，在莫柏哥小组的实验中，科学实践汇聚了物质要素（自然与仪器）和观念要素，所有这些异质性要素，以开放式终结"共舞"的方式扩展。莫柏哥的实验是围绕着建构上述各种异质性要素的结合而组织起来的。这种结合引导他的实验从物质性仪器以及仪器的操作世界进入精致的知识和表征世界。这种建构绝非易事，成功的建构是阻抗与适应的辩证运动的结果，是物质文化和观念文化相互共舞的结果。

共舞实现了异质性要素的聚合，涉及两个关键问题：①在这种聚合中，仪器的所为、理论的所为、科学共同体的所为，相互交织，彼此强化，三方地位均等，不存在什么预先就存在着的主导因素。在传统科学实在论那里，自然是最重要的因素，而在社会建构那里，社会起主导作用，而在皮克林这里，自然、社会与理论都是实践共舞中的具有同等地位的异质性要素，这使皮克林的思想带有强烈的"去中心化"的后现代主义的色彩。在这里，皮克林思考的主要问题是如何从这种聚合的辩证法中建构出科学对象。这是《实践的冲撞：时间、力量与科学》聚焦的第一个主要问题；②物质、社会与概念在时间与历史进程中如何相互促生、共同演化，构成了人类文明的长河。这是皮克林基于第一个问题，衍生出的第二个关键问题。

皮克林在分析中，叙述了莫柏哥如何导引他的物质仪器进入精致的科学知识领域，又如何导引精致的科学知识进入他的物质仪器领域。仅仅基于他对最初实验过程的简要描述，人们就可以看到科学事实并非机械地来自 MLE 的预先设定。而且许多工作并没有出现在事先的描述之中，这些没有描述的工作恰恰是莫柏哥的科学实践的物质维度和理论维度之间的精彩相互作用和突现式共舞。

首先要注意的是上述实验阶段显示出物质力量与人类力量共舞的特性。作为典型的人类力量，莫柏哥组装并启动他的仪器，然后放弃他的主动干预的角色，被动地静观将要发生的事情，尽管这是借助于显微镜。与此对应的是角色转换：物质世界自行其是。在带电电场中，悬浮的石墨颗粒偏离它的平衡位置。随后，问题很快出现了，所测到的第一个颗粒行为异常。莫柏哥回忆道：当电场方向反转时，石墨颗粒“在同一运动方向，以同样方式运动”。基于莫柏哥对其仪器设计的上述经典静电力学等式的理论解释，石墨颗粒的这种表现极为反常。第一个颗粒的异常行为意味着它改变了其所带电荷的电性（从正电转向负电，或相反），而且在电场反转时，其所带电量没有变化。这种行为在莫柏哥现有的电学现象的理论中无法说通。“这是他测量电荷路径上出现的一个阻抗，并且，这个阻抗在进一步的力量共舞中一次次突现。莫柏哥再一次重新开始，但这一次与其说是进行物质实践，不如说是进行观念实践。他修改了他所使用的物质仪器的解释意义：以仪器的物质形式与解释意义的冲撞适应新的阻抗。”①莫柏哥为他的新解释意义的修改进行了辩护：他在计算电荷的公式中增加了一项，即考虑电场梯度对石墨颗粒的作用。这样，MLE 通过这种石墨、仪器与理论之间的共舞，进入精致的事实和知识的王国。莫柏哥最初的理论解释在实验中不能支持这种共舞，即第一个石墨颗粒的行为就构成了一个阻抗，但通过修正理论解释以适应阻抗则使其获得成功，而反过来，在开放性驻足点的可能性空间中，这个成功又突出和稳固（暂时性的）了莫柏哥理论解释意义的特殊扩展。这意味着“（1）观念实践已经融入其自身的非确定性的复杂的冲撞——这具有非常重要的意义，因为莫柏哥的所有理论解释都远离任意性。（2）这种观念冲撞明显地不能确定莫柏哥下一步应该采用的解释意义的精确形式：在他的实验方案中，他极力捍卫的各种模型的变化已经足以说明这一点……他在两种现象解释（精致定义的和有歧义的）意义上工作：实验室中的所有电荷是整数倍电量（公认的信念），或者其中的一些是三分之一电荷体的（夸克粒子）。他旨在建立一种物质要素和观念要素的结合，在他的实践中这相当于一种翻译：他的概念解释将其物质仪器的操作翻译为两种现象解释的其中之一”②。这样，MLE 就通过这种共舞，进入事实和知识的王国。

---

① （美）安德鲁·皮克林：《实践的冲撞：时间、力量与科学》，邢冬梅译，南京：南京大学出版社，2004 年，第 93 页。
② （美）安德鲁·皮克林：《实践的冲撞：时间、力量与科学》，邢冬梅译，南京：南京大学出版社，2004 年，第 95 页。

莫柏哥对自己第一次发表的电荷测量结果不满，他给自己设计了新目标，在质量不断增大的物体上测量电荷，这能够增加发现独立夸克的机会。他继续采用同样的实验设计步骤进行更大样本上测量时，如下的情形发生了。

在向《物理学通信》递交报告的几天之后，他们发现了第一个"反常的"事件。7 号粒子好像负载着一个夸克。在电场反转时，石墨粒子原有的最小带电状态变化了，同一方向，但绝非同一状态。当载体捕获了一个电子后，电荷变化是 1/4 电荷（尽管希望是 1/3 电荷，如一个夸克）。在随后的几天中，他们相当兴奋。然而，当发现了几个行为相似但带电数量不一的粒子后，他们的兴奋大大降低了。当决定把同一个"反常的"粒子置于间隔不断增加的金属小板之间进行测量时，他们最终明白了发生的事情。事实上，第一个测量就给出了后来的结果：当金属小板的间隔为 1.6 毫米时，显示载体带有 1/9 残余电荷；当金属小板的间隔增大到 2.7 毫米时，残余电荷数减至少于 1/32（电压逐渐增加以保证电场恒定）。结论是：他们观察到一个虚假的电荷效应。[1]

在上述的情形中力量的舞蹈中更多的细节变得明显，在事实的建构中，共舞再一次发生。在莫柏哥向 MLE 的力量妥协时，他再次遇到令人困惑的物质操作，这些操作"拒绝"将他的理论解释翻译为上述两种现象解释中的任何一个。尽管他没有对实验仪器做任何改变，实验显示出的粒子的带电状态既不是整数倍电量，也不是 1/3 的电量（既非寻常粒子，亦非夸克）。莫柏哥的观察似乎得出这样一个结论：带电的电荷是持续可分的。莫柏哥不想接受这一结果。他认为可以接受奇异的、稀少的夸克粒子存在的可能，但他完全不想着手进行这样一种实验，即发现一些实验事实，以证明公认的电荷的量化理论是错误的。在莫柏哥的第二次实验中，他的最后一个发现更是一个阻抗：他碰到了三种文化要素——特定的物质仪器、最新的理论解释、一组反常粒子。莫柏哥再次调动起"力量的舞蹈"，但这次对阻抗的适应不再局限于理论实践，而是进入物质实践。在人类世界和物质世界之间不断地从被动适应转向主动出击、从主动出击转向被动适应，在激活的电场中，莫柏哥不断变换其实验仪器中金属小板之间的间隔，最终发现：当间隔增大时，非整数倍电荷消失（再一次没有夸克）。莫柏哥成功地增大了石墨的尺寸，改进了对仪器的操作，使石墨的尺寸和

---

[1] 转引自（美）安德鲁·皮克林：《实践的冲撞：时间、力量与科学》，邢冬梅译，南京：南京大学出版社，2004 年，第 96 页。

仪器的操作适合了他为解释和说明现象而提供的精致理论框架。物质世界最终使他接受了实验操作，并使操作吻合于他的实验预期。①

有关物质的力量，有一点还需要注意。莫柏哥的实验正好描述了稳定其特殊的实验装置的构型（configuration）效果。改变了构型的实验装置把解释性说明转译成莫柏哥两种现象说明中的一种。特别值得强调的是：在这种转译中，物质仪器和对物质仪器的理论解释之间得到了相互强化与稳定——MLE 的特殊形态和特定的操作得到了这样一种事实的保证，即理论解释被转译成非夸克现象的说明，特殊形式的理论解释因其对同一转译过程影响的效率而得到保证。莫柏哥的仪器和对仪器的理论解释之间就这样实现相互间的稳定：在科学事实的生产中，二者相互支持。莫柏哥所通报的事实发现——在特定数量尺度的物体上不能发现自由夸克也在这个相互作用式稳定中构建出来。科学事实成为物质-概念包（material-conceptual package）的有机组成部分。②

在《实践的冲撞：时间、力量与科学》一书中，皮克林研究莫柏哥实验方案的科学事实建构，关键问题不是对实验装置工作机理的毫无争议的概念性认识（像传统的科学哲学所推崇的那样），也不是关注莫柏哥实验操作所创造的不同世界（这是皮克林在《建构夸克：粒子物理学的社会学史》一书中的主题）。莫柏哥实验的结果是莫柏哥的实验中的石墨、实验装置及其操作、对装置机理与现象的理论解释三方面相互间不断积极作用的稳定化过程，在其中，物质力量的行动扮演着积极主动的角色、物质的操作活动与理论的理解过程相互保证并强化着对方。即莫柏哥的"科学实践的物质维度与观念维度之间的精彩的相互作用和突现式冲撞"③。

莫柏哥不断更换目标，尝试在更大尺度的物质上进行搜寻夸克实验，以至于实验又延续了大约 15 年，此过程中最突现的特征就是物质（自然实体与实验装置）与理论之间的共舞不断以新的方式突现出来。在上述实验中，莫柏哥在持续电场中操作，当电场被激活后，他观察样本从初始静止位置起不断被移动，调用震荡电场使样本在它们的各种位置上做出反应。这种实验设计使他能够在更大的样本上进行精确的观测。直至 20 世纪 70

---

① （美）安德鲁·皮克林：《实践的冲撞：时间、力量与科学》，邢冬梅译，南京：南京大学出版社，2004 年，第 96 页。

② （美）安德鲁·皮克林：《实践的冲撞：时间、力量与科学》，邢冬梅译，南京：南京大学出版社，2004 年，第 97 页。

③ （美）安德鲁·皮克林：《实践的冲撞：时间、力量与科学》，邢冬梅译，南京：南京大学出版社，2004 年，第 93 页。

年代，他都在这个方向上持续工作。他用铁磁悬浮系统代替早期的抗磁悬浮系统。抗磁悬浮系统不稳定，需要安装一个复杂的反馈系统用来固定样本；而铁磁悬浮系统不仅具有固有的稳定性，而且可以悬浮起更重的样本。在前进的每一步，共舞都在起作用；物质实践和概念实践之间阻抗与适应的辩证运动显著而突出。在70年代晚期的铁磁悬浮实验中，莫柏哥发现铁屑上的电荷似乎随时间变动而变化——从0到1/10电荷。在物质实践中再次调整，莫柏哥发现了构建物质力量的新方法：如果旋转铁屑，他发现他能够达到稳定的测量——0电荷状态。通过调整他的理论解释，他认识到"在震荡电场的作用下，可以产生小幅度的转柜（扭柜）"。相互作用式稳定再次建立，莫柏哥再次报告他没有发现独立夸克存在的迹象。继续进行测量，莫柏哥又一次发现无法接受的结果：电场中到处都充满着各式各样的电荷。这一结果导致莫柏哥对其理论解释的全面修正。在对其简单仪器的经典静电力学解释进行大约15年的思考后，莫柏哥宣布：他发现了一个新力——磁电力（magnetoelectric force）——在他的仪器中发生作用，这种力以至今未曾想到的方式与仪器的测量和悬浮系统相结合，能够模拟出4个以上的电荷。当这种力被纳入他的理论解释并继而产生新的物质设计去测量这种力时，相互作用式稳定就被重新建立，并报告了大小在3.7毫克的物体上没有发现夸克这一事实。这一报告表明：莫柏哥实验达到了超过标准密立根实验约1000万倍的灵敏度。至此，大约在1981年，莫柏哥感到在寻找独立夸克的道路上他已经尽力，开始考虑结束他的实验方案。①

莫柏哥的实验历史向我们表明，当他扩展其文化的、物质的和概念的层面时，它们之间一开始时通常难以匹配。相对于他所期望达到的能够产生科学事实的物质-概念联合体（material-conceptual alignment），在他的研究工作中，"阻抗"（resistances）持续地出现。同时，从各种可能性的不确定范围中，在他的实践活动中一些特定的筑模向量被准确地挑选出来，而它们是这类物质-观念联合体中的内在构成。这样，实践作为筑模过程，它体现在过程之中，具有一个重要的真实时间结构，这种结构拥有受制于在阻抗中的瞬时突现、受制于成功地或失败地适应阻抗的文化扩展的轮廓。作为阻抗与适应辩证统一的这种真实时间中的实践建构过程，在一般意义上，就是皮克林所提出的实践的冲撞。

---

① （美）安德鲁·皮克林：《实践的冲撞：时间、力量与科学》，邢冬梅译，南京：南京大学出版社，2004年，第93-94页。

这个图景是一个开放式终结的图景，作为实践共舞结果的实体就是科学事实。所有这类实体都是各种实践文化要素的最终聚合体，它们是在这一共舞过程中涌现或生成出来的，并在随后的实践中不断地演化着，不断地变化着它们的性质。当新文化要素以这种方式或那种方式机遇性聚合在一起，开始新的实践共舞时，这些实体就会在无限可能性的开放空间中演化，并最终形成一个重新运动的新实体——新科学事实，如此"循环"共舞，构成了科学实践生生不息的永恒图景。

"它对科学实践给出了一般的分析，我称之为冲撞。它又是一部关于时间和力量的著作，阐释了时间和力量这一哲学、社会理论以及科学的历史编纂学研究领域内的核心问题。"①这种总结使皮克林进入更为广阔的哲学思考：冲撞的世界观、冲撞的形而上学，这就是他在 2000 年以来所提出来的"辩证的新本体论"。

第四节　辩证的新本体论

在《建构夸克：粒子物理学的社会学史》的实验室的研究中，皮克林凸显了科学实践的辩证本性即辩证法与历史情境主义特质，但没有扩展性地在这个意义上更深入地研究自然与社会之间的关系问题。在《实践的冲撞：时间、力量与科学》之后，皮克林想把冲撞的思想扩展到对更为宏观的科学、技术与社会之中的人类文明史的考察，思考着"辩证的新本体论"。为此，他脱离了实验室的狭小空间，从研究当前普遍存在的高科技产品——赛博体②（cyborg）入手。

一、赛博世界

（一）赛博体

赛博体是控制论的有机体（cybernetic organism），是机器与生物体的混合，既是虚构的生物也是社会现实的生物。

赛博体是依赖于某种反馈自饲机理、去中心化、异质性要素瞬时突现的存在物。

赛博体消解了心与身、动物与人、有机体与机器、公与私、自然与文化、男与女、原始与文明的二元划分。通信技术和生物技术成为生成赛博

---

① 这是皮克林教授在 2011 年南京大学系列讲座中的一段话。
② 也有译为赛博格。

体的关键工具。

通信科学与现代生物学是通过一种共同的步骤建构的，即把世界转化为编码问题。这是在寻求一种共同的语言，在这种语言中，所有对作为手段的控制的抵抗都消失了，所有异质因素都可以分解、重组、投资和交换。

在通信科学中，把世界转化为编码问题，可以通过考察应用于电话技术、电脑设计、武器部署或数据库的创建和维护的控制论的（反馈控制的）系统理论来加以阐明。在每种情况下，关键问题的解决依赖于一种语言和控制理论；关键的运作是确定信息量流动的速率、方向和概率。

在现代生物学中，把世界转化为编码问题，可以通过分子遗传学、生态学、生物社会学的进化理论以及免疫生物学来加以阐明。有机体已被转化为基因编码和解码的问题。生物技术，作为一种书写技术，广泛渗透到研究之中。在某种意义上，有机体不再作为知识的对象存在，而是让位于生物成分，即特种信息处理部件。

在现代技术的整体意义上，赛博体的存在蕴含着两个关键之点：①创造普遍化的、总体性的理论是一个严重错误，这种普遍化的、总体性的理论，一定会忽略掉大部分的现实存在。②对科学技术的社会关系负责，这就意味着拒绝反科学的形而上学，拒绝对技术的贬斥，从而也就意味着在境遇性的人与人之间的局部交往中、在与我们的每一分子的交流中，熟练地重构日常生活的界线的任务。科学技术不仅是使人类可能得到巨大满足的手段，也是复杂的支配形式的发源地。赛博意象可以提示一条走出二元论——我们以此来向自己解释自己的身体和工具——的迷宫的途径。这是一个关于异质性语言的聚合，而不是关于一种共同语言的梦想。这意味建构和破坏机器、身份、范畴、关系、空间、故事交织，意味着心与身、动物与人、有机体与机器、公与私、自然与文化、男与女、原始与文明共舞。

（二）赛博体是人类力量与物力量共舞的产物

如前述所及，关于人与自然，在自然实在论与逻辑实证主义主导的传统的表征主义科学观看来，能动性仅属于人类，而不属于自然，自然被认为是惰性的物质，被动地等待着人们去表征。因此，科学哲学家一直恐惧着人类的力量（愿望、动机与意图），一直努力去建构一种理性的科学方法消除人类的力量对自然的干预。相反，科学知识社会学家，尤其是科学的社会建构的理论家，又把人类的力量（利益）理解为科学信念的产生与科学文化扩展的最真实的原因。提出"行动者网络理论"的拉图尔的本体论对称性原则，则又表明上述两种力量的分配都是站不住脚的，在科学和技术彼此渗透的研究和领域中，情况更是如此。在这些领域和研究中，机器就能够完成人类的精神与身体无法完成的工作，就是说机器可以像受到规训的人类力量一样，能动性地运作。

皮克林则从赛博着手强调所有这些力量显现在科学、技术与社会的共有舞台上，因此，我们无须去寻求隐藏在人类动机背后的因果关系，我们所需要的是思考物质客体与人类在实践舞台上的现场表演。人类的力量会以所有的可能方式与机器、与自然一起共舞，人类力量本身是实践中的异质性文化要素之一。"亚洲鳗故事"，是一个典型的赛博体的生成故事。

美国《纽约时报》曾报道过"亚洲鳗故事"。亚洲鳗是一种奇异的生物，最初作为宠物进口到美国，作为通常的热带鱼类的有趣的伙伴出现在家庭的水族缸中。刚进口的时候，这些鳗鱼非常小、非常温顺，但它们长得极快，长度达到数英尺①。它们长出锋利的牙齿并开始吃掉其他的鱼。更糟糕的是，它们能爬出水塘。像科幻电影《异种》中的情形，一个小女孩穿着睡衣下楼，撞上一个獠牙怪物越过鱼塘充满敌意地盯着她。恐惧的主人把这些宠物扔进当地的池塘。但是，这些鳗鱼相当成功地与鱼塘中的其他鱼类展开食物竞争，特别是在美国南部，许多职业捕鱼人对他们的猎物中大嘴鲈鱼大量减少极为烦恼。这种烦恼传递到当局，当局把它交给市政工程师来处理。第一个办法是排放受到亚洲鳗侵害的池塘中的水。但这一方法没能奏效，其他的鱼类先于鳗鱼而死掉，聪明的鳗鱼钻进泥浆等待池塘重新注满水。第二个办法就是使用氯气放毒入水，但鳗鱼爬到岸上晒太阳等待氯气消散。更极端的想法是设法限制鳗鱼，通过在池塘周围修筑混凝土坝以阻止鳗鱼蔓延到主河道。但是没有人对此有太大的信心，因为鳗鱼会爬过堤坝。

美国的这种亚洲鳗就是一个"赛博客体"。这一对象不以人类（如热带鱼所有者、渔民和工程师）为中心，也不以作为物的事物（如鳗鱼、鱼池、池塘、泥浆、堤坝等）为中心，而是人类和物之间的相互聚集。其中在时间中的力量的博弈与演变成为聚集过程的主导因素。首先鳗鱼发生了一些变化：变长，长出了牙齿。然后人类做了一些事情：感到恐惧，把鳗鱼扔进水塘。随后鳗鱼又做了一些事情：吃掉水塘中其他生物，同水塘中的大嘴鲈鱼展开竞争，等等。鳗鱼的身份是在人与物共同变化过程中瞬间突现出来的。之所以称为"突现"，是要强调没有任何人预料到亚洲鳗移入美国后，会在宠物所有者、职业渔民和城市工程师之间建立起特殊的社会关系链条，也不能事先知道亚洲鳗会在美国南部的水塘中如此泛滥。它

---

① 1 英尺≈0.3 米。

是人与物之间共舞与共演的产物。

　　亚洲鳗仅仅是微观层面的赛博客体，在中观层面，就是第二次世界大战之后与控制论、系统理论、分形理论、混沌理论、人工生命、复杂性科学等聚合在一起的赛博科学（cyborg science），而整体意义上的19世纪的工业革命，同样是一个巨大的赛博体。所有这些赛博体，都是异质性要素的聚合体，都是人类与非人类力量的交融体，都是在真实的时间中生成与演化的共生体。

二、赛博客体的人格化

　　生物界是一个演化世界的例证，自从达尔文提出生物进化论以来，人们已经深信了物种的历史性。那么机器又如何呢？像生物有机体一样，无生命的机器是否会显示出同样的历史性？进化的生物学，可以成为赛博体考察的切入点，控制论的奠基者诺伯特·维纳（Norbert Wiener）自己就把控制论视为关于人类、动物和机器相互作用式稳定的存在样态，皮克林通过控制论的历史的阐释与分析，使我们逐渐接近机器逐渐逼近生命的样态。

　　长期以来，人们一直认为无生命的物质本身是"死的"。在《实践的冲撞：时间、力量与科学》中，皮克林把科学事实及其知识视为物质-社会-概念的赛博聚合体的开放式终结，一种暂时的稳定点，从这个意义上说，知识具有瞬时突现性和历史性。传统的科学观却经常具有一种非时间性的形式和内容，我们的许多知识是静态的，看起来根本与时间无关；甚至当时间真的出现在科学理论里时，它也是被作为一种抽象的时间或外生变量。在这种意义上，我们传统知识观点是在否定生成，通常停留在与历史时间无关的定律和方程式上。

　　非时间性的知识是关于"存在"而不是"生成"的知识。关于存在的知识，是关于当前存在的异质性聚合体成分之间的关系的分析。人们时常认为通过以下方式就会弄清楚具体的聚合体是何物：对它们现存客体的各种成分进行分析，然后看看发生了什么，看看它们的组成实体如何互相连接，就如拉图尔所言，让它们接受试验。因此非时间性的知识是关于存在的，而不是关于生成。它们并没有谈到生成，原因在于虽然"它们内嵌在历史之中"，但"它们没有认识到这一事实"[1]。结果是，人们在穿越生

① Pickering A, "On Becoming: Imagination, Metaphysics and the Mangle", In Ihde D, Selinger E (Eds.), *Chasing Technoscience: Matrix for Materiality,* Bloomington: Indiana University Press, 2003, p. 98.

成的旅途中使用的却是非时间性知识。例如，当我们着手设计一个新机器或仪器时，我们利用了我们有关机器的现存知识。这就是产生最棘手悖论的东西：我们习惯于将永久性知识看作是穿越了时间的——不仅可以回到过去，而且也可以推广到未来。因此我们经常碰到这样的惯用语，“‘知识让我们有可能’或‘允许我们’建造激光或 DVD、送人去月球等。这种外推实际上正是‘存在的观念’与任何‘生成形而上学’之间的严重冲突之处”[1]。

（一）雷达的人格化

第二次世界大战前，人们通常持有关于物质的彻底二元论划分：要么物质是死的，要么物质是活的。死的物质是无生命科学的对象，活的物质是生物科学的对象。第二次世界大战期间，一种类型的物体形态出现了，模糊地停留在中间地带，这就是控制论起源之处。

我们可以从维纳的防空预警器开始。在战争初期的美国麻省理工学院，维纳有这样一种想法，即通过追踪飞行中的飞机和预测接下来的时间（比方说接下来的 20 秒，这是一枚炮弹从炮筒到其目标的飞行时间）它将出现的位置，建造一种装置来改进防空高射炮。维纳设想这个过程该完全自动追踪，预测和定位都由机器（雷达设置、信息处理器和继动器）来完成。这个构想在第二次世界大战期间没有实现：没有建造出具有任何实用的预警器。但是可以肯定这个设想对维纳有着深刻的影响，同时对控制论的兴起有着重要的意义。人们开始设计全自动武器系统，它平时静置无为，当飞机在地平线出现时，武器自动醒来，并开始与飞机一致移动。武器主动追踪、定位、炮击飞机，炮弹预先进入飞机飞行的轨道，在飞机进入弹道的瞬间炮弹爆炸，从而将其击落。[2]

在这一过程中，“无生命物质好像是活的”。维纳分析了巫术、魔术、泥人（犹太神话中有生命的泥土）的历史叙事，重述了巫师学徒的故事，这个学徒把内化技能神奇地运用到自动操作中，却忘了用符咒来制止它。维纳甚至撰写了一本名叫《上帝与机器人》（1964 年）的书。这本书放弃了有生命机体和无生命机器这种古老的二分法，是人工自动化和控制论的

---

[1] Pickering A, "On Becoming: Imagination, Metaphysics and the Mangle", In Ihde D, Selinger E (Eds.), *Chasing Technoscience: Matrix for Materiality,* Bloomington: Indiana University Press, 2003, p. 107.

[2] 此例子引自 Pickering A, "A Gallery of Monsters: Cybernetics and Self-organisation, 1940-1970", In Franchi S, Güzeldere G (Eds.), *Mechanical Bodies, Computational Minds: Artificial Intelligence from Automata to Cyborgs*, Cambridge: MIT Press, 2005, pp. 229-230.

开始，"这就是控制论的奇特之处"①，开启了一个全新且极其令人惊奇的物质客体领域。

对控制论这样解读，是皮克林在《实践的冲撞：时间、力量与科学》一书中科学实践分析的再现。"后人类主义去中心化"与"瞬时涌现性"是《实践的冲撞：时间、力量与科学》的两个突出的主题。"在成为后人类主义者问题上，控制论专家比我更加彻底：他们更普遍地消除了活的东西与死的东西之间的差别。"②这两个主题产生一种真正的新颖性，这种新颖性不能由任何预先存在的环境所解释。如飞机飞行中的预警器的运作，深植于真实的时间并在其中运作。"后人类主义去中心化"与"瞬时涌现性"鲜明地体现在两个方面，第一，它通过追溯过去来预测未来。维纳提出："预测一条将来的运动的曲线（比如飞机的飞行轨道）是为了实现它过去的某种运作。"③这条曲线是对飞机位置的飞行时间的解读，设计预警器的高难度工作是优化信息处理能力。此项工作的难度源自在特殊的案例中使用的设备的选择，依赖于被预测现象的统计本质这一事实。因此，预警器在时间上是回溯式的：它试图通过总结近来的一种趋势来发现接下来将发生什么。第二，机遇是"后人类主义去中心化"与"瞬时涌现性"的凝缩。在维纳看来，就预警器而言，机遇是敌人。它仅仅具有消极的内涵，人们不得不与之搏斗。维纳1948年10月说道："我们总能发现一条被外来干扰污染的信息，这种干扰被称作背景噪音，是操作员所面对的修复原始信息的问题。"④预警器中的噪音降低装置将通过滤波器得以实现，事实证明这种设计是高度复杂的，通过操作员和设备而实现的最佳设计依赖于信息和噪音的统计本质。"所以，这些是我铭记于心的关于预警器的时间性特征，预警器的过去存在于真实的时间里，但总是反思过去以提出一种能预测的未来趋势。而且在这一过程中，趋势、机遇（混乱、噪音、起伏）是敌人，人们不得不从数学上和技术上去尽力去阻止混乱

① Pickering A, "Cybernetics and the Mangle: Ashby, Beer and Pask", *Social Studies of Science*, vol. 32, No. 1, 2002, p. 415.

② Pickering A, "A Gallery of Monsters: Cybernetics and Self-organisation, 1940-1970", In Franchi S, Güzeldere G（Eds.）, *Mechanical Bodies, Computational Minds: Artificial Intelligence from Automata to Cyborgs*, Cambridge: MIT Press, 2005, p. 232.

③ 转引自 Pickering A, *The Cybernetic Brain: Sketches of Another Future*, Chicago: University of Chicago Press, 2010, p. 234.

④ 转引自 Pickering A, "A Gallery of Monsters: Cybernetics and Self-Organisation, 1940-1970", In Franchi S, Güzeldere G（Eds.）, *Mechanical Bodies, Computational Minds: Artificial Intelligence from Automata to Cyborgs*, Cambridge: MIT Press, 2005, p. 231.

的干扰。"①

（二）同态调节器的人格化②

维纳的工作之后，控制论的发展使我们更能够接近机器的生命世界。从 20 世纪 50 年代一直到 20 世纪 80 年代，在计算机领域内占据了主导地位的基于符号化的人工智能，成为第一代机器人的样态。在这样的机器人内部，一台计算机逐步建立环境的符号化的地图，随后将这种地图用作计算机达到某种预设目标的基础——避开任何障碍去穿越一个空间。这样的计算随后被翻译成机器人运动器官的指令并使机器人运作。皮克林认为类似于这种计算、转换与运作的各种形态，展现出了一种"非二元论本体论舞台"③。原本被动消极的机器人的世界，经由人工的设计、计算与转换，获得了目标和"理性"，成为一种真实的人格化的行动者。

1948 年，威廉·格雷·沃尔特（William Grey Walter）制造了第一个小型机器人"乌龟"，这个机器人可在一个空间里来回踱步并追逐光源且穿越障碍。机器人"乌龟"的要点在于它不需要预先集中制图或计算，而是在真实的时间里对所发现的事物做出反应，用光线扫描所处环境，基于扫描结果绕过障碍或者继续行进。因此，我们得知这类机器人工程，就是向非二元的本体论舞台的移动。"乌龟"体现出"非二元论本体"的样态：它们密切地与环境交织在一起，而不是指向与环境的二元分离。同时，沃尔特的工作及其后继发展代表着一种非二元论的机器人的生存能力。

英国控制论专家罗斯·阿什比（Ross Ashby）在 1952 年和 1956 年分别出版《大脑设计》和《控制论导论》两部经典的控制论著作。作为影响力仅次于维纳的控制论专家，阿什比在自组织的研究领域中独领风骚。他的《大脑设计》一书讨论了一种他在 20 世纪 40 年代创造的机器：同态调节器（homeostat）。

阿什比的同态调节器使"非二元论的本体论舞台"得到进一步彰显。如果其内部电流超过一定阈值，同态调节器随机地改变其电路系统。在某种电流的环境中，同态调节器系统能够不断地改变自身直到它达到一个平衡的重新配置，在其中，其内部电流趋于零，同时，面对干扰时返回此状

---

① Pickering A, *The Cybernetic Brain: Sketches of Another Future*, Chicago: University of Chicago Press, 2010, p. 234.

② 这一例子引自 Pickering A, *The Cybernetic Brain: Sketches of Another Future*, Chicago: University of Chicago Press, 2010, Chap. 3-4.

③ Pickering A, *The Cybernetic Brain: Sketches of Another Future*, Chicago: University of Chicago Press, 2010, p. 13.

态。重要的是，阿什比对四个同态调节器的组合进行了实验，在这一组合中，各个同态调节器彼此之间建构了环境。由此，"这些组合呈现了在其中所有因素之间真实的'力量的舞蹈'，这种舞蹈的目的是随机地在开放性驻足点中去搜寻平衡。我们可再次把这些舞蹈解读为非二元论的本体论舞台，去捕捉一种冲撞式的本体论，从机器人技术中建设性地产生出这种本体论。"①

这个四联体装置包含了四个相同的同态调节器。每一个部件的顶端是一个运动的部件：一块自由旋转的磁石附着在一条浸泡在水池的电线上。水池当中有恒定的电压，因此穿过电线的电流仅仅取决于它入水的位置。每组同态调节器有输出电流，它与磁石的偏向成正比。每个同态调节器输出的电流又被反馈回它本身，也是其他三个同态调节器的输入电流，因此每个同态调节器有四个输入电流，每一种输入电流穿过作用于单个磁石的线圈，致使它们以这样或那样的方式旋转。

这个装置可能是稳定的，也可能是不稳定的。稳定意味着磁石在它们排列的中间位置停止运动，如果你轻轻推一块磁石，它将与其他的磁石产生振荡，但最终所有的磁石都会在它们的排列的中间位置静止下来。不稳定意味着即使是在最小的扭向情况下，所有的磁石都移动到并附着在排列的底部。

每个同态调节器的输出是另外三个的输入，除了这种直接的反馈连接，同态调节器还有第二个反馈机制，阿什比认为磁石位置的排列是机器的一种基本变量。一旦来自任何同态调节器的输出电流超过某些预定的分界线，继电器将会"分级开关"，改变这一同态调节器在不同阶段上的内参数——被反馈并改变磁石的线圈电流的大小或符号。这些改变是随机的。第二个反馈机制意味着如果同态调节器始于一个不稳定的配置，随着输出电流超过它们的阈值，机器将随机改变它本身的参数。在这之后，如果电流继续不受控制，机器将承受再次的随机重新配置等，直到它最终达成稳定参数的结合，同时，磁石围绕平均位置而稳定下来。结果同态调节器成为稳定的机器，无论你对磁石做什么，或者无论你如何修复它的内在连接，它都将重组自己以获得稳定。这就是阿什比所命名的超稳定系统的一个例子。它们是具有自主能动性的真正客体，它们是某种与传统科学哲学格格不入的东西。

---

① Pickering A, *The Cybernetic Brain: Sketches of Another Future*, Chicago: University of Chicago Press, 2010, p. 147.

　　这样，皮克林就发现同态调节器是一个自组织的设备。首先，它在遇到外来干扰的时候会明显地重新配置自身，这不需要阿什比或者任何人帮助。其次，阿什比慎重地设计同态调节器，让它占据有生命与无生命之间的阈值区域。同态调节器，这一名称来自第二次世界大战前沃尔特·坎农（Walter Cannon）的生物体内平衡概念——生物体保持内在参数的能力，比如在恒定或变动的环境下的体温。这种调节作用不仅显示在生命系统中，而且也表现在机电系统之中。这使得阿什比将同态调节器比作是大脑。其次，同态调节器是一个值得思考的神奇机器。通过观察同态调节器，人们能够规避掉生物形态变化或大脑的真实复杂性产生的问题而直接理解自组织可达到的程度。人们也可以在同态调节器上做实验，这是在人脑上不能做到的。最后，阿什比观察到同态调节器显示出令人称奇的时间性。在同态调节器和维纳的防空预警器之间有着有趣的相似性。像预警器一样，同态调节器存在于真实的时间中，对它所碰到的事情进行实时的反应。但两者之间还存在着有趣的差异，维纳的预警器通过回溯过去来处理时间，相反地，同态调节器遵守"不要回头"的命令，它并不处理时间序列，也不提取任何规律趋势。尽管同态调节器存在于当下，但它也面向未来。阿什比创造的不是一种理论而是一台能迎合时间的机器，根源就在于随机性。同态调节器不能准确获知将来得到什么——就同态调节器而言，未来本身就是随机的——它通过对出现的任何外部干扰做出随机的反应（联系着单个同态调节器的随机数字），通过重组和对自身进行自组织，直到学会如何处理真实时间中的变化。两个随机系列的交叉点——同态调节器中配件的内在重新配置以消化外部干扰——产生了秩序。同态调节器的一种超稳定的重新配置，内含在超稳定的重新配置中的三种随机性——结构的随机性、操作的随机性与世界的随机性——的结合，就产生出秩序的内平衡行为。

　　（三）随机性与秩序

　　长期以来，人们对随机性和秩序之间的关系深感困惑——前者是怎样导致后者的？同态调节器在一定程度上解决了这一问题。

　　首先，同态调节器为我们提供了大脑与世界之间的直接操作性介入。这一操作过程的最主要特征就是随机的、试探性的搜索。同态调节器通过其内在电路的各种可能的调节，最终发现了一种能够与其环境相互动态协调的构型。

　　其次，我们可以认为阿什比并不是在筑模大脑，而是筑模世界。它的世界是活生生的与动态的。在四个同态调节器的组合中，如果第一个被认为是一个大脑模型，那么第二、三、四个就构成了与大脑对应的一个的世界。第一个扰乱了其自身的世界，发出电流，其他三个同态调节器就得不断处理其电路，以对之做出反应，并反馈地发出自己的电流，等等，这样就构成了围绕着大脑与世界的循环。这种对称的想象，一个活生生的、具有适应性的大脑，探索着一个活生生的与具有反应性的世界，正是这一机器的关键特征。

作为一种本体论的舞台，这一机器为我们提供了这样一种看法："在世界中，流动的与动态的实体以一种去中心化的方式缠绕在一起相互演化，在一种力量的舞蹈中探索相互间的性质。这是控制论的后继历史所展现出来的一种本体论。"①皮克林在《实践的冲撞：时间、力量与科学》一书中提供了科学家与自然界，还有其仪器之间的力量共舞。在《赛博大脑》中，同态调节器也显现出这种本体论的图景，但它同时也把本体论带入更现实生活之中。

从哲学上来看，"四个同态调节器的关系不是认知的与表征化的，而是操作性的生成关系"②。因为，首先它们并不去寻求去理解对方，继而基于理解来预测对方的下一步的行为。其次，像物理学这样的近代科学范式把世界描述为由一些固定的客体所组成，这些固定的客体服从于既定的力与原因。同态调节器则进入了一个流动的、不断变化着的实体世界，它们处于一种试探性的操作过程之中。"这一过程的一个关键点在于其内在的时间性。适应的发生，出现在时间之中，是作为时间扩展的一种结果。这是一种生成的本体论（ontology of becoming），在其中，并不存在什么预先认定，能够决定着什么样的实体在未来会变成怎样，它是一种操作过程中的适应。"③阿什比的机器是一种异质性的宇宙：一方面，它是阿什比试图理解的大脑，另一方面，它是一个未知的世界。与未知的世界的操作性相互作用是阿什比机器的一种本质部分。在其中我们还发现了复杂性。阿什比对大脑的理解不同于传统的理解，他并没有把大脑视为一个黑箱，而是要打开黑箱，考察其内在的工作原理，他的同态调节器表明了操作性

① Pickering A, *The Cybernetic Brain*: *Sketches of Another Future*, Chicago: University of Chicago Press, 2010, p. 148.

② Pickering A, *The Cybernetic Brain*: *Sketches of Another Future*, Chicago: University of Chicago Press, 2010, p. 145.

③ Pickering A, "Cybernetics and the Mangle: Ashby, Beer and Pask", *Social Studies of Science,* Vol. 32, No. 1, 2002, p. 435.

大脑如何适应环境的工作原理，把我们带入一个复杂系统的研究之中。

总之，从物质的能动性的角度来看，控制论是一门关于生成的科学，这点表现在它对控制、自动平衡和生物模式的沉迷中。这使人们想起了像 "自组织" 之类的短语，想起了非平衡热力学、混沌理论、吸引子、复杂性、细胞自动机、自动催化作用、人工生命、演化生物学。

三、赛博体：人-机器耦合的生成和演化

机器具有生物王国中的内在运动，那么接下来就是要考虑机器与生物之间的关系。在《实践的冲撞：时间、力量与科学》中，皮克林主张正如机器的演化依赖于我们一样，我们的演化（关于目标和意图、社会作用和关系、学科和主体位置）也依赖于机器。这是一种相互依赖的关系。在后期对控制论的历史的研究中，皮克林进一步考虑了人-物之间耦合的生成和演化关系。[①]

就像蒸汽机的形成和技术改进是与工业革命的巨大社会变化（工厂、劳动分工、工业城镇和工业建筑、新的社会阶层和阶级斗争）联系在一起一样，在第二次世界大战期间，雷达装置的发展与新式战斗机（技术战争）、新的科学研究方式（大科学）结合在一起，导致了科学与军事之间的特殊的社会联合，建立起新的联系机构，如美国的科学研究与开发办公室（the Office of Science Research and Development，OSRD），科学被军事拥抱。如果不考察人类和蒸汽机出现的社会空间，那么就无法理解蒸汽机演化的具体轨迹。反过来，人类和社会空间本身由突现的蒸汽机力量所建构的方

---

① 相关的研究，可见 Pickering A，(1) "Science as Alchemy", In Scott J W, Keates D (Eds), *Schools of Thought: Twenty-five Years of Interpretive Social Science*, Princeton: Princeton University Press, 2001, pp. 194-206;(2) "On Becoming: Imagination, Metaphysics and the Mangle", In Ihde D, Selinger E (Eds.), *Chasing Technoscience: Matrix for Materiality*, Bloomington: Indiana University Press, 2003, pp. 96-116;(3) "A Gallery of Monsters: Cybernetics and Self-organisation, 1940-1970", In Franchi S, Güzeldere G (Eds.), *Mechanical Bodies, Computational Minds: Artificial Intelligence from Automata to Cyborgs*, Cambridge: MIT Press, 2005, pp. 229-247;(4) *The Mangle in Practice: Science, Society, and Becoming*, Durham: Duke University Press, 2008;(5) "The Politics of Theory: Producing Another World: With Some Thoughts on Latour", In Healy C, Bennett T (Eds.), *Assembling Culture, Journal of Cultural Economy*, vol. 2, No.1/2, 2009, pp. 197-212;(6) "Practice and Posthumanism: Social Theory and a History of Agency", In Schatzki T R, Knorr-Cetina K, von Savigny E (Eds.), *The Practice Turn in Contemporary Theory*, London: Routledge, 2001, pp. 172-183;(7) "Decentring Sociology: Synthetic Dyes and Social Theory", and "From Dyes to Iraq: A Reply to Jonathan Harwood", In Klein U (Ed.), *Technoscientific Productivity, Special Issue of Perspectives on Science*, Vol.13, No. 3, 2005, pp. 352-405, pp.416-425;(8) *The Cybernetic Brain: Sketches of Another Future*, Chicago: University of Chicago Press, 2010.

式发生演化。第二次世界大战期间开始的战争的工业化形成的战后军事-工业复合体，也塑造了新的社会空间。

从 19 世纪"科学-工业的聚集体"到 20 世纪"科学-军事的聚集体"以至当代科技-信息、生物-机器聚合体，都具有赛博体（人与物、社会与机器之结合）的特征。人类工业的历史，可以看作人-机器-自然耦合的存在、生成、演化的历史。这里所说的存在和演化，不是关于纯粹的机器，或者纯粹的人类，而是机器、人类勾连起自然的赛博体的生成和演化，是人与物相互缠绕的生成与演化。

（一）科学-军事赛博体

工业革命本身是一套新机器（发电机、蒸汽机，纺织机等）、科学（热力学、电磁学、有机化学、微生物学等）和社会组织（一个新的阶层结构、工厂、工业城等）相互结合的产物。在信息时代，科学和军事在第二次世界大战中的交汇，成为启动科学、技术、社会的新型共同发展最重要的力量，并在各方面为战后重建世界格局起着重大作用。无疑，20 世纪这种"科学-军事的聚集体"与 19 世纪"科学-工业的聚集体"都具有赛博体的特征，但 20 世纪这种赛博体还产生了前所未有的发展，包括：新机器及其力量，如导弹、雷达装置等；科学和军事联盟的不断变化导致技科学战争；新的社会、科学和军事联盟机构的出现，如美国国防部科研委员会（the National Defense Research Committee，NDRC）和科学研究与开发办公室（OSRD）；新科学的突现，如控制论、运筹学；等等。

皮克林曾讨论过三个层次的"科学-军事赛博体"：在第二次世界大战中科学与军事的一种全方位的聚集；第二次世界大战中赛博体、赛博科学的诞生；第二次世界大战中工业赛博化的出现，这里实际上有一个逐步赛博强化的过程，从技术聚集（雷达、同态调节器等）到赛博科学（控制论、运筹学、博弈论等）再到工业赛博化（工业、军事、科技共同体）。毫无疑问，第二次世界大战在许多方面是一个历史的分水岭。[1]第二次世界大战前，美国的科学与军事几乎没有什么联系，军事部门的顾问是技术官僚，他们只有"小规模的投资、与科学之间缺少合作，只有少量的合同"[2]。第二次世界大战时期军事工业与科学的融合，则涌现在这一时代的科学、技

---

[1] Pickering A, "Cyborg History and the World War II Regime", *Perspectives on Science*, Vol. 3, No.1, 1995, p. 1.

[2] Kevles D J, The Physics: *The History of a Scientific Community in Modern America*, New York: Vintage, 1977, p. 290.

术以及社会的发展脉络之中。这是一个源自第二次世界大战的兵工技术群星灿烂的时代。

对于第二次世界大战导向这个宏大的话题，人们可以从不同编史学角度对之进行概括。例如，传统上，人们基于实证主义的编史学，把核武器、火箭和卫星的历史，甚至与它们能扯上干系的高科技电子技术的历史，都囊括在这一实证的技术发展史之中。皮克林则认为那些具有"后人类"或者"赛博体"，即人、动物、自然、机器、社会之间混合本体特征的军事技术，更能体现第二次世界大战后的工业-技术特征。如计算机作为第二次世界大战后最卓越的工具，挑战了人类"唯我独尊"的地位；它作为新时代科学特征，建构出所谓的"赛博科学"。赛博科学进入了一种人与物的混合本体论，消解了人与物之间的本质性差别。对赛博科学进行研究，皮克林发现："人类与机器强化耦合，相应的赛博科学与赛博对象的出现，构成了战后文化的一个关键特征。"[①]不过，皮克林更多关注的并不是科学发展本身的技术性细节，而是在第二次世界大战的导向中，科技因素如何渗透到战后主要的文化转向中，以及它们是如何导致了这些转向。也就是说，皮克林想表明：我们在多大程度上生活在一个源于第二次世界大战导向的技科学文化之中。

第二次世界大战中，尤其是在英国和美国，科学与军事的紧密联姻的意义在于，一旦科学与军事在战争之中得到结合，科学与军事双方都会变成完全不同于以前的新形态。1941 年，美国建立了一种军事与科学之间新的社会联盟、新的结合机构，最初是美国国防部科研委员会（NDRC），随后又出现了美国科学研究与开发办公室（OSRD）。通过这些新的机构，基于各种研究合同，科技实践开始服务于军事要求，从而打破了科学与军事之间在战前的极为分明的隔离状态。NDRC 的第一个任务就是重新配置当时的科学技术资源，以产生出行动框架，指导 NDRC 与 OSRD。

通过研究合同与新实验室的建立，工业、军事、科技的联盟的最成功的成果之一就是麻省理工学院的雷达实验室（Rad Lab）的建立。在这一雷达实验室中，科学研究在以下几方面与军事进行了联姻：首先，它研究特殊的对象，如雷达设备的能源，在第二次世界大战前，科学对此毫无兴趣。其次，围绕着研究对象的科学活动被组织为由科学家、工程师与技术专家所组成的跨学科的大科学的形式，目标是建构一种能够制造导弹的等级性

---

① Pickering A, "Cyborg History and the World War II Regime. *Perspectives on Science*", Vol. 3, No. 1, 1995, p. 1.

组织机构。最后，在转向这些研究对象后，在与军事联姻中，科学活动的调节会更为准确。在这里我们注意到了一种赛博式的转变，包括研究机构的转型与调整（如 OSRD、NDRC、Rad Lab 的建立等），大科学与新技术装置（特殊雷达技术装置）的出现。图 3-1 就概括了科学与军事的赛博式联姻的第一阶段。

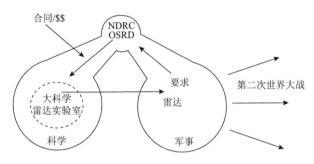

图 3-1　雷达实验室——"科学-军事赛博体"①

注：NDRC 指美国国防部科研委员会，OSRD 指美国科学研究与开发办公室

　　随着雷达在反潜作战等计划与其他方面的成功，科学家开始更进一步介入军事活动，认为他们应该对军事需要做出自己的独立评估，这就要求他们介入军事活动领导方面的工作，而不仅仅是制造装备的技工或操作员。在 1942 年 4 月成立了新型武器装备联合委员会（Joint Committee on New Weapons and Equipment，JNW），科学家万尼瓦尔·布什（Vannevar Bush）被任命为主席。科学家的第一个目标达到了。首先，像 OSRD 和 NDRC 一样，JNW 打开了两个窗口，一种双向的全景敞视（Panoption——福柯语，但在这里的含义与福柯所说的不同，福柯认为全景敞视是单向的），通过它们，科学家能够了解军事上所需要解决的问题，而军队能够从科学家那里获取他们想要的资源。这在更高层次上强化了科学与军事的联姻，让科学家更紧密了介入日常军事活动的指导之中。其次，军事与科学之间边界开放，这是科学与军事的内在的实践转向。在类似麻省理工学院雷达实验室这样的地方，科学成了如今人类熟知的大科学，第二次世界大战则有了一个新的技科学的面貌。最后，联结上述实践转向的一个纽带是战争工具的生产和应用。例如，麻省理工学院雷达实验室的科学家们研制的雷达如何被投入到反潜作战中去。正如菲利浦·莫斯（Philip Morse）指出："布什、康普顿与科南特，它们启动了 NDRC，能够与最高的军事权威部门接

---

① Pickering A, "Cyborg History and the World War II Regime", *Perspectives on Science*, Vol. 3, No. 1, 1995, p. 12.

触，对军事计划做出了全面的贡献，但它还必须依靠不太会受到约束的数学家与理论物理学家们的工作，以加强新技术与军事需要之间的联系。”①这种愿望导致了“科学-军事赛博体”的新概念框架，这就是著名的运筹学研究（operation research，OR）。

第二次世界大战是 OR 发展的关键。OR 紧紧围绕雷达实验室提供的新技术，对其军事运用实施最优化研究。同时，OR 的研究人员还把这些新工具的实际性能的应用信息反馈给雷达实验室。1942 年，美国海军成立了反潜作战研究组（Anti-Submarine Warfare Operational Research Group，ASWORG），主管是威尔德·贝克（Wilder Baker），他邀请莫斯组织一个运筹学研究小组，让它服务于反潜作战计划。莫斯是第二次世界大战时期美国运筹学研究的关键人物，到 1942 年末，他组织了一个由 30 多位物理学与数学家组成的 OR 小组。OR 的发展还使科学家获得了一种新的社会身份。OR 小组的成员虽然继续保持着学术科学家的身份，但他们是通过 NDRC 与美国哥伦比亚大学合作而获取薪水的，这使他们不再据守在象牙塔中，而是介入海军事务，他们被包围在军队之中，寄居在戒备森严的运筹总部中。这使得科学家能够更深入研究军事活动的最优化，这种涉入不仅具有技术与社会学意义，而且还具有地理学的意义。这是科学-军事前所未有的演化发展，正如莫斯评论道：“我们深入海军，已经超出了任何人所能设想的以公民身份进入海军部队的程度，我觉得我们还可以扎得更深——一种科学与军事赛博化的想象。”②OR 小组的科学家被允许接触最机密的军事信息，接触到海军指挥官。这种接触超过了先前雷达实验室这样的军事与科学相结合的程度。

这一小组不仅建构了组织机构的新社会空间，而且还进入军事组织的内部，就像一只水螅，一种共生有机体，在一种性质不同的环境中生存。这种涉入比图 3-1 所示的科学与军事的联姻更加紧密、异质与积极。在一系列开放式终结的社会、技术、物质与概念的发展中，科学共同体与军事部门，围绕着一系列驻足点，为实用目的，开始相互间的内化。双方内在的技术要求在第二次世界大战中得到了彻底改变，科学特别是物理学与数学转向了适应于跨学科的大科学的研究对象，军事活动从传统战术与策略转向了采用技科学对象的科学规划的战争。这种转变通过新的监督与控制

---

① 转引自 Pickering A, “Cyborg History and the World War II Regime”, *Perspectives on Science*, Vol. 3, No. 1, 1995, p. 14.

② 转引自 Pickering A, “Cyborg History and the World War II Regime”, *Perspectives on Science*, Vol. 3, No.1, 1995, p. 14.

机构（如 OSRD、NDRC、JNW）的建立而达到的，它们是在创造新的技科学对象（雷达、导弹等），以及使这种对象在军事行动中的不断应用与在改进中得到不断发展。运筹学，一种介入军事活动的新理论工具，使军事活动越来越依靠技科学化的武器，这是后来的越南战争与海湾战争中高技术战争的前奏。一个联系科学与政府的新兴的管理阶层出现了，如隶属于政府或军事部门的顾问团（图 3-2）。总之，第二次世界大战前相互独立的科学与军事之间的关系已经发生了深刻改变，它们实现了一种联姻，最终成为一个社会、物质与理论之间复杂的赛博体。

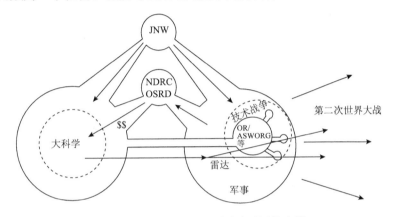

图 3-2　隶属于政府或军事部门的顾问团[①]

注：JNW 指新型武器装备联合委员会，NDRC 指美国国防部科研委员会，OSRD 指美国科学研究与开发办公室，ASWORG 指反潜作战研究组，OR 指运筹学研究

　　在上述的讨论中，科学和军事在战时的相互渗透中已经实现了重大的相互转变：新的联姻机构和科学家寄居于军队指挥大楼中，改变了科学与军事之间此前的社会分界线；科学研究方式和战争方式也都发生了改变；新的工具或武器在科学机构和军事机构之间不断流动；等等。对这些转变，如果仅仅做出纯粹的社会建构论的解释，显然会苍白无力。例如，从纯粹社会建构的角度来看，人们就很难理解战时军事所发生的这些转向，因为军事与科学的相互结盟不仅取决于社会组织的转变（组织边界的开放，如科学家寄居于军队之中等），还取决于像雷达这样的物质装置在这种社会转变中的调节作用。没有这样的物质装置，没有它们的独特力量，就不会出现科学和军事的社会组织的转变。因此，皮克林认为，这需要一种类似于《实践的冲撞：时间、力量与科学》的赛博或后人类主义的社会理论，

① 转引自 Pickering A, "Cyborg History and the World War II Regime", *Perspectives on Science*, Vol. 3, No. 1, 1995, p. 19.

去描述人类力量（科学家、战斗机机组人员等）与物力量（雷达等）之间的交互作用。

运筹学可作为一个实例，去说明皮克林的"赛博科学"的概念。传统的科学哲学中，物理学是与人类无涉的物的本体论，而社会建构论仅仅关涉人际交互作用的人的本体论，运筹学则与它们都不相同，其所倡导的是人的本体论与物的本体论，即赛博本体论的异质性聚集，目的在于尽量发挥相互交织在一起的人与物的整体优势，这一整体包括飞机、潜艇、雷达、操作员、领航员、研究机构与组织机构等的共舞。就一个关注战争的科学来说，运筹学跨越了传统的人与非人的界线，跨越了传统学术界的界线，运筹学小组建构了一种统一的反潜作战的数学模式，其中，有与监视系统的操作相结合成为雷达的物质技术，同时也暗含着反潜作战研究组这类组织机构中的人类活动，这种人与物的结合，在实践中机遇性的结合，正是皮克林称运筹学为"赛博科学"的原因。运筹学、雷达以及其他一些新型社会机构，在科学与军事之间架起了一座桥梁，战后其重要性依然不减。

（二）主客体相互建构的赛博体——瓦塞尔曼反应

马克思说过："生产不仅为主体生产对象，而且也为对象生产主体。"[1]这里的"生产"，首先在人的脑海中呈现出一幅关于"物质行动者"的图像——蒸汽机、充满机器的工厂、原材料等，所有这些都为了在物质世界中进行生产而行动着。同时，"生产"也使人们意识到要用"操作性语言"来描述这种相互的生产。与物质世界各种力量（仪器、话语权、装置等领域）的冲撞是科学实践的整体所要求的。其次，马克思在这里指出了"人与物"之间一种构成性相互联系，即在生产活动中，我们在制造物的同时，物也造就了我们，这是一种双向的建构。皮克林把马克思格言中的"生产"和科学中"主客体的相互关系"联系起来。

他讨论了波兰生物学家弗莱克的著作《科学事实的起源和发展》[2]一书。弗莱克的这本书研究了 20 世纪早期对梅毒病的一种血液检测——瓦塞尔曼反应的确立过程。瓦塞尔曼反应是对人类血液进行操作的物质性程序，在这里，化学与生物的物质显现成为病人是否患有梅毒病的诊断。一方面，弗莱克表明，这种检验程序从反复试验的过程中突现出来，即通过

---

[1] 中共中央马克思恩格斯列宁斯大林著作编译局：《马克思恩格斯全集》第 12 卷，北京：人民出版社，1998 年，第 742 页。

[2] Ludwik F, *Genesis and Development of a Scientific Fact*, Chicago: University of Chicago Press, 1979.

探索物质操作的空间，"将反应物这会儿多加一点，或那会儿少加一点"，让反应时间长一些或短一些，等等，直到检测的成功率从15%～20%提升为70%～90%。同时，另一方面，弗莱克强调，在这种物质谐调的过程中，一个特殊的新科学共同体会应运而生。这个新共同体的成员具备能进行"血清试验"的各种技能和能力，即那些成功操作瓦塞尔曼反应所必需的特定的技能与能力。①这些技能只有在科学家的实践训练过程中生成，也只能在其成功的操作中显现，并且这些技能与能力成为了这一新科学共同体标志，作为一个操作程序，瓦塞尔曼反应是这个科学共同体的研究对象，而这些科学共同体的成员又是这个研究对象的研究主体，最终的结果是双方都发展了，并呈现出一个与对方相关的特定新形象。即在试验成功之际，瓦塞尔曼反应与具备操作这种试验能力的人就会同时诞生。

试验瓦塞尔曼反应的科学共同体的特征不可能用社会建构论去解释，因为只有通过思考以及与物质世界的冲撞或共舞，人们才能理解这一特殊科学共同体的形成。当然，我们也不能够利用科学实在论，即瓦塞尔曼反应自身作为唯一的辩护理由去把握这一科学共同体的属性。社会建构论者实际上一直在模仿科学哲学家，企图揭露隐藏在自然现象后面的本质——社会利益。让·鲍德里亚（Jean Baudrillard）曾指出："在表征领域中诉诸具有毁灭性的破坏是难以预测的，寻求其隐藏意义的特权，这种做法可能一直就是一个深刻的错误。"②在弗莱克对瓦塞尔曼反应的解释中没有什么东西被隐藏着，所有物质程序与人类力量都是可见的。这样，当社会建构论者试图发现隐潜在实践表征流动之下的解释中的一成不变的本质时，弗莱克的研究暗示存在着的也只是这种流动的现象。在确立瓦塞尔曼反应的过程中，从物质装置到试验程序，再到其与人类力量的相互作用中的所有事情都是重要的，没有一个先于实践而占据着优势地位。瓦塞尔曼反应的确立要求社会与物质之间的冲撞与调节，展现出一种人与物相互协调过程的历史。这就是皮克林的实践的冲撞——一种阻抗与适应的辩证法。冲撞是一个瞬间突现的过程，人们无法先验地确定其结果。"我们应该特别关注人与物相互交织在一起——不仅主体对客体的建构，而且还有客体对主体的建构——的后人类主义的观点，我们还要注意到在人类力量与物力量的机遇性遭遇过程中，没有什么是本质上一成不变的东西。因此，

① 转引自，Pickering A, "Science as Alchemy", In Scott J W, Keates D (Eds.), *Schools of Thought: Twenty-five Years of Interpretive Social Science*, Princeton: Princeton University Press, 2001, p. 195.
② Baudrillard J, *Selected Writings*, Stanford: Stanford University Press, 2002, p. 149.

实践理论应该使我们的注意力集中在特殊性上，集中在机器与社会领域的特殊的相互界定的问题上。”①

在《实践的冲撞：时间、力量与科学》中，皮克林主要考虑科学实践，着重于科学对象及其理论的生成与演化过程。在这里，皮克林则关注科学实践（随后他将其扩展为社会实践）中人与物、社会和自然之间的相互生成与演化，这种相互生成与演化，就是皮克林“辩证的新本体论”的主题。由于受传统科学观的影响，人们通常不容易看到这一点。一方面，自然科学（如物理学）和工程技术为我们提供了一幅技术决定论的图景，即科技是作为某种绝对的东西存在，而不是人类世界中的一员而存在，它们仅在应用上与社会相关。另一方面，人文社会科学完全忽略了物质世界，或接受技术决定论关于人与物之关系的实证论叙事，或像社会建构论那样，把这种关系倒置过来，即在社会决定论的叙事中，把科学知识和技术人造物视为社会权力的体现。在这里，皮克林则称他要遵循的是“炼金术”途径，“因为炼金术士的内心变化与普通物质转变为魔法石都是在同一个过程中发生的。主体和客体的变化交织在一起；你无法想象缺少其中一个另一个会怎么样，但其中一个又不可能单独导致或解释另一个。我认为，这种炼金术为学术想象提供了最为重要的图像，但这在 STS 的长期发展中才会浮现出来”②。皮克林说道：“我猜想马克思是第一个伟大的现代炼金术士，这是我引用他的话的原因。”③在科学实践的层次上，弗莱克描述的瓦塞尔曼反应过程非常类似于皮克林所提出的物质、知识、社会之间的共舞与调节。由于梅毒是社会性的重要疾病，弗莱克讨论的微观实践很快就转向了宏观社会实践，即瓦塞尔曼检测的操作程序会转变成针对在何处、如何操作、谁应该被检测的法律程序问题。“赛博客体”卷入法律程序，被用来划定梅毒患者和非梅毒患者的分界线。进而，围绕这一领域，更多的规定社会行为的法律条款就应运而生。

（三）工业-科学综合体的赛博体——合成染料工业（补充资料库）

19 世纪合成染料工业是“工业-科学综合体”的突现，是 20 世纪“产

---

① Pickering A, "Practice and Posthumanism: Social Theory and a History of Agency", In Schatzki ST R, Knorr-Cetina K, von Savigny E（Eds.）, *The Practice Turn in Contemporary Theory*, London: Routledge, 2001, p. 175.

② Pickering A, "Science as Alchemy", In Scott J W, Keates D（Eds.）, *Schools of Thought: Twenty-five Years of Interpretive Social Science*, Princeton: Princeton University Press, 2001, p. 196.

③ Pickering A, "Science as Alchemy", In Joan W, Keates D（Eds.）, *Schools of Thought: Twenty-five Years of Interpretive Social Science*, Princeton: Princeton University Press, 2001, p. 201.

业-科学综合体"的起点。从那时起，这种综合体对现代世界产生了重要的影响。1856 年威廉·亨利·帕金（William Henry Perkin Jr.）发现了第一个合成染料——苯胺紫，随后导致一系列新合成物、新工业技术、新染料的生产。这些发明本身和重大的科学发现交织在一起，如弗里德里希·凯库勒（Friedrich Kekule）1859 年的结构理论及 1865 年的苯环理论，后者则成为现代有机化学的基础。值得注意的是，凯库勒理论并非按照自身的自主逻辑先行出现，然后被应用于染料工业。[①]相反，这里要强调的是物质发明与科学发现的彼此交织，"更好的理解是，把有机化学的历史视作对现有工业成果——材料加工和合成物——的不断反映，而这个反映又不断地被反馈到进一步的工业成果中，以此不断进行下去。染料工业和有机化学二者一起成长"[②]。也就是说，有机化学的发展与一系列显著的社会发展交织在一起。1877 年之后偶氮染料的历史就是另外一例。在当代化学理论中，偶联反应可以在不同成分中进行"无休止的组合游戏"，生产出一系列新的偶氮染料。面对这一认识，德国染料工业中一个全新的社会机构——工业研究实验室出现。从这一刻起，在合成染料的历史中，化学家就有两种角色：大学校园里的学术研究者；工业生产中的"科学的普通劳动者"。他们会尽其所能地进行着无止境的合成游戏。工业研究实验室因此代表着一种组织，通过它，染料工业界可与科学家相互间紧密地拥抱在一起，支付报酬，控制科学家，并将他们紧紧纳入其中，这是一种最优化其自身活动的策略。当然，更重要的是社会创新产物——工业研究实验室，其目的是调整科学以适合工业，这导致了新兴的"科学-工业综合体"的出现，而这种综合体已经成为现代国家与经济的中心舞台。

我们不能期望从社会建构论角度去把握这些发展，因为不思考在物质生产程序与产品领域中的变迁，人们就不能够理解作为一种新兴的社会机构——工业研究实验室的突现。在合成染料工业的历史上，我们看到材料、概念、社会是如何以一种纠缠方式在一起共同生成与演化。新材料技术和产品的出现（如耦合反应和偶氮染料），新知识体（有机化学），与新社会组织的诞生（在工业研究实验室中，科学被纳入工业之中），所有这些都被协调在一起，相互强化，相互建构了彼此的发展。这"再一次回到马克思的格言，我们看到生产是如何既为主体（工业、科学、大学、消费者）

① Pickering A, "Science as Alchemy", In Scott J W, Keates D（Eds.）, *Schools of Thought: Twenty-five Years of Interpretive Social Science*, Princeton: Princeton University Press, 2001, p. 196.
② Pickering A, "Science as Alchemy", In Scott J W, Keates D（Eds.）, *Schools of Thought: Twenty-five Years of Interpretive Social Science*, Princeton: Princeton University Press, 2001, p. 196.

创造了对象（合成染料），又为对象创造了主体（已社会化地将科学包含在其中的工业）"①。

（四）人-机器共生体的赛博体——自动化数控机床

在《实践的冲撞：时间、力量与科学》一书中，从赛博或后人类主义的视角，皮克林曾研究过美国通用电气 20 世纪 60 年代末到 70 年代初引进的数控机床。在此之前，机床是按特定精度要求切割金属的一种设备。也就是说，机床是捕获物的力量的一种设备，人们可以使用机床去做到人类力量单独永远不能完成的事情。当然，机床不能够按照自己的意志去切割金属，它们需要熟练的操作者，但这一点并不能消除物质机器捕获物力量的想法。它意味着机床切割是一个人-机器共生体，在工业生产中，它们构成人类与物的合力，一个赛博体。

但第二次世界大战后，在管理领域看来，这种赛博体对自然力量捕获的力量已经跟不上生产要求。对这种阻抗的尝试性适应就是麻省理工学院的工程师们发明了数控机床。数控设备由执行一整套程序指令的数字计算机控制，取代人对机床的控制，结果是劳动者被简化为按钮操作者。数控机床实现了双重置换：物质性技术从实验室进入车间，用新的一整套机器完全替换旧的一整套机器；同时也降低了生产过程中人力资源的工资比率。这实际上是一个社会-物质文化的扩展过程，机器的非连续性转换——从传统机械工具到数控机床设备，以及社会性因素的进步性转换——工作意义的变化、车间工人之间以及车间工人与管理人员之间关系的变化，共同表现了这种社会-物质文化的扩展。如随着机器的进步，为适应新的工作环境中不断出现的阻抗，通用电气公司制定了试点计划（pilot program），使工人在生产中的角色发生了变化，试点计划中工人王国是"没有工头，没有固定的就餐时间，工作时间具有弹性、具有个人时间的独特的王国，更进一步，操作者的分工将是'无限的'，就是说，他们可以自由地承担通常由其他人承担的责任，其中包括管理责任"②。其目的，就像大卫·诺贝尔（David Nobel）所指出的那样："通用电气管理层设计计划的动机是学习如何通过保证员工的较大程度自由和较高的责任感从而引发他们关于如何最好地处理对这类设备的使用的知识，来最终实现对数控机床的最有

---

① Pickering A, "Science as Alchemy", In Scott J W, Keates D (Eds.), *Schools of Thought: Twenty-five Years of Interpretive Social Science*, Princeton: Princeton University Press, 2001, p. 197.

② （美）安德鲁·皮克林：《实践的冲撞：时间、力量与科学》，邢冬梅译，南京：南京大学出版社，2004 年，第 191 页。

效利用。"①在试点计划的训练中，通用电气的故事向我们展示了一个自由调整的试验过程。在自由调整试验中，新设备、工人的角色和社会关系，还有管理等的配置和效能都可以彼此不断地进行适应性调节。

从后人类主义的视角，皮克林得出了几个结论：①从通用电气的管理角度看，脱离了数控机床的物质形态，赛博关系本身便不会存在，如在使用数控机床生产之前，就不会存在程序员的位置。②在试点计划实施中，工人所接受的规训是在生产过程中自然产生的，并且不断地被数控机床设备的物质形式和操作所调节。③我们不能使社会要素的冲撞单独围绕物质的力量，或反过来，让物质要素单独围绕着人类力量打转，而是要讨论在人类力量和物质力量的交叉点上，社会因素与物质因素的共同演化轨迹，异质要素在相交面上发生的阻抗与适应的突现，存在于生产文化的管理实践和工程实践的机遇性扩展过程之中。这样"我们在此讨论的就是一个社会-物质文化扩展的后人类主义的去中心化的例证"②。

在传统意义上，对技术与社会之间的关系，通常有两种对立的但都是非突现的人类主义的理解。一种是技术决定论，这种观点认为特定的社会变迁来源于特定的技术创新，即围绕着技术指令不断地重塑社会。不可否认，技术创新确实冲击着社会关系，以各种规训的方式重塑着社会。反过来，社会也会围绕技术发展进行自身调节。然而，在上述讨论中，单纯的技术（如数控机床）使用并不会产生出任何特定的社会变迁，因为技术的物质形态本身就处在工业管理活动过程之中，这就表明了技术决定论局限性。另一种是社会建构论，即社会因素，如权力与利益决定着技术的发展。如诺贝尔在分析通用电气的数控机床技术时，把这种技术的发展归因于两种持续的利益——创造利润的利益和控制工人的利益。的确，通用电气管理层的利益在不断地转变：在高度泰勒制的最初阶段，管理者强烈地控制着利益，在试点计划过程中，控制者利益受到削弱，而在管理层决定终止试点计划而恢复泰勒制时，控制者利益以更新的活力得以恢复。但值得注意的是，所有这些变化都是在使用数控机床——物质形态——过程中所碰到的阻抗与适应的辩证法中涌现出来的，并不断地被转换和重建。这表明了社会建构论的不足。"我们应该承认一种杂糅的（impure）、后人类主义的动态过程的存在，一方是社会活动者以及他们的社会关系的范围和分

---

① （美）安德鲁·皮克林：《实践的冲撞：时间、力量与科学》，邢冬梅译，南京：南京大学出版社，2004 年，第 192 页。
② （美）安德鲁·皮克林：《实践的冲撞：时间、力量与科学》，邢冬梅译，南京：南京大学出版社，2004 年，第 198 页。

界线，一方是机器以及机器的操作，二者循环往复地连接和转换。"[①]

总之，在皮克林看来，对于人类的历史和现状的建构，要基于一系列连续的人与物之间的共舞来把握：从外部来说，就是生产、战争等；从内部来讲，则在于新的主体立场的体验等。这便与传统决定论形成鲜明的对比：技术决定论让我们相信科学技术源于物质世界，并体现出理性的力量；相反，社会决定论则把所有事情都归功于我们人类，并反映出社会权力与利益等。技术或社会决定论者的两极化的简化做法使人类的思想误入歧途。因为，非人类的物质世界无法单独完成此重任，人类社会更不可能独自去承担如此厚重的历史，人类与物质世界在特定历史中相聚造就了我们的历史与现状，这种相聚过程重塑了我们，同时也勾画出了物质行动者突现的力量，建构出我们应对这些力量的科学与技术知识。科学就是我们的科学，它是通过时间、空间、物质以适应我们自己的历史轨迹。

在科学史传统中，自然科学有一个关于物的纯粹本体论承诺，而人文社会科学也有一个关于人的纯粹本体论承诺。它们都没有真正意义上的时间，它们都忽视了人与物之间的共同的生成与演化过程。例如，人文社会科学时常自发地效法自然科学，对一种先验的存在进行分析，而不是关注生成与演化的分析。人文社会科学往往满足于不同变量间的静态相互关系的考察，而忽略了其中的变化。当变化被提上议程时，人们的讨论主要集中在那些不变的参量，如理性、因果性、语境、利益等因素。赛博科学，作为一种混合本体论的科学，则一直处于现代哲学思考的边缘。

赛博的思想在第二次世界大战之中涌现，它们都是人类力量和物力量联合操作的最优化结果。运筹学开始成为一种军事活动的科学，成为一种关于雷达装置、雷达操作员、飞机、飞行员、飞行模式、深水炸弹、潜艇等的科学。后继的科学，如信息理论、控制论、博弈论、人工智能、人工生命、认知科学则更具有赛博特征。这些奇异的科学成为第二次世界大战、冷战以及全球化的重要组成部分。为了把握20世纪下半叶的特征，我们必须要理解赛博科学的历史。赛博科学本身就处于不断变化之中，其基本图像是在一个基本的时间过程中的真正"生成"，时间是社会的生成与物质的生成的内在组成，而不是一种外部参量。这在自组织工作中引起了共鸣，从战后的控制论到最新的复杂性科学的研究，都一直致力于探索复杂系统及其生成的内在动力，这种内在动力令人惊奇，这一生成的过程也极为奇妙生动。

---

① （美）安德鲁·皮克林：《实践的冲撞：时间、力量与科学》，邢冬梅译，南京：南京大学出版社，2004年，第205页。

四、赛博体与对科学的操作性语言描述

对赛博科学的研究实际上是在对科学的操作性语言描述层面上对科学的理解和描述，展示的是基于实践过程中涌现的人与物力量共舞呈现出来的科学、技术与社会的宏观历史。在这个理解和描述的视域中，这样的宏观历史就是赛博史，赛博史就是人与物共舞的历史。赛博的历史要我们关注历史的特殊性，不承认也不要求我们去寻求隐藏在历史发展背后的那些宏观力量（理性与社会）。赛博历史展示的是异质性力量领域中的科技文化的开放式终结的扩展，展示的永远是赛博体的特殊的场所与特殊的时代的境遇性产生，展示的是作为物质、社会、机器、概念的异质性聚合体在所有文化层次上的生成与演化。

（一）作为实践和文化的科学与赛博体

赛博过程就是皮克林在《实践的冲撞：时间、力量与科学》中所描述的微观科学实践中"力量的舞蹈"向宏观社会实践生活的扩展。"我个人对这类对象的思考始于我试图对个体的科学实践活动所做的细节性分析，最终我坚信科学研究中的实验活动相当具有一般性和普适性。实验室中人类力量和物力量舞蹈的性质与我的亚洲鳗鱼故事非常相似。"[1]

学术界之所以很难认识"赛博客体"的重要性，是因为机械论的世界观的影响。具体来说，"机械论的世界观体现在以下两个方面，主流学科从来对'赛博'视而不见，始终对'赛博'继续着伽利略式的'清洗'工作、实施外科手术。这里有两个问题。一个是本体论，另一个是时间性"[2]。在本体论上，诸多学科以人与物的明确区分来定义其自身。自然科学和技术对物的世界进行评价和理论探讨，假设了那是一个没有人类存在的世界。人文社会科学选择人类社会，试图分离出并理论化一个纯粹的人类领域，在其中，只有人类居住。

在《我们从未现代过：对称性人类学论集》中，拉图尔讲述了作为一个插曲而突现的现代性的故事。现代性的突现是由于一种叙事方式的突现引发的，即对人与物进行纯化处理而分离的叙事，自然科学负责研究物，人文社会科学则负责讲述人。正是"这种学科分立的世界，使得'赛博形

---

① Pickering A, *The Objects of the Humanities and the Time of the Cyborg*, Presented at a conference on "Cyborg Identities", University of Aarhus, 21-22 October, 1999.

② Pickering A, *The Objects of the Humanities and the Time of the Cyborg*, Presented at a conference on "Cyborg Identities", University of Aarhus, 21-22 October, 1999.

成'不为所见"①。它们不属于任何研究者的研究领域。各门学科领域（自然科学与人文社会科学）对赛博视而不见，并支离破碎地理解它们。如亚洲鳗鱼，生物学家只研究鳗鱼如何生长，受惊吓的孩子和愤怒的渔民，则属于社会学家研究范围，但他们不会讨论亚洲鳗鱼的池塘生态学。也就是说，不同的学科仅仅抓住这一"赛博对象"的只鳞半爪，而没能对具有全新特性的赛博整体的系统理解。显然，要消除这种支离破碎现状，就得依靠跨学科的努力，需要在亚洲鳗鱼身上综合出不同学科的观点。但仅此不够。我们不以人类为中心，也不以物为中心，而是以人类和物之间的共舞为出发点，任何消除人类和物之间区别的折中方案都不能完整分析这种共舞。这是一个本体论问题。另一个是时间性问题。"主流学术没有时间意识。哲学倾向于讨论无时间的问题——真理、理性、美、善等等；社会科学家倾向于持续讨论各式各样的共时性关联。当时间性问题无法避免时，讨论通常被转化为对致因分析和预测，而不是《实践的冲撞：时间、力量与科学》一书中所讨论的各种开放式终结、不可预期的生成与演化。在各学科与亚洲鳗鱼故事的争斗之间，尽管有人做了折中妥协的弥补，但这些弥补中仍然缺乏对对象的时间性把握。"②对科学的操作性语言描述，则在理论上对应一种生成本体论，实现了本体论与时间性的结合。

（二）作为实践的科学与对科学的操作性语言描述

用对科学的操作性语言描述取代对科学的表征性语言描述，是作为实践和文化的科学与作为知识和表征的科学在描述语言上的根本不同。用约瑟夫·罗斯的术语对类似思想的表述就是：用对科学的"实践优位"说明，取代对科学的"理论优位"说明。对科学实践的这种描述，刻画了完全不同于传统的基于科学表征实在的表征主义的科学观。

在传统的科学解释中，人们一直极为充分地认为：作为一种过程，科学是一种生产知识的活动；作为一种结果，科学是知识体，是关于我们世界的理论和实证命题的集合；作为一种社会建制，是有组织的社会共同体对自然规律的发现与探寻的保障。这里科学知识被视作某种形式对某种对象的表征。相应的对科学的描述是一种表征性语言的描述，这种描述"视科学为寻求表征自然并产生描摹、映照和反映世界的真实面貌

---

① Pickering A, The Objects of the Humanities and the Time of the Cyborg, Presented at a conference on "Cyborg Identities", University of Aarhus, 21-22 October, 1999.

② Pickering A, The Objects of the Humanities and the Time of the Cyborg, Presented at a conference on "Cyborg Identities", University of Aarhus, 21-22 October, 1999.

的知识的活动"①。

实在论者（科学知识是自然实在的表征）、工具论者（科学知识是理论的表征）和科学的社会建构论者（科学知识是社会实在的表征）在科学观上有着显著的不同，但是都没有避开上述科学知识的"表征性内容"和"表征性内容"的"本体论地位"两个问题。对研究问题以及问题结构的预先确定以及对研究成果的事后概括和说明，即对科学活动的方法、原则、路径的预设性确定和对科学成功的回溯式说明是表征性的科学的内容和形式在现象层面的显现。

有三个术语可以表明在知识是一种表征的问题上科学哲学家和科学的社会学家的一致性。这就是认识者（使得表征具有意义的理性主体）、知识（有意义的表征的内容以及它们的合理性）以及认识的对象（科学知识恰切表征的物件）。在这三者的关系中有两个问题突现出来：对知识的"内容"（包括这种内容的内在结构）的说明以及对知识客体的"本体论地位"的确定，即知识表征的是客体。

可以认为，正是对科学的表征性语言描述以及与这种表征性语言描述相对应的对"一般性的崇拜"和对科学作为独立整体的合法性诉求②，使得在科学表述观上大不相同的科学哲学和认识论、科学社会学家和科学知识社会学家在科学作为知识这一点上保持着连续性。这种连续性，使得致力于关注真实的科学实践过程的科学知识社会建构理论不能最为真实地说明科学实践，使得这种理论所刻画的科学实践依旧具有高度的抽象性，在批判对手的抽象性的同时显现出自身理论基础的抽象性。高度的抽象性是对科学的情境开放性的拒斥，内在导致的是科学的历史性、生命力、真实性的丧失。

科学的社会建构的确属于反实在论的阵营，在科学的社会建构那里，无论是基于理论的、观察的，还是基于技术、实践的，所有对自然的表征，都是一种社会建构，对这些表征只能从情境性、权宜性、偶然性的社会产品的角度去理解，原因在于这些表征无一例外地依赖于人类的分类、实践、社会相互作用。但是由于科学的表征性语言本身具有的"一般性"和"整体性"诉求，这些情境性、权宜性、偶然性就被一种稳定性代替。对此拉图尔和伍尔伽明确地指出，"一旦一种'科学'陈述开始稳定化，一个重

---

① Pickering A, *The Mangle of Practice: Time, Agency and Science*, Chicago: University of Chicago Press, 1995, p. 5.

② （美）约瑟夫·劳斯：《涉入科学：如何从哲学上理解科学实践》，戴建平译，苏州：苏州大学出版社，2010年，第8页。

要的变化就开始发生。这个陈述变成了一个分立的实在（split entity）"①，就由动态转为静态，由具体转为抽象。

在皮克林看来，关注真实的科学实践的科学的社会建构之所以走向自己批判对象的反面，正是因为对科学的表征性语言描述不能说明作为实践的科学的本性。"基于表征性语言描述，人或事物以自身影子的方式显示自身。作为智慧化身的科学家，则扮演在观察和事实（还有语言，如反身论者指出的那样）的领域内制造知识的角色。但是，还有一种完全不同的思考科学的方式。我们可以起始于这样一个见解：世界不仅充满着观察和事实，而且充满了各种力量……世界始终不停地处在制造事物之中，各种事物不是作为智慧化身的观察陈述依赖于我们，而是作为各种力量依赖于物质性的存在。"②相应地，对于真正的实践的科学的说明而言，表征性语言描述则带有明显的强制性和苍白性，"除了科学知识能否真实地表征客体之外，人们还能质问科学些什么？"③。

真正的实践的科学一定是彻底的操作性的科学。彻底的操作性的科学，必然拒斥永恒普遍性的科学。永恒普遍性来自去科学实践的情境化，去情境化是科学实践的一种必需的策略，但去情境化本身就是一个建造情境的过程。"消除科学成果的情境性起源的痕迹，反映了人们在更大的实践性介入领域所做的选择，一种得失权衡，而不是从地方性的实践性介入走向普遍的'理论'立场。"④

（三）科学、操作性语言描述与赛博体

实际上，把科学的人类和社会的维度置于首要位置，是科学知识的社会建构研究的最大的成就。科学的社会建构研究使科学中的人类力量主题化，已经具有了"半操作特性"。认为科学知识的生产、评价和使用，受制于人类力量的约束和利益，便在一定程度上部分取代了对科学的表征语言描述。

但科学的社会建构所突出的单一的社会利益持久作用，也阻碍了对科

---

① Latour B, Woolgar S, *Laboratory Life: The Construction of Scientific Facts*, Princeton: Princeton University Press, 1986, p. 176.

② Pickering A, *The Mangle of Practice: Time, Agency and Science*, Chicago: University of Chicago Press, 1995, p. 6.

③ Pickering A, *The Mangle of Practice: Time, Agency and Science*, Chicago: University of Chicago Press, 1995, p. 6.

④（美）约瑟夫·劳斯：《知识与权力：走向科学的政治哲学》，盛晓明、邱慧、孟强译，北京：北京大学出版社，2004 年，第 122 页。

学的最充分的操作性理解的发展,使严肃认真地对待物质力量成为不可能。这种研究着力于科学活动中的人类力量而无视实质意义上物质力量。它赋予社会利益力量以永恒的抽象性。

与社会建构论科学知识的社会建构形成对比,"行动者网络理论……它对物质力量的承认能够帮助我们避开表征语言的'咒语'。它为我们指出了一条直接转向对科学的操作性语言描述的道路"①。"各种力量之间彼此持续不断地生成、消退、转移、变化,循环不已。重要的是,各种力量非常自如地在真实的物质实体和社会结构之间变换地位。"②用拉图尔自己的话说就是:第一,我们必须放弃关于科学的所有的争论和观点,去追随科学家和工程师自己的实际活动。第二,我们必须放弃基于单纯的对一个陈述的考察对这个陈述做出主观性或客观性的决断,去追随曲折的历史,并且在一个个传递的步骤中,把握事实和人工事实的转换和生成。第三,我们必须抛弃自然作为争论终结的终极解释的充分性,我们需要凭借科学家们自己集结起来的长长的异质性资源和联盟的链条,使得反对声音的存在成为可能。③这里,"行动者网络理论"突出了科学实践的过程性、开放性、情境性的操作性特质。

相比较而言,物质性力量总体较之同样作为自然的人类具有先在性;而人类力量由于动机特性在时间上具有一种延伸特性,就是说,人类可以基于现在并不存在的未来状态构造我们的目标。在科学实践中,作为人类力量的科学家在无法预知其轮廓的物质力量的领域里周旋,通过构造各种各样的物质仪器和设备对所周旋的力量"捕获、引诱、下载、吸收、登记"④,周旋在进行,新的仪器设备在建造、新的物质力量被捕获,而这每一次的建造和捕获中已经包含着既往的物质力量和人类力量的融合并为未来的建造和捕获提供生境,这个过程中不断地实现着"主体客体化"与"客体主体化"(马克思语)。

在这个过程中,物质力量作为一种阻抗力量,约束着人类的动机力量,人类的动机力量在面对阻抗中不断地调节自身,最终适应这种阻抗。在这

① Pickering A, *The Mangle of Practice: Time, Agency and Science*, Chicago: University of Chicago Press, 1995, p.13.

② Pickering A, *The Mangle of Practice: Time, Agency and Science*, Chicago: University of Chicago Press, 1995, p. 13.

③ Latour B, *Science in Action: How to Follow Scientists and Engineers through Society*, Cambridge: Harvard University Press, 1987, p. 97.

④ Pickering A, *The Mangle of Practice: Time, Agency and Science*, Chicago: University of Chicago Press, 1995, p. 7.

种过程中，人类得到了远远超过自身体能和智慧的结果，自然也不可逆转地带有人类力量的作用的构成，水力发电究竟是人力还是自然力？现代气象学的研究与观测对象（如全球气候变暖）究竟属于人为还是属于自然？

把时间性内在地注入科学实践活动，也可以说把实质意义上的过程性注入科学实践活动，才真正实现了对科学的操作性语言描述的彻底性，这种彻底性就表现为对任何形式的实体性基质的彻底摆脱。这种摆脱突出强调的是人类力量与物质力量在时间上的对称性破缺以及与这种破缺相对应的偶然性、异质性作用不可逆地在时间中的历史性沉淀。物质力量的时间上的先在性以及人类力量在时间上的延伸性，二者在不可逆的时间中的相互作用，使得在对科学的操作性语言描述中科学具有了客观性与开放性的双重特性。

对科学的操作性语言描述的实质是从本质到特质。林奇从常人方法论的研究路径，通过对本质（quididty）和特质（haecceity）的彼此区分的分析，突出了对科学的操作性语言描述的特性。quididty 和 haecceity 看起来是两个同义词，即"使一个对象成为独特性的东西"。伽芬克尔使用 haecceity 体现出的特定的意义来区别于本质主义，意思是"就是这个"（just thisness）或者"仅仅是这个"，意味着此时、此地展现出的"这个"，而不是代表任何一个已经命名好的、确凿的事物。[①]haecceity 体现出最充分的情境特性。

关注过程描述、相互作用描述，而不是状态描述、分解描述；强调对现时秩序的把握，而不是对隐藏规律的追寻；对"就是这个"高度敏感，拒绝"一般性崇拜"，是对科学的操作性语言描述相比对科学的表征性语言描述的突出特点。

哈金也极力主张，科学活动中"干预"与"表征"在活动中的过程一致与相融，"实验本身有其自己的生命"[②]，稳定的实验科学产生于"理论和实验仪器以彼此匹配和相互自我辩护的方式的携手发展"[③]。"这种共生现象是与人、科学组织以及自然相关的一个偶然事实"[④]，科学就是

---

① Lynch M, *Scientific Practice and Ordinary Action: Ethnomethodology and Social Studies of Science*, Cambridge: Cambridge University Press, 1993, p. 284.

② Hacking I, "The Self-Vindication of the Laboratory Science", In Pickering A, *Science as Practice and Culture*, Chicago: University of Chicago Press, 1992, p. 30.

③ Hacking I, "The Self-Vindication of the Laboratory Science", In Pickering A, *Science as Practice and Culture*, Chicago: University of Chicago Press, 1992, p. 31.

④ Hacking I, "The Self-Vindication of the Laboratory Science", In Pickering A, *Science as Practice and Culture*, Chicago: University of Chicago Press, 1992, p. 31.

致力于经过实验设备实现物质世界与智慧世界的结合，科学真理与科学仪器具有共生特性，实验报告的内容通常不是一些预先存在的现象，是实验造就了现象。我们所接受的理论至多对于那些从仪器中抽提出来的现象来说是真的，而这些现象的产生本身就是为了更好地契合理论。仪器运作中所发生的修正过程，无论是物质性的（我们对其进行固定）还是智慧性的（我们对其进行重新描述），都在致力于我们的智慧的世界和物质性的世界结合，都具有这种具体结合中的情境特质。

对科学的操作性语言描述就是要尽力追寻科学活动在具体的现时秩序的情境中的特质。就实验科学而言，这种特质是科学家的专业能力、仪器设备的具体特性以及所作用的既定对象的耦合，三者每一个都是各自历史的产物，都承载着内在的在不可逆的时间中形成的独有的特质。"机器的领域不能存在于纯粹的人类空间。尽管科学仪器和设备通常具有超人的能力，但人类王国从来不能包揽它们的操作过程。它仅仅被人类的各种实践活动所包揽——被某种动作、某种技能、某种能够使仪器和设备运作起来、沟通起来、其能量能够被激发出来的力量所包揽。类似地，皮克林通过考察弗莱克对梅毒实验的瓦塞尔曼反应的演化历史的经典讨论说明：弗莱克强调建立有能力进行这种实验的从业者（主要是医生）共同体的特殊重要性。缺乏这种共同体，缺乏这种共同体的特殊的人类操作，关于梅毒实验的瓦塞尔曼反应将不存在。"[1]换言之，梅毒实验的瓦塞尔曼反应是各种特定的要素共同造就的结果，要素的组合不同，最终的反应结果就会不同。科学的实际操作以及相应的操作结果中充满着异质性要素的偶然性结合以及这种结合对后继操作的方向性引导。"操作性语言描述激励我们围绕人类王国与物质操作之间的剧烈转换来组织思想谱系的最终实现……不是把 17 世纪的科学革命，而是把 18 世纪晚期和 19 世纪早期的工业革命作为西方历史的关键时期——这一时期，机器操作在工厂中被奉为神明，与工厂紧密相连。"[2]在这样的刻画中，科学的生活完全融入社会的经济和政治生活，科学的实践生成性地成为人类社会实践的内在组成。

赛博是一种对科学的操作性语言描述视角，是过程客观性意义上的客观性呈现，是科学技术现实存在的本体样态，对科学的操作性语言描述对应着生成本体论的哲学样态。

---

① Pickering A, *The Mangle of Practice: Time, Agency and Science*, Chicago: University of Chicago Press, 1995, pp. 16-17.

② Pickering A, *The Mangle of Practice: Time, Agency and Science*, Chicago: University of Chicago Press, 1995, p. 231.

　　体现过程客观性的赛博客体，具有如下特征：①是受到特定的时空限制的联结体；②是人和物共生的集合体；③是去中心主义的人类与非人类作用的相互塑造与结合的过程；④是在时间中各种力量的作用演化的共变体。用皮克林的话说就是：在力量的舞蹈（dance of agency）中，异质性要素以开放式驻足方式突现、耦合，历史性地生成、沉淀为不可逆的客观过程，并且以同样的方式周而复始地拓展这种过程。由于人类文化的现实与科学、技术不可剥离的渗透与构造，科学、技术等已经不可逆转地成为人类科学、技术活动本身的对象，纳入过程客观性之中。按照这种理解，"赛博客体"适用于从微观到宏观、从个体科学实践到集体科学实践的整个过程。它不是在纯粹知识领域的（如波普尔），也不是消解人类力量与人类力量区别的（如拉图尔），也不是抑制技术与科学的（如海德格尔等），它突出强调的是实践的操作性过程中的客观主义的、相对主义的、历史主义的统一。在这种理解中，科学知识是流动中的物质操作与概念结构之间的相互作用性稳定中的节点，揭示了知识如何内在地参与客体以及曾经作为客体性的物质世界实际上所拥有的历史的特性。在这种理解中，"'科学革命'是巨大的'赛博客体'形成的名称，是物质世界（机器技术、工业环境和工业城镇的建造）、社会（新阶级结构和新形式的阶级斗争）以及科学知识——作为持续不断地卷入历史的物质的、社会的以及概念的相互作用的开放式终结的变体——的相互共生的群集"[1]。这种体现过程客观性的赛博客体的内在丰富性，可以更深入地由控制论、系统理论、分形理论、混沌理论、人工生命理论、细胞自动机理论等来刻画。这些刻画所突出的共同之点就是：对复杂性、过程性和不可还原性的认识和揭示。

五、生成本体论

（一）两幅画中的存在本体论与生成本体论

　　在赛博科学中，对于世界及我们在其中所处的位置，皮克林提供了一种本体论图景：无论人类还是物都被作为开放性驻足点的生成过程来认识，并在一种内在的瞬间的"力量的舞蹈"之中以突现的形式呈现出来。皮克林 2008 年的著作《实践中的冲撞：科学、社会与生成》[2]（*The Mangle in*

① Pickering A, "The Mangle of Practice: Agency and Emergence in the Sociology of Science", In Biagioli M (Ed.), *The Science Studies Reader*, New York: Routledge, 1999, p. 384.

② Pickering A, Guzik K, *The Mangle in Practice: Science, Society, and Becoming*, Durham: Duke University Press, 2008.

Practice：Science，Society，and Becoming）则把这种本体论扩展到对艺术作品的分析，以表明其"辩证的本体论"的普遍性。皮克林曾从皮特·科内利斯·蒙德里安（Piet Cornelies Mondrian）后期的几何抽象作品与威廉·德·库宁[①]（Willem de Kooning）一幅画的比较中，指出了两种不同的本体论，即存在本体论与生成本体论。

在哲学上，蒙德里安的画表现的是一种存在本体论。它由很多黑色的实线所构成的纵横相间的网格组成，网格中是一些补丁状的色块，它们可以被立刻识别出来。透过这幅画，我们如何思考世界之中的存在？它首先向我们讲述了某种关于人与物相分离的二元论，画家和他的作品之间的一种彻底的脱离。我们可以把它理解为一个画家与这个世界的脱离（detachment），即那种凝视世界的很细微的方式（画家凝视画并以某种方式将其感受表现在绘画中）的丢失。看看这幅画作，我们不得不把它想象成蒙德里安心灵的产物；换句话说，作为抽象的表征先是在思想上进行了筹划——在思想上事先设计好如何在布满笛卡儿网格的白色背景上，把黑线延伸到这里或那里，这个网格的基色是这种颜色或那种颜色。然后，用笔和颜料在画布上实施自己的设计。因而，"蒙德里安使我们想到，我们自己与世界并没有共存的关系，而是作为两个部分从世界之中分离出来，独立的人类力量从外部控制着被动的物质世界。这是一个二元分离的本体论的图像"[②]。

德·库宁的画却不是首先对世界的凝视，然后进行思想筹划，最后将之转化为实践。他那幅画迹斑斑的画布强有力地表明画家本人对世界的一种深度的、具身的、物质的干预（engagement）。德·库宁是沿着图画实际过程的线索来思考下一步要画什么。对于即将着手的一个任务，德·库宁很可能有一些最初的构思，但他在画画的过程中从来不会固守这些构思。运用浓稠的各色颜料，他会不断寻求那些画画过程中涌现出来的美学效果——旋涡，一系列美丽的色彩旋涡，碰巧涌现出来的美丽效

[①] 皮特·科内利斯·蒙德里安(1872—1944)，荷兰画家，风格派运动幕后艺术家和非具象绘画的创始者之一，对后世的建筑、设计等影响很大。蒙德里安是几何抽象画派的先驱，以几何图形为绘画的基本元素，与杜斯堡等创立了"风格派"，提倡自己的艺术"新造型主义"。他还认为艺术应根本脱离自然的外在形式，以表现抽象精神为目的，追求人与神统一的绝对境界，也就是现在我们熟知的"纯粹抽象"。威廉·德·库宁(1904—1997)，荷兰籍美国画家，抽象表现主义的灵魂人物之一，新行动画派的大师之一。在后二战时期，德·库宁的画，表现了抽象表现主义或行动绘画的风格。

[②] Pickering A, "New Ontologies", In Pickering A, Guzik K (Eds.), *The Mangle in Practice: Science, Society, and Becoming,* Durham: Duke University Press, 2008, p. 1.

果。然后，他让这些效果引导他自己下一步画什么，如增加更多的或其他的颜料，到处涂抹它等等。他的绘画是一种持续的活动，这种在对涌现效果的美感和试图去加强这种感受之间来回往复的活动，将画引向一个开放性驻足点的样式，任何人，包括画家本人，都不可能事先设计好或预想其最后作品的完整画面。只有当有人从德·库宁手中拿走画布时，这一作品才算完成了。否则他就总是会在作画过程中不断寻找一些新的涌现美学效果，然后继续他的绘画工作。

从哲学角度来看，德·库宁的绘画呈现出了一个完全不同于蒙德里安作品的本体论。

第一，如果蒙德里安的画代表着把人类从物质世界中分离出来的二元论，那么，德·库宁的作品则显示出一种画家与世界之间的构成性的交互干预。如果蒙德里安的作品把二元分离和人类对被动物质的不对称支配地位联系在一起，那么，德·库宁的画则强调了一种人类和物质（颜料、画布、画笔等）之间更为对称的相互作用。也就是说，德·库宁的绘画是一种不可逆的人类与物质的联合产物；德·库宁是时间过程中的颜料与画布的创造者和发现者，但他不是主导者，他要在与画能动性阻抗中不断调整自己的画作。

第二，是时间性（temporality）的问题。蒙德里安的画作没有考虑时间的问题。人们可以把蒙德里安的绘画想象为一个几乎永恒的柏拉图式图像的具体化，这个图像能够在一个人的头脑中被清晰设计好。人们在任何时候有如此的意愿，都可以把它在世间释放出来。相反，人们只能想象德·库宁式的绘画体现的作画实践的真实时间过程，"这个（this）只能恰好发生——运用这么多的这种颜色，在那些已经着色的表面——然后那个（that）也只能恰好发生，等等，在一个独特的轨迹中导致了这一（this）图象"[1]，正如前述林奇所说的境遇中的 just thisness，即 "只能是这个"。此外，不论是在德·库宁的大脑中，还是在油漆管中，或是其他地方，这个轨迹的终点绝不可能事先就被确定。因而，德·库宁的绘画为我们显示出，"在物之繁涌中，在人类和物的交界处，在开放式终结和前瞻式的反复试探的过程中，真正的新奇事物是如何可能在时间中真实地突现的……德·库宁把一个生成的本体论进行了主题化"[2]。

---

[1] Pickering A, "New Ontologies", In Pickering A, Guzik K (Eds.), *The Mangle in Practice: Science, Society, and Becoming*, Durham: Duke University Press, 2008, p. 34.

[2] Pickering A, "New Ontologies", In Pickering A, Guzik K (Eds.), *The Mangle in Practice: Science, Society, and Becoming*, Durham: Duke University Press, 2008, p. 4.

因此，这幅画代表着两种不同的本体论。蒙德里安式本体论需要画家与画的二元分离，画家对画的永恒的控制，因为所有这一切在画家的头脑中被事先筹划好。用亚瑟·范的说法，这种本体论，在过去的几个世纪中，已经变成了一种"自然本体论的态度"（the natural ontological attitude）。德·库宁式本体论则需要一种画家与画之间的瞬时性对称的干预，以及涉入过程中的画家与画之间内在的、时间性的相互生成与发展过程。德·库宁的画生活在物之繁涌中，在开放式终结的生成过程中，对称地融入物质世界中。

因此，皮克林说："德·库宁讲述的本体论是一个我所称的真实的本体论——对我们的一个提醒：世界中的存在是如何一直并将永远存在；而对于蒙德里安，则不得不把他视为一种在生成流中对某种立场的主题化，看作是在这个生成流中一种关于存在的特别策略，即通过试图跳到其外部的方式去拒绝承认这种生成流，这可以和二元论的目标联系起来，即对物的控制和对时间的否定。我在这里想提出的一般观点是，我们一直让蒙德里安弄得头晕目眩。我们总是把它错认为是世界本身，而却没有把二元论者的分离和支配看作是在生成流中生存的一种行动、一个策略、一个手段、一个特别的方式。"①

（二）生成本体论对西方哲学传统的超越

上述两种本体论的讨论使我们想到了海德格尔。在其著名的文章《技术的追问》中，海德格尔采取了德·库宁的思路：物质世界的轮廓不断地突现和生成，人类世界亦是如此。而事实上，物质世界与人类世界的这两种生成不可逆转地彼此纠缠在一起。然而，根据海德格尔的观点，在这种生成流中，"现代性"正是以接受蒙德里安的立场为标志的。在"座架"的方式中，我们人类试图跳到自然之外，为了生产和消费的循环而将世界作为"持存物"来支配它、控制它、挑战它。同时，由于同样的循环，我们又挑战了作为特殊的存在、作为持存物的我们自己。海德格尔把"座架"视为人类的巨大危险。这里正是皮克林对本体论进行讨论的重要性所在。

然而，皮克林本人并不想过多地在思辨的西方哲学中寻求自己的理论根源，原因在于：第一，他想填补西方传统思辨哲学中实证的"漏洞"；第二，皮克林承认关于时间有一个古老的哲学传统，这一传统主要与英语

---

① Pickering A, "New Ontologies", In Pickering A, Guzik K（Eds.）, *The Mangle in Practice: Science, Society, and Becoming*, Durham: Duke University Press, 2008, p. 32.

语言所说的大陆哲学联系在一起。当皮克林在丹麦奥尔胡斯大学（Aarhus Universitet）学习的时候，其有关时间的许多见解总是被回敬为"都早已存在于黑格尔那里"的叫喊。也有不少的学者曾经写过把皮克林同海德格尔联系起来的文章①。第三，皮克林个人发现很难从这些思辨哲学中获得灵感。一方面，讨论这些问题的哲学著述晦涩至极以至难以把握——这一点也表现在用英语写作的人，如阿弗烈·诺夫·怀特海（Alfred North Whitehead），也适用于那些用德语或法语写作的人。另一方面，这些思辨哲学属于 19 世纪，很难说它们适用于当下。我们今天的世界是以 19 世纪这些哲学家们无法想象的方式运行的。能否用海德格尔或黑格尔的见解来把握当今赛博科学时代的特征？皮克林对此深表怀疑。至少可以说，他们的思想应进行改造，以适应科学化、技术化的当今世界。

皮克林更多地从思辨形而上学的相反一极——实用主义哲学中寻求其思想的依据。例如，威廉·詹姆士（William James）提到"对理性主义实在论而言是形成了的、完成了的东西，对实用主义来说是正在生成的东西，并且等待着来自未来的其自身的构成。一方面，宇宙是绝对牢固的，另一方面，它又一直追求自身的奇遇"，然而，遗憾的是，这些启发性见解在詹姆士那里没走多远。②实用主义者们后来强调它的反基础主义，但把时间性问题遗忘了。那么，就时间问题，在哲学之外我们要到哪里去寻找？皮克林最终承认：演化生物学应是重新开始的地方。生物物种的变化可以准确地视为在时间中的开放式终结演化。如果加上生态学的观点，物种与环境关联本身就是演化的过程。涉及其他物种，我们会立即形成共同演化的概念，这一概念非常近似于皮克林前面提及的相互调节的思想。这样，我们就可以把生物演化视为在更广泛意义的思考演化问题的模型。也就是说，在皮克林看来，在思考更为一般意义的演化问题时，生物演化论是非常好的研究模型。

另一位影响皮克林的思想家是福柯，特别是福柯的《规训与惩罚》（*Discipline and Punish*）。众所周知，福柯思想中有一个关于人类力量的去中心形象。与关于自我的传统的和独特的形象相对立，福柯分析了关于自

---

① 如，Steiner C, "Ontological Dance: A Dialogue between Heidegger and Pickering", In Pickering A, Guzik K（Eds.）, *The Mangle in Practice: Science, Society, and Becoming*, Durham: Duke University Press, 2008, pp. 243-265.（该文的结论是：皮克林并没有实现"跨越存在"。）

② Pickering A, "On Becoming: Imagination, Metaphysics and the Mangle", In Ihde D, Selinger E（Eds.）, *Chasing Technoscience: Matrix for Materiality*, Bloomington: Indiana University Press, 2003, p. 179.

我形象的塑造过程，并进一步强调了这一过程中物质的和技术的方面。按照福柯的观点，在"驯服的身体"（docile body）的建造中，砖与灰泥、建筑术、视觉线条以及几何图形都是至关重要的。这一思想集中于对圆形监狱蓝本的描述中，这种圆形监狱（panopticon）以各种方式显现于军营、学校、工厂、医院以及监狱中。同样，人体在福柯那里也不是显现为自主自我的载体，而是显现为约束机制贯穿其训练和驯服过程的物质场所。训练的决定性技术是钟表，它的滴答计时使规训自我的各种时间表成为可能，并使日常案头工作成为正常生活的有机构成。这样，福柯便给我们提供了一幅在异质的人类与物质的聚合体中重塑主体的画图。这样的图景，实际上非常类似于皮克林所感兴趣的"赛博对象"。但是在福柯的异质聚合体中，有两方面与皮克林所讨论的"赛博对象"不同。

第一，在皮克林亚洲鳗的例子中，物世界作用与人类世界作用同样活跃，这使得我们可以讨论人类力量与物力量的舞蹈。这种情形没有出现在福柯的叙述中。在福柯的叙述中，人们几乎不能称监狱的墙、视觉的线条以及案头日常工作为力量。在一只鳗鱼和原子弹行为的意义上，甚至钟表也没有做什么。因此，在福柯那里很难发现真正的力量的舞蹈。在福柯讨论的例证中，物质的地位更多地显现为沟通人类力量、引导人类依靠自身（例如一个犯人在禁闭室中反省其罪过）的资源，或者是在各种力量之间建造新的关系（在教室里的视觉线条）。皮克林对福柯的批评（尽管皮克林认为《规训与惩罚》是一部精彩的著作），是想表明福柯的客体与"赛博体"之间的区别。从皮克林的亚洲鳗故事看，福柯的监狱是去中心的转换客体，但不像"赛博体"能够做到和经常做到的那样进入物质世界。人文科学发展的路径应该经过福柯并比他走得更远，深入人与物的交界地带。

第二，福柯在人类力量的去中心问题上的阐释相当精彩，但在时间问题上却没有什么建树。关于时间和变化，他的著作给我们提供两种形象。一方面，他善于在"旧制度"特殊的惩戒和现代约束的精致机制之间构想出非连续性；另一方面，任何时代，在福柯的叙述中又似乎没有什么事件发生。皮克林对福柯的"知识考古学"（archaeology of knowledge）的评论是："讨论"对于福柯来说似乎是某种要素已经给定了的特殊的宇宙，而零散的实践活动对于在这个宇宙中置换和组合而言属于非转换性事物。因此皮克林认为，无论是粗略的非连续性还是非均匀置换都不是思考开放式终结的演化的好方法。福柯确实想使知识、权力和主体历史化，但他发展的这两个概念都是相当粗糙的。因为他在坚持非连续性的同时，坚持转换仅在时代内部进行，这是一种误导。①皮克林的亚洲鳗故事可以说始于一种断裂——鳗鱼从亚洲转移到美国，但是随后的分化就不能理解为是预先建立起来的要素的组合。在此，福柯充其量扮演了一个强调时间的突现性的过渡人物。

第五节　皮克林对拉图尔的批判性继承

对作为实践与文化的科学的研究，第一要突破自然与文化、物与人的截然两分，破除反映论意义上的主体与客体的镜像关系。第二要赋予"物"以力量或能动性，以理解在实验室中物与人之间力量或能动的冲撞。这种研究的起点是拉图尔的广义对称性原则。布鲁尔的方法论对称性原则并没有真正坚持对称性，因为它将解释权赋予了社会，造成了自然的"失语"。为此，拉图尔在《行动中的科学》一书中将对称性原则从方法论推进到了本体论，即"在对人与物资源的征募与控制上，应当对称性地分配我们的工作"②。也就是说，我们要在人与物这两类本体关系间保持对称性态度。这样，主体与客体、人与物、自然与社会之间的二元对立在本体层面上被清除。新本体论成为以两者内在行动为基础的一个行动者网络，出现了一种"社会与自然之间的本体论混合状态"。"在行动者网络理论的图景中，人类力量与物力量是对称的，二者互不相逊，平分秋色。任何一方都是科学的内在构成，因此只能把它们放在一起进行考察。"③

拉图尔的本体论对称性原则是"科学实践转向"的出发点，它同样影响着皮克林的工作。但拉图尔的 ANT 的符号化趋向使他没有完全摆脱抽象的表征世界。皮克林用局部对称性取代本体论对称性、用历时性分析取代 ANT 的共时性分析，在本体论上实现了真实的物质世界中的混合本体论，这使得皮克林超越了拉图尔，使科学实践真正地回到了真实的生活世界。

像拉图尔早期的《实验室生活：科学事实的社会建构》一书一样，皮克林的《建构夸克：粒子物理学的社会学史》也深受社会建构论影响。然

---

① Pickering A, The Objects of the Humanities and the Time of the Cyborg, Presented at a conference on "Cyborg Identities", University of Aarhus, 21-22 October, 1999.

② Latour B, *Science in Action How to Follow Scientists and Engineers through Society,* Cambridge: Harvard University Press, 1987, p. 144.

③（美）安德鲁·皮克林：《实践的冲撞：时间、力量与科学》，邢冬梅译，南京：南京大学出版社，2004年，第11页。

而随着时间的推移，两人开始逐渐摆脱社会建构论色彩，分别独立发展出各自具有后人类主义色彩的行动者网络理论和冲撞理论。人们在读拉图尔和皮克林的后继著作时，时常将他们一并笼统概括为后人类主义者，未能细致加以厘清。对二者的异同进行分析，有助于明确地勾画出当前 STS 的"唯物论"走向。

一、拉图尔对皮克林的影响

拉图尔对皮克林思想发展产生了重要的影响，我们可以从他们的著作和论文中找到许多共鸣之处。皮克林本人也在多处坦率承认："我个人的 STS 思考很大程度上归功于拉图尔的著作。"[①]具体说来，拉图尔对皮克林的影响，可以概括为以下几点。

（一）物是具有自身能动性的行动者

说到 STS 中"物具有自己的能动性"这种思想，就不能不提到拉图尔的本体论对称性原则。所谓本体论对称性原则是指在进行技科学的实践分析时，我们应采用的一种人与物完全对称的 ANT 分析标准，这种混合分析排除了一种先验的自然/文化、人类/机器、主体/客体和身体/心灵等二元论。布鲁尔的方法论对称性原则认为物质是死的，是没有生命与历史的东西，在科学中真正起决定作用的是社会因素。而 ANT 认为物的物质因素是真正具有自己能动性和历史的行动者，就像人类一样。

拉图尔的本体论对称性原则直接影响了皮克林的工作。它正好与皮克林本人早期作为物理学家的职业生涯的具身性体验不谋而合：物质是主动的，具有生命和历史，是知识建构过程中不可或缺的重要组成部分。20 世纪 70 年代末，作为物理学博士的皮克林开始从事寻找夸克的高能物理学实验研究，当时粒子物理学主要是一个还原性的领域，关注于辨别物质的基元并探讨它们之间可计算的、在时间上可逆的互动。然而，皮克林由于注意到了粒子物质之间强耦合的神秘性和突现特征，因此开始对物质还原论产生怀疑态度，并试图由此去解决夸克幽闭问题，即夸克之间不可避免地缠绕在一起，形成了强子、质子、中子等。

正是在拉图尔本体论对称性原则所强调的"物具有自己的力量和生命"的影响下，皮克林在《实践的冲撞：时间、力量与科学》一书提出了

---

① Pickering A, "The Politics of Theory: Producing Another World: with Some Thoughts on Latour", In Healy C, Bennett T（Eds.）, *Assembling Culture, Journal of Cultural Economy,* Vol. 2, No.1/2, 2009, p. 199.

"后人类主义"这一术语。"后人类主义"是指"相对于人类行动者（科学家和工程师）和物行动者（自然与工具）而言，对科学实践的任何有价值的分析，都不得不去中心化"。"我认为我们需要把科学实践看作是人与物力量之间一种开放式终结的、相互构造的互动，也就是力量的舞蹈，我把这过程叫冲撞。"①从此，皮克林开始把科学实践看作是物质、概念和社会之间的一个聚集体，其中存在着微妙的、互动的、无法预测的冲撞或共舞过程。值得注意的是，拉图尔的作品中并没有出现过"后人类主义"这一词，这和他的符号学背景有关。

（二）转译模型：抛弃还原论的因果观

还原论的因果观，一直是科学实在论与社会建构论自诩的"科学性"的保证。拉图尔从本体论对称性原则角度批判了这种观点。在《行动中的科学》一书中，他提出了 7 个方法论规则，其中第 3 条是针对科学实在论的批判："既然一场争论的解决是自然表征的原因，而不是其结果，那么我们就永远不能使用这个结果（自然）去解释这场争论如何和为什么被解决。"第 4 条是针对社会建构论的批判："既然一场争论的解决是社会稳定的原因，那么我们就不能使用这个社会去解释这场争论如何和为什么被解决。我们应该对称性地考虑征募人类资源和物资源的努力。"②这里，拉图尔的一个核心观点就是：传统还原论式的机械因果观在此失效，因为无论是科学实在论所谓的原因——自然，还是社会建构论所谓的原因——社会，本身不过都是科学实践中协商解决争论的结果。不过他又指出：虽然我们不能用传统因果模型去解释争论为何结束，但是我们却可另辟蹊径，以解释争论如何结束。于是他提出了一个"转译模型"去替代"因果模型"。所谓"转译模型"是指行动者（包括人与物）通过关联网络不断变化的组合、协商、征募以及转译过程，设法将自身利益转译为其他潜在行动者的利益，从而使网络中各个行动者的利益趋向一致，构成一个越来越强有力和暂时稳定的行动者网络。需要指出的是，在转译过程中，所有的行动者都不是先验的，都是在转译实践过程中涌现的，因而是随机的、异质的、不可还原的和无法预测的，转译的方向也具有不确定性和突现性，因而机械的因果解释模型在这根本行不通。

---

① Pickering A, Guzik K, *The Mangle in Practice: Science, Society, and Becoming*, Durham: Duke University Press, 2008, p. vii.

② Latour B, *Science in Action How to Follow Scientists and Engineers through Society*, Cambridge: Harvard University Press, 1987, p. 258.

拉图尔抛弃了传统因果解释的转译模型，对皮克林产生了深刻影响。正如皮克林所说："1988 年，在参加一个有关科学的社会建构理论教学的研讨班时，我回忆起，刚开始我们是详细讨论库恩的《科学革命的结构》一书……但我中途换了内容，改读拉图尔的新书《行动中的科学》……因此我在课堂上讨论了《行动中的科学》，寻找新颖性和原创性，而不是追溯我已经理解的东西。我无疑发现了它的价值。"①皮克林还指出《行动中的科学》一书中的 ANT 最具吸引力的特征是"它对物质力量的承认能够帮助我们避开表征语言的'咒语'。它为我们指出了一条直接转向对科学的操作性语言描述的道路"②。皮克林《实践的冲撞：时间、力量与科学》中的"瞬间突现性"也表现出 ANT 的不可还原性与机遇性。瞬间突现性是指我们无法预知一台工作机器是由哪些部件聚集而成的，我们也无法知道它的精确功率，我们必须通过实践的冲撞去弄清楚对物质力量的下一次捕获将如何被建构，以及它看起来如何。捕获及其属性只在实践中发生。这便是突现的基本含义，一种正发生在时间中的机遇，冲撞的世界里缺少传统物理学、工程技术学和社会学中那种令人愉悦的因果关系。③显然在皮克林看来，他的冲撞具有一种真正突现的生成与演化特征，而不是机械的因果模型。

（三）认识的本体论化

在拉图尔看来，真理从来不是一个绝对的、普遍的而是一个相对的、生成的概念。在他《行动中的科学》一书中，真理被描述成争论的结果而不是原因，因为它是建构生成的结果，是通过与越来越多的行动者建立稳固的同盟而获得的开放性终结。那么，什么是科学事实？拉图尔把事实看作是一种相对的"循环实体"，这种循环实体是通过谈判和力量的较量而生成的。脱离行动去评价某一科学的主张是真或假、事实还是幻想，是没有意义的。也就是说，拉图尔是在实践的本体论舞台上思考科学事实的生成，并建构出其理论与表征。或者说，拉图尔是在本体论舞台上思考认识论的问题，"跟踪行动者"成为建构科学认识的不二法则，因为只有通过

---

① Ihde D, Selinger E, *Chasing Technoscience: Matrix for Materiality*, Bloomington: Indiana University Press, 2003, p. 86.

②（美）安德鲁·皮克林：《实践的冲撞：时间、力量与科学》，邢冬梅译，南京：南京大学出版社，2004 年，第 12 页。

③（美）安德鲁·皮克林：《实践的冲撞：时间、力量与科学》，邢冬梅译，南京：南京大学出版社，2004 年，第 21 页。

这一过程，科学家能够遭遇他要研究的对象，并建构出相应的科学主张。对于拉图尔认识论的本体化的做法，约翰·扎米托（John Zammito）有清晰的认识，但对此持批判态度："拉图尔到处使用拟人化的比喻，他混淆了本体论和认识论之间的分界线……本体论和认识论看来被危险地紧密混杂在一起。"①

同样，受《行动中的科学》的影响，皮克林展开对传统认识论的批判。认为知识内容的永恒形式与冲撞"瞬间突现的真实特征"相冲突。他主张这种冲突正是为什么我们不可能毫无疑问地把知识直接扩展到新领域的原因："我们无疑在穿越物质操作性的旅途中使用了永久性知识，但这种知识并不具有魔力来保证我们能够达到任何特定的目标。当我们远离我们的传统认识论的基本模型时，我们容易发现自己必须面临对物质世界的突现操作而留下的难题。"②他注意到这些难题只有通过真理的时间性与历史性来解决，即把知识的生产置于特定的时空之中，把知识的建构展现在人与物冲撞或共舞的本体论舞台上。这样他的冲撞观就不会去关注表征和规训，而是去关注理论与世界之间的新联系是如何在实践中得以确立。这就是实践中表现出来的一种"阻抗与适应"的辩证法，以及物质、社会和概念之间在本体论舞台上的互动式稳定。除了这样一个冲撞的实践过程外，我们不应该期望还会有其他的知识基础。不可通约性一直是困扰着科学哲学的一个难题，而在冲撞的实践舞台上，不可通约性则表现为具体的物质捕获过程的理论或者概念的生成，这种对物质的捕获以及相应的概念或者理论的生成，会随语境的变化而改变，并与境遇的变化相契合，而不会导致抽象的普适性的绝对性，因为新的机器不会和旧机器一样只做同样的事情，对象、仪器、概念在捕获过程中共生耦合，生成不同的真理。故而，冲撞过程中的知识建构消解了任何怀疑论和认识论的困扰。

总之，拉图尔关注的是通过谈判和转译手段去建立更强有力的行动者网络，而皮克林关注的是如何通过调节和共舞方式将各种异质性力量稳定化，两人的目标都是在本体论舞台的操作过程中思考认识的建构或生产的问题，所强调的是后人类主义的操作，而不是经典认识论的表征，由此传统的认识论问题就被规避，消解了社会建构论面对的"反身性难题"，即社会建构论者如何评价自身，也消解了传统认识论所承受的方法论恐惧，

---

① Zammito J H, *A Nice Derangement of Epistemes: Post-positivism in the Study of Science from Quine to Latour*, Chicago: University of Chicago Press, 2004, p. 187.

② Ihde D, Selinger E, *Chasing Technoscience: Matrix for Materiality*, Bloomington: Indiana University Press, 2003, p. 102.

即表征是否充分、如何充分。

二、皮克林对拉图尔的超越

（一）用局部对称性取代无差异的本体论对称性

拉图尔的广对称性原则构成了 STS 中"实践转向"的起点。然而，拉图尔的广义对称性原则的主要问题在于把人类力量与物的力量都符号化了，这种符号化导致了某些批评家指责其出尔反尔。

首先，尽管拉图尔认为这种符号学解释告别了对科学的逻辑经验论式解读，但最终他实际上还是追随了同样的分析路径：他把实验室中的活生生的研究视为操作性铭文，结果，"行动中的科学"变成了一种建构和解构符号体系的形式活动，把实验室生活转换为形式体系，"又回到了我们不愿意建构的文本和表征世界"[①]。

其次，拉图尔的广义对称性是建立在"去意义的符号学"上，人类力量和物的力量是完全等同的。他用符号学意义的"行动者"（actant）取代社会学意义上的概念——"行动者"（actor），抹掉了两者的差别，可以相互替代或转换。这种符号的世界是抽象的，但真实世界充满人类力量和物力量，它们并不是完全等同的。比如人类具有一种计划能力和某种意向性，而这是物（比如机器）所不具备的。"正像行动者网络理论所坚持的那样，在符号学意义上，人类力量与物力量之间不存在任何区别……这些见解存在着严重的问题。"[②]

最后，在符号化人与物的行动者后，拉图尔指派给行动者一组属性，如术语"力量""权力""策略""利益"，并把它们等价地分配给巴斯德与细菌。结果，拉图尔保留了社会建构论所惯用的术语，而在试图放弃这些术语的"社会学"内涵的同时，又无法给这些术语以明确的实践内涵。林奇指出这无非是正在讲述一个怪异的社会学的故事。[③]因此，皮克林、林奇等反对广义对称性原则，要求科学研究返回真实的物质世界。

皮克林认为，要完全维持普遍对称性是不可能的。这个世界充满人类力量和物的力量，但它们不是同一类的。物质性力量从人类王国的外部朝

---

① （美）安德鲁·皮克林：《实践的冲撞：时间、力量与科学》，邢冬梅译，南京：南京大学出版社，2004 年，第 97 页。

② （美）安德鲁·皮克林：《实践的冲撞：时间、力量与科学》，邢冬梅译，南京：南京大学出版社，2004 年，第 13-14 页。

③ （美）迈克尔·林奇：《科学实践与日常活动：常人方法论与对科学的社会研究》，邢冬梅译，苏州：苏州大学出版社，2010 年，第 138、331 页。

我们冲来，它不能还原成人类王国的任何东西。"行动者网络提出用机器
'代表'人类操作。我的观点是当我们试图反过来用人类代表机器功能时，
这种假设的操作的对称性就会破裂。"①虽然人类力量和物质力量在冲撞
的过程中相互纠缠在一起，但是严格意义上的对称性应该放弃，这也是皮
克林拒斥拉图尔本体论对称性的原因。显示人类力量与物的力量之间对称
性破缺的一个主要方面是"人类的动机性"。动机是指科学活动是基于特
定的计划、围绕特定的目标而组织起来的。如果不涉及科学家动机、目标
和计划，人们显然不知道科学家所进行的任何研究如何实现。科学家通常
基于看得见的有希望的目的而研究，而机器无论如何做不到这一点。因此，
人类的动机性在物质王国中显然找不到它的对应物。

基于上述思考，皮克林用实践的"冲撞理论"取代 ANT 的本体论对称性，
从概念、物质和社会三个方面进行他的实践冲撞分析，从而表明人类力量无
法完全等价于物质力量。正如埃文·塞林格（Evan Selinger）说："这种本体
论抽象的对称性的做法引起皮克林的不满，使他选择了在社会建构论和 ANT
本体论对称性之间的一个中间道路，这也许可以被称为局部对称性。"②

皮克林的局部对称性原则从一种"去中心化"的广义分类学角度厘清
了参与这种冲撞过程中的三种不同成分：概念、物质和社会。虽然与拉图
尔一样认为这三者中没有一个处于先验的优先或处于中心地位，但他同时
认为，正是因为这种区分使对称性的意义发生了变化，在真实的物质世界
中，对称性起着这样的作用：人类力量与物的力量不能相互决定或还原，
而是内在地彼此关联与交织，在瞬间涌现中相互界定、相互支撑，在相互
作用中实现稳定。皮克林的冲撞或共舞的概念，抓住了在拉图尔行动者网
络理论中所丢失的行动者之间的纠缠态。这是双向的运作，它们以复杂的
方式缠绕在一起，各种仪器是科学家与自然力量进行冲撞的中心。作为人
类力量，科学家建造出各种各样的仪器和设备去捕获自然的力量，要么使
这种力量物化，要么驯服这种力量，从而建构出科学事实。在这一过程
中，其一，具有动机性的科学家会试探性地构造一些新的仪器去捕捉自
然的力量；其二，物质本身会展示自身力量或能动性，使实验时常不会
按科学家的预期运行，表现出物质（自然与仪器）对科学家的阻抗——科
学家在实践中有目的地捕获自然力量的失败；其三，科学家就会进行积

①（美）安德鲁·皮克林：《实践的冲撞：时间、力量与科学》，邢冬梅译，南京：南京大学出
版社，2004 年，第 38 页。
② Ihde D, Selinger E, *Chasing Technoscience: Matrix for Materiality*, Bloomington: Indiana University
Press, 2003, p.231.

极的调节——对目标和动机的修正、对仪器的物质形态的改进,对其行动框架和围绕行动框架的社会关系的调整等。

在反复不断地调节中,科学家、仪器与自然最后达成了适应性一致,建构出科学事实。适应就是人类应对物质力量阻抗时产生的积极策略,调节在目标指向的实践活动中以力量的舞蹈的方式发挥作用。这种被捕获的物质力量是受制约的人类活动与机器运作之间反复调节的结果。这就是皮克林所称之为的"一种阻抗与适应的辩证法"的共舞过程。

皮克林的局部对称性原则消除了拉图尔本体论对称性的问题,主张从概念、物质和社会三方面进行一种广泛分类学的对称性分析,既强调了人类意向性和物的能动性,又强调了人与物之间不可完全符号化等同,使科学实践返回了真正的物质世界。

(二)用瞬时性分析取代共时性分析

行动者网络,是一个极具空间性的概念。拉图尔对科学实践的分析是指"我们应该不是经过时间而是在文化空间去追踪科学家的行动路径,我们应该追寻异质文化要素及要素编织的层面或者围绕它们编织起来的其他东西的相互连接,我们应该探求特定的仪器、约束、理性风格、概念体系、知识体、不同层面和范围的社会活动角色、实验室内外,等等,在特定的时间以及特定的空间中整合在一起的方式"[①]。总之,可以担当科学实践研究的一个基本方法论法则就是他本人的一句名言"追踪在科学家和工程师周围"。即跟踪各种行动者并观察它们互相转译时的生成过程。那么如何描述这种转译现象?拉图尔的方法是借助于行动者之间的"谈判"与"征募"等社会学概念。在拉图尔看来,谈判的结果(被征募)取决于论证的力度、修辞甚至是同盟者的威压。因此,拉图尔网络的一个重要分析焦点是网络空间的建立和保护。

但在皮克林看来,拉图尔的共时性分析只是"关注穿越多重的、异质的文化领域的横向断面的内在连接,同时对在时间中发生的转换过程几乎没有兴趣"[②]。他的"实践的冲撞"分析则正是由于他对时间性明显的关注,从概念、物质和社会三个相关的方面展开。他认为,科学实践贯穿于概念、物质和社会要素的交互式的稳定化过程中,他的冲撞模式突出了科

---

① (美)安德鲁·皮克林:《实践的冲撞:时间、力量与科学》,邢冬梅译,南京:南京大学出版社,2004年,第263页。

② (美)安德鲁·皮克林:《实践的冲撞:时间、力量与科学》,邢冬梅译,南京:南京大学出版社,2004年,第266页。

学实践的时间维度，即瞬时突现性。用实践过程中的瞬时突现性，统领对科学的表征性语言描述中凸显的表征、概念和意向性，强调实践冲撞中的流动性与境遇性。"冲撞中的知识建构没有任何怀疑论和方法论焦虑的困扰，因为根据这一理论，除了这样的实践过程外，人们不应该期望会有其他的知识基础。"①

总之，拉图尔的共时性分析就好像是在以一种拍快照的方式关注技科学实践，而皮克林的时间性的分析则关注科学、技术和社会的瞬时突现性，这是把空间融入真实的时间去追踪 "异质性文化要素和层次的内在关联"，是对拉图尔思想的借鉴和超越。

（三）对二元论批判的彻底性

拉图尔对 "本体论上二元论" 的清除策略体现在他的《我们从未现代过：对称性人类学论集》一书中。他在该书中采用了一个双层模式。"在基础层面上，我们发现了一切正在发生的日常活动：人们与疾病做斗争、建造交通系统、战争，等等。在元层次上，我们发现人们对在基础层次上应该做的东西和支持这一套传统的政治机构进行反思。"②这里有几点值得注意。第一，拉图尔是根据 "二元论者的纯化"（dualist purification）工作来界定现代性的。这里的 "二元论者的纯化" 是指在一个特殊的历史过程中，科学家以一种对象化的方式——自然就是对象，人类则作为控制它的主体，两者之间泾渭分明——解读自然并组织他们的工作。第二，他十分重视 "二元论者的纯化" 工作，虽然在认知层次上挑战其权威，但却将它维持在他所谓的 "新政治秩序" 里："从现代人那里，我们能得到什么呢？……现代人的伟大之处，来自于他们对杂合体的增殖、对于特定网络的增加、对于踪迹产生过程的推进……其对独立于社会的稳定客体和摆脱了客体的自由社会的创造，所有这些都是我们需要保留下来的。"③因此，对拉图尔而言，他希望通过 "二元论者的纯化" 工作，在政治表征的元层面上重组社会，而对日常的实践不感兴趣。这是拉图尔后期逐渐淡出 STS 的原因。他的 "二元论者的纯化" 工作只能由人类完成，所以拉图尔仍保留了

① Ihde D, Selinger E, *Chasing Technoscience: Matrix for Materiality*, Bloomington: Indiana University Press, 2003, p. 233.

② Pickering A, "Producing Another World: The Politics of Theory: With Some Thoughts on Latour", In Healy C, Bennett T (Eds.), *Assembling Culture, Journal of Cultural Economy*, Vol. 2, No.1/2, 2009, p. 206.

③（法）布鲁诺·拉图尔：《我们从未现代过：对称性人类学论集》，刘鹏、安涅思译，苏州：苏州大学出版社，2010 年，第 151 页。

人类的特殊性，这就导致了他的对本体论上的二元论的批判的不彻底性。

与拉图尔相反，皮克林更关注于基础层次上的日常实践，而不是元层次的政治表征。他将这些日常实践视为人类和物之间的一个开放性终结的操作性的力量舞蹈过程。在这里，人类例外论（human exceptionalism）被彻底排除。"操作性中的共舞着的力量既是岩石和石头、恒星和行星、我家花园中的植物和我家的猫，也是我们的各种作为。在我想制造的另一个世界里，人类的例外性不再受关注，使我们进一步超越了这个范围。"①因此，在皮克林看来，这世界上有些行动方式（如赛博）并不是以二元论的分离为特征，而是以去先验的中心化的冲撞为特征，表现出一种开放式和操作性的生成，因此，在批判二元论的问题上，他的本体论策略显得更为彻底。

总之，拉图尔的本体论策略是"二元论者的纯化"工作，保留了人类的特殊性，具有不彻底的去二元论特征；而皮克林的本体论策略是"开放式和操作性的力量舞蹈"生成，将人类的特殊性彻底排除，具有彻底的去先验性的中心化的特征。②

本 章 小 结

拉图尔和皮克林的早期工作都深受社会建构论研究的大本营——英

---

① Pickering A, "Producing Another World: The Politics of Theory: With Some Thoughts on Latour", In Healy C, Bennett T（Eds.）, *Assembling Culture, Journal of Cultural Economy*, Vol. 2, No.1/2, 2009, p. 208.

② 这种学术上的差异在某种意义上似乎也反映出两人在家庭背景上的差异。拉图尔出生于法国勃艮第大区（Bourgogne）小城波纳（Beaune）的一个"典型的外省资产阶级"家庭（拉图尔自称）。其家族为勃艮第大区最大的酿酒商（始于 1797 年），它在波纳北部的金丘地区拥有勃艮第最大的特级葡萄园，其家族在法国社会中属于富有阶层。拉图尔并没有在子承父业的传统中成为一个酿酒商，反而投身大学接受学术教育、从事学术研究。这种家庭背景使拉图尔不论在行为举止上（虽然衣着朴素），还是在思维方式上，都充满着"贵族"气息，如在思考"物"时，它曾研究过"物的议会"，一种"物"与"议会"的联合，这种联合是上层的"物"或精英层的"物"的"议会"的联合。皮克林却时常流露出他在 1988 年应聘到美国伊利诺伊大学（University of Illinois, UI）从教之前的生活与工作窘境。如他的第一个孩子露西 1983 年 7 月出生时，也就是其成名作《建构夸克：粒子物理学的社会学史》最后手稿付梓之前一个星期，他还在领取失业救济金；在爱丁堡攻读其第二个博士学位时，他不得不将自己生锈得难以形容的旧车卖掉以维系生计；就是到了伊利诺伊大学任职（1992~1993 年），他也不得不在所租房屋的旧餐桌上工作；等等。这些经历使皮克林不仅在生活方式上显得随意，而且在思维方式上显得更为平民化。如他对拉图尔的本体对称性原则的"抽象符号化"的批评；嘲笑拉图尔"物的议会"的故事；不愿意到抽象的思辨形而上学而是在真实的物质世界中去思考问题；在政治上强烈抨击英国前首相撒切尔夫人（你甚至在他面前都不能提"撒切尔"这个名字），因为他认为撒切尔代表的是英国上层社会；等等。所有这一切，在某种程度上，反映出其对上流阶层的不满。

国爱丁堡大学的 STS 研究中心的影响，然而随着社会建构论的问题日益暴露，他们开始反思并探索一种真实世界中的科学，共同走向作为实践与文化的科学观。然而，他们各自的后人类主义科学观又有着一定的差异。

拉图尔在运用本体论对称性原则分析技科学实践时，偏爱的是一种协商概念，即通过协商，在人类和物行动者（二者在符号学上完全等价）之间建立更好和更有力的同盟或网络。他强调"二元论者的纯化工作"，目的是政治表征的元层次上重组社会，对日常的世俗实践不感兴趣。而协商概念和二元论者的纯化工作只能由人类完成，所以拉图尔仍保留了人类的特殊性，所以他的本体论对称性原则仍保留着社会建构论的残痕，还没有摆脱表征主义的偏向，是一种不彻底非二元论思想。

皮克林对拉图尔的对称性原则进行了改造，在运用"局部对称性原则"对实践冲撞进行分析时，突出的是"瞬时突现"的概念，即一切都在人与物（二者不等同）之间的"力量的舞蹈"中突现出来，具有不可预测的生成与演化特征，从而使时间性与历史性真正进入科学实践。他拒斥"二元论者的纯化工作"，关注于世俗的实践，在这种实践里，物质、概念和社会因素无一具有先于实践的优先性，同时，他消除了人类的特殊性，所以他的"局部对称性原则"使科学真正走向真实的物质世界，展现了科学实践的辩证法，是一种彻底去二元论的生成思想。正是在皮克林的影响下，当前 STS 逐渐脱离了抽象的符号学限制，开始转向了技科学意义上的物质世界中的科学实践。

皮克林早期的《建构夸克：粒子物理学的社会学史》一书，虽然脱胎于社会建构论，但一开始就表现出对社会建构论的反叛，这主要表现在对"实验仪器"这一物质维度的强调，突出了"仪器"在科学事实生成中的关键作用，这一点与哈金在《表征与干预：自然科学哲学主题导论》一书中表现出来的仪器实在论相似。随后，皮克林意识到仪器这一物质维度的不充分性，转向了科学实践的冲撞或共舞。这是一个关于物质世界中自然-仪器-社会各种异质性要素共舞的实践，一个开放式终结的图景，作为实践共舞的生成结果的实体就是科学事实。所有这类实体都是各种实践文化要素的最终聚合体，它们在这一共舞过程中涌现或生成出来，并在随后的实践中不断地演化着，不断地变化它们的性质。当新文化要素以这种方式或那种方式机遇性聚合在一起，开始新的实践共舞时，这些实体就会在无限可能性的开放空间中进行着演化，并最终形成一个重新运动的新实体——新科学事实，如此"循环"共舞，构成了科学实践生生不息的永恒图景。

在《实践的冲撞：时间、力量与科学》一书中，皮克林开始脱离了实验室的狭小空间，把"实验的冲撞"理论扩展到对更为宏观的科学、技术与社会之中的人类文明史的考察，思考着"辩证的新本体论"。皮克林从研究当前普遍存在的高科技产品——赛博入手，去思考自然与社会之间的关系问题。在皮克林看来，对于人类的历史和现状的建构，要从一系列连续的人与物之间的共舞来把握。

赛博科学观与传统决定论形成鲜明的对比：技术决定论让我们相信科学技术是从"外层空间"输入地球的，被归功于理性；相反，社会决定论则把所有事情都归功于我们人类，诸如阶级斗争、社会权力与利益等。这些决定论者的简化做法使人类的思想误入歧途。因为，人类不可能独自去承担其如此厚重的历史，物质本身更无法单独完成此重任。人类与物质世界在特定历史中的共舞造就了我们的历史与现状，这种相聚过程重塑了我们的社会，同时也勾画出了物质行动者突现的力量，建构出我们应对这些力量的科学与技术知识。科学是我们的科学，技术是人类的技术，二者都通过时间、空间、物质以适应我们自己的历史轨迹。这就是人-物、自然-社会之间耦合的生成和演化关系。反过来，人类和社会空间本身也是以一种由突现的技术物力量所建构的方式演化着。这是人-物耦合的历史和演化。工业资本主义，如战后军事技术物工业复合体，不过就是这些突现聚合体中的一种。从世界观的角度来看，这里所说的生成、存在和演化，不是关于纯粹的机器，或者纯粹的人类，而是关于赛博的生成和演化，人与物、自然与社会相互缠绕地生成与演化。

第四章 日常而有秩序的科学——科学的常人方法论研究

社会学中的常人方法论最初由美国芝加哥大学社会学家伽芬克尔在20世纪50年代创立,他在1967年出版的著作《常人方法论研究》中展示了其基本纲领。常人方法论的主要目标是描述日常生活中产生秩序的方法。这些方法体现在人们所做的日常工作中,由某些地方性场所的参与者所操作。它最初产生于伽芬克尔对陪审团这样的非专业人士做出司法裁决时所依据的实践理性的研究。伽芬克尔的学生,美国康奈尔大学的林奇把这种方法应用于科学研究,开启了科学的常人方法论研究,这种研究呈现出对科学的新的理解,体现在其主要著作《科学实践与日常活动》中。

第一节 "左派维特根斯坦"与"右派维特根斯坦"

"规则"与"实践"何者更重要?针对维特根斯坦的"规则悖论",1992年,科学的常人方法论研究的代表性人物林奇与社会建构论的代表性人物布鲁尔之间爆发了一场"规则悖论"之争。布鲁尔称之为"左派维特根斯坦"(布鲁尔本人)与"右派维特根斯坦"(林奇)之争,双方争论的焦点是"规则"与"实践"何者优先。

在《哲学研究》中,维特根斯坦设计了一个数列的语言游戏:假设一个学生已经掌握了自然数数列,而且已经做过相关练习,并检验过小于1000的"$n+2$"数列。维特根斯坦接着写道:"现在,我们让这学生从1000以后接下去写一个(比如+2)数列。——而他写下1000,1004,1008,1012。我们对他说:'看看你写了些什么!'——他不懂我们的话。我们说:'你应该加二;你看你是怎样开始这个数列的!'——他回答说:'是呀,难道这不对吗?我以为这就是我应该做的。'——或者假定他指着这个数列说:'可是我就是用这同样的方式写下去的呀。'——这时如果对他说:'你难道看不到……?'——并且向他重复前面的说明和例子,那是毫无用处的。——在这种情况下,我们也许会说:这个人自然而然地把我们的命令和说明理解成我们所理解的下述命令:'加2至1000,加4至2000,加6

至 3000，如此等等。'"①。

对此，柯林斯进行了更进一步的解释：加 2，再加 2，然后再加 2，等等。但是，从我们下面所列举的任何一种情形来看，这仍然不够具体，因为可能会根据这种指令写出"82、822、8222、82 222"或"28、282、2282、22 822"或 82，等等。每一个序列都在相同的意义上满足了"加 2"的指令。②由于人们认为他们可以用铅笔列出无数个这类数列，因此他们对公式"$n+2$"就有无穷多种理解，看起来他们就达到了一种极端的相对主义立场，"这就是我们的悖论：没有什么行为方式能够由一条规则来决定，因为每一种行为方式都可以被搞得符合于规则。答案是，如果一切事物都能被搞得符合于规则，那么一切事物也就都能被搞得与规则相冲突。因而在这里既没有什么符合也没有冲突"③。

在这里，维特根斯坦是在讨论规则的意义问题时提出了"规则悖论"。哲学家们对此已经进行了广泛讨论，但科学社会学家采取了不同的研究进路，即将"规则悖论"的讨论自然化，当然，他们的目的并不单纯是解决"规则悖论"，而最主要的是为各自的理论寻求哲学依据。林奇与布鲁尔之争代表着对"规则悖论"的两种不同解读版本，并且他们的解读也都可以在维特根斯坦的著作中找到依据。

在规则与实践关系问题上，维特根斯坦的说法是矛盾的。一方面维特根斯坦把遵循一个规则类似于听从一个命令，他注意到规则、命令与规律只有在一个共同的行为中才能确立。即，通过例子、指导、共识的表达、反复练习甚至于胁迫："在我所畏惧的某个人命令我把这个序列继续下去时，我便迅速地、完全确定地行动起来，缺乏根据并不使我感到为难。"④例如，我们根据算术规则来进行计算的，这样做的原因并不在于这是形式数学的内在要求，而是我们的"生活形式"的内在要求。⑤那种限制我们实践，并最终由学生的实践的东西，如果他学习的话，不仅是规则自身，而且还是在某一方面需要遵从规则的社会约定。⑥这样，维特根斯坦认为

① （奥）维特根斯坦：《哲学研究》，李步楼译，北京：商务印书馆，2000 年，第 112 页。
② （英）哈里·柯林斯：《改变秩序：科学实践中的复制与归纳》，成素梅、张帆译，上海：上海科技教育出版社，2007 年，第 13 页。
③ （奥）维特根斯坦：《哲学研究》，李步楼译，北京：商务印书馆，2000 年，第 121 页。
④ （奥）维特根斯坦：《哲学研究》，李步楼译，北京：商务印书馆，2000 年，第 125 页。
⑤ （奥）维特根斯坦：《哲学研究》，李步楼译，北京：商务印书馆，2000 年，第 132 页。
⑥ （美）迈克尔·林奇：《扩展维特根斯坦：从认识论到科学社会学的关键发展》，见安德鲁·皮克林：《作为实践和文化的科学》，柯文、伊梅译，北京：中国人民大学出版社，2006 年，第 225 页。

规则先于实践，这是一种哲学上理性主义的传统。然而，另一方面，维特根斯坦又认为实践优于规则。维特根斯坦说："当我遵守规则时，我并不选择。我盲目地遵守规则。"[1]"'遵循规则'也是一种实践。"[2]但就日常的、个体的遵循规则的行动而言，行动的最终基础是盲目的，维特根斯坦于是说："这时我就会说：'我就是这样行事的'。"[3]这是一种哲学上的经验主义的态度。

一、左派维特根斯坦

布鲁尔的左派维特根斯坦的版本，基本思想是"规则先于实践"。布鲁尔以"有限论"作为"规则悖论"的解读工具。规则并不具有唯一确定的含义，规则的"意义总是开放式终结的"[4]，"一个规则的一次应用不可能由其过去的应用，或由那些过去的应用所产生的意义来唯一确定"[5]。因此，要理解一个规则的含义，就得引入一个新规则来解释这个规则，而要理解这个新的规则，我们就必须引入第三个新规则，如此倒退，就形成一种"无穷的回归"。但在实践中，这种回归并没有发生。在布鲁尔看来，这是因为"遵循规则"的活动本质上是一个社会过程，"在原则上，一个规则的每一次应用是可通过谈判解决的，根据规则遵从者的自己的倾向与利益"[6]。因此，布鲁尔的策略就是将"规则及其意义'还原'为社会现象"，其结论则是："①规则就是社会规范；②遵循一条规则就是遵守一种社会规范。"[7]就此而言，$n+2$ 公式之含义的最终形成，是靠利益与权力（如教育机构）等的社会因素来解决的。我们可以将布鲁尔的观点简化为：对规则含义的阐述与"遵循规则"（rule-following）的实践之间并不具有相互决定的关系。我们必须从实践之外寻找结束"规则悖论"的机制，对布鲁尔来说，这种结束机制就是社会致因。这正是布鲁尔的方法论对称性原则的哲学依据。这是对维特根斯坦的"规则怀疑论"式左

---

① （奥）维特根斯坦：《哲学研究》，李步楼译，北京：商务印书馆，2000 年，第 128 页。

② （奥）维特根斯坦：《哲学研究》，李步楼译，北京：商务印书馆，2000 年，第 121 页。

③ （奥）维特根斯坦：《哲学研究》，李步楼译，北京：商务印书馆，2000 年，第 127 页。

④ Bloor D, "Idealism and the Sociology of Knowledge", *Social Studies of Science*, Vol. 26, No. 4, 1996, p. 850.

⑤ （英）大卫·布鲁尔：《左派维特根斯坦与右派维特根斯坦》，见安德鲁·皮克林：《作为实践和文化的科学》，柯文、伊梅译，北京：中国人民大学出版社，2006 年，第 277 页。

⑥ （英）大卫·布鲁尔：《左派维特根斯坦与右派维特根斯坦》，见安德鲁·皮克林：《作为实践和文化的科学》，柯文、伊梅译，北京：中国人民大学出版社，2006 年，第 277 页。

⑦ Bloor D, *Wittgenstein, Rules and Institutions*, New York: Routledge, 1997, p. 134.

派解读①，它打开了社会学研究的大门，是一种外在主义的解读。也就是说，规则与实践是相互脱离开的，人们首先通过社会约定确立了规则，随后规则为我们的日常行为提供了一个表达与理解的语境。遵守规则这种秩序化行动是通过教育、训练而得以确立的。通过反复练习、校正，才确立了正确的遵守规则的意会行为。布鲁尔的解读源于索尔·克里普克（Saul Aaron Kripke）。诺尔曼·马尔康姆（Norman Malcolm）在分析了维特根斯坦一些未发表的手稿后指出，规则并不能决定任何事情，除非存在一个相当共识的场所。当共识缺失时，规则似乎就成了无根之木，表述规则的语词也会显得无力。克里普克将终结"规则悖论"的因素归为"共同体的共识"。布鲁尔追随克里普克的怀疑主义进路，从而把社会规则视为规则，使社会规则成为实践的最终决定因素。总之，社会建构论者认为，在维特根斯坦那里，首先是社会因素决定了规则，随后是规则决定人的行为。这种解读同样适用于自然科学，因此，自然科学活动是一种社会建构。布鲁尔由此必然会强调一种因果结构，即，从社会决定知识的关系结构。为此，布鲁尔在《知识和社会意象》一书中提出了著名的因果性原则，"它应当是表达因果关系的，也就是说，它应当涉及那些导致信念或者各种知识状态的条件"②。这是一种外在主义的因果观。

二、右派维特根斯坦

林奇的右派维特根斯坦式解读观点的核心是"实践优位于规则"。林奇认为，规则的每一次应用都是语境化或索引性的，因此，必须把对规则的阐述与"遵循规则"的活动联系起来，"我们是通过行动，而不是通过我们的'解释'来表明我们的理解"③，规则"体现在行动中，是行动的表达，本身就是行动"④。也就是说，$n+2$ 公式的含义是在学生的具身性数学实践中获得的，但这并不是形式化数学的要求，而是我们"生活的要求"。

① （美）迈克尔·林奇：《扩展维特根斯坦：从认识论到科学社会学的关键发展》，见安德鲁·皮克林：《作为实践和文化的科学》，柯文、伊梅译，北京：中国人民大学出版社，2006年，第224页。
② （英）大卫·布鲁尔：《知识和社会意象》，艾彦译，北京：东方出版社，2001年，第7页。
③ （美）迈克尔·林奇：《扩展维特根斯坦：从认识论到科学社会学的关键发展》，见安德鲁·皮克林：《作为实践和文化的科学》，柯文、伊梅译，北京：中国人民大学出版社，2006年，第229页。
④ （美）迈克尔·林奇：《扩展维特根斯坦：从认识论到科学社会学的关键发展》，见安德鲁·皮克林：《作为实践和文化的科学》，柯文、伊梅译，北京：中国人民大学出版社，2006年，第239页。

简言之，林奇认为，对规则的阐述与"遵循规则"的活动，是同一硬币的两面，是一回事。林奇强调科学社会学所关注的应该是实践，而实践并不具备永恒不变的本质，所具有的仅仅是当下的"特质"。因此，我们就不能预设一个永恒不变的本体——不管这个本体是社会还是自然；如果说存在着本体的话，那么这个本体也仅存在于各种因素（社会因素与自然因素）相互作用的实践之中。而且，这种实践是内在性的，因为"阐述规则"与"遵循规则"的活动是合二为一的，规则的意义只能存在于实践之中。从这种意义上来说，林奇主张"实践"优位于"规则"。林奇则指出，"把数学与科学的内容定义为社会现象的结果只会导致社会学的空洞胜利"①。在实践活动之外去寻找一种因果解释，这只能是一种外因果图景，无法摆脱一种心理主义的论证，而众所周知，维特根斯坦是极力反对心理主义的。维特根斯坦的观点是，"每一个符号本身看似都是死的"，"是什么赋予其生命？——在使用中，它才能够获得生命，生命是在那里注入的吗？——或使用就是它的生命？"②。那么，既然一个命题的"生命"在于其"应用"，那么我们就不能把其含义"贴附"在某些无生命的符号之上。我们所接触到的并非孤零零的单独符号，而是在应用或实践中的关联符号，它们是我们实践活动的有机组成部分；实践就是规则应用的全部，规则与实践之间是一种内在关系，规则的含义及其把握也能从具身性的实践中去理解与获得。同时，也只有将规则与其扩展（实践）之间的关系看作是内在关系，才能解决认识论上的表征主义难题。这是一种内在主义的新因果观，它反对单向的线性的因果关系，更不会去获取所谓表征后面的隐藏的秩序，而强调自然与社会、人与物之间异质性的内在的纠缠态的多维的因果关系的空间中，"科学事实"是如何生成的。林奇认为克里普克的怀疑论式的解读是一种误读。林奇认为维特根斯坦确实讨论过"共同体共识"的作用，并指出共识决定了真实与虚假。但这与布鲁尔所说的"共同体的共识"有本质差异。林奇指出"维特根斯坦认为训练不仅是如何把握遵从规则的条件，而且还是如何使用'规则'一词，及其被带入游戏，并相互交织在一起的概念与活动组成一个整体的条件。规则就是实践集

---

① （美）迈克尔·林奇：《扩展维特根斯坦：从认识论到科学社会学的关键发展》，见安德鲁·皮克林：《作为实践和文化的科学》，柯文、伊梅译，北京：中国人民大学出版社，2006 年，第230 页。

② （美）迈克尔·林奇：《从"理论意志"到实践的拼图：答复布鲁尔的"左派维特根斯坦与右派维特根斯坦"》，见安德鲁·皮克林：《作为实践和文化的科学》，柯文、伊梅译，北京：中国人民大学出版社，2006 年，第295 页。

合中的某一组成部分，这一集合包括其他游戏者的即将出现的活动与判断"①。因此，林奇认为，布鲁尔对他的批判混淆了"观点的共识"与"在生活形式中的共识"，而后者体现在"我们实践的真正和谐之中"。我们无法将这种"默会共识"从实践中分离出来。它当然是一种社会活动的产物，但它只能是与实践同在，而不能超越于实践。如果将共识从实践中抽离出来，并作为一种原因，这在根本上违背了维特根斯坦生活哲学的主旨。

总之，"布鲁尔和 SSK 代表着知识问题研究的一个分支，即知识是经典的理论化的社会变量的一个函数；林奇和常人方法论研究则代表着对实践活动的一种细致探讨，旨在通过实践内在的有机性把握实践，并且挑战任何置身于科学实践和知识之上进行理解的学科霸权"②。上述分歧反映出了布鲁尔与林奇的两种不同的解读框架及其哲学基础的本质差异。

第二节　出尔反尔的 ANT

在建构主义的 STS 看来，科学哲学合理性的传统主题，如观察、实验、复制、测量、理性、表征、解释等，与实验科学的日常活动过程没有什么必然的关联。正如罗纳德·吉尔（Ronald Giere）指出："从 20 世纪 40 年代到 60 年代，美国科学哲学关注的焦点是科学活动的产品，特别是科学理论、一般意义上的方法论问题，诸如证实与说明的本性。科学哲学的一般方法是概念分析，时常伴随着在形式符号逻辑中重构理论与方法。"③拉图尔等则把目光从科学理论转向科学实践，提出了 ANT，终结了科学合理性的传统讨论，从理性、认知和逻辑的理论领域转移到实践、书写和仪器的操作领域。同时，不像其 SSK 前辈，拉图尔等的实验室研究没有去发展因果性解释，而是更关注以具体行动为焦点的描述主义研究。

一、"混沌性原则"与"陌生人原则"

拉图尔研究有两个基本的前提：实验室活动的"混沌性原则"与"陌生人原则"。

---

① （美）迈克尔·林奇：《从"理论意志"到实践的拼图：答复布鲁尔的"左派维特根斯坦与右派维特根斯坦"》，见安德鲁·皮克林：《作为实践和文化的科学》，柯文、伊梅译，北京：中国人民大学出版社，2006 年，第 295-296 页。
② （美）安德鲁·皮克林：《作为实践和文化的科学》，柯文、伊梅译，北京：中国人民大学出版社，2006 年，第 15 页。
③ Giere R N, *Scientific Perspectivism,* Chicago: University of Chicago Press, 2006. p. 15.

"混沌性原则"所描述的实验室活动充满着内在混乱和无序，哈金认为这是建构主义的首要症结①。拉图尔认为科学是包含着对种种随机组合、特设活动、即兴创作、说服、偶然判断、场所性的对仪器的修补等在内的一个个显在的"事实"，而这样的"事实"实际上把实验室科学呈现为一种实际的和认知的泥沼。科学家成为一位对各种随机因素进行拼凑的修补匠，实验室中的科学成为铭写、技术装置和具体技能之间的随机拼凑组合。在"混乱"并真实的实验室环境中，他们强调情境化的和即兴展现的实际活动，而不是在教科书和研究报告中理性重建的实验推理。他们描述性的说明为科学增添了鲜活的细节。这种研究的独特语汇是把科学工作描写为"建构"，把科学实在描写为"人工物"，主张物质资源和实验室工作的产品，即外部世界与科学理论之间没有本质的联系。诺尔-塞蒂纳指出："建构主义的解释反对把科学研究视为表征性的思想，因为这种思想把真实性问题置于科学产品和外在自然之间关系之中。相反，科学的建构主义解释认为科学产品首先并且最重要的是一种编织过程的结果。相应地，对科学知识的研究主要被视为科学对象如何在实验室中产生，而不是讨论事实如何被保留在有关自然的科学陈述之中。"②拉图尔时常告诉我们很有必要透过实验室的大墙去追踪事件的网络航线。这种向外看的任务的目的是要解释在追踪行动者网络建造的过程中，使实验室的"混沌"转换为科学的"秩序"。"从特定的实验室项目的琐屑的细节和混乱中退出去；关掉录音机；仔细看看相互组织、合作和军事赞助的链条、科学文本的修辞、相互组织的网络、跨地域的共同体以及长跨度的历史。"③即通过"超越"实验室中的解释性要素去寻求形成科学事实和科学描述的"显在"秩序力量，利用实验室"大墙之外"的事件和社会结构去规训科学家的"微观"混乱行为。

毫无疑问，这种工作的确批判了科学合理性的神话教条，但却彻底抛弃了科学的内在合理性、效力、秩序和实际科学活动的稳定性。尽管这里强调了"实际的"科学活动不能"内在地"与"完备地"证明自身，但它完全无法终结科学探究的理性基础和自然基础的争论，因为这些议题无非重弹了哲学相对主义的老调。科学的常人方法论研究，针对 ANT 的外在

① Hacking I, *The Social Construction of What?,* Cambridge: Harvard University Press, 2000, p. 68.
② Knorr-Cetina K, "The Ethnographic Study of Scientific Work", In Knorr-Cetina K, Mulkay M (Eds.), *Science Observed*, Beverly Hills: Sage, 1983. pp. 118-119.
③（美）迈克尔·林奇：《科学实践与日常活动：常人方法论与对科学的社会研究》，邢冬梅译，苏州：苏州大学出版社，2010 年，第 365 页。

性和抽象性，凸显内在性与具体性的视角，让"实践秩序"重返实验室的日常活动，由此登上了理解科学的舞台。

"陌生人原则"构成了拉图尔与伍尔伽的著作的出发点，他们主张与被观察科学保持一种分析距离。因此，当拉图尔以"认识论者"的身份进入 R. 古莱明（R. Guilemin）的生物化学实验室时，他对该实验室的"科学"一无所知。"通过扮演一位门外汉，我们希望离开自明性……这种陌生人反思的优点是只有门外汉才知道存在着另类（朴素）信念与实践。"[1]

二、ANT 的矛盾

虽然 ANT 一开始就显示出反对逻辑经验论与社会建构论的强烈姿态，但是其显著的符号学"建构"特征，使它实际并未能跳出逻辑经验论与社会建构论的窠臼，理由如下。

第一，"拉图尔与伍尔伽以一种奇特的方式展现出体现着科学哲学的逻辑实证论的行为与语言图景的一个变种"[2]。

拉图尔和伍尔伽的建构主义具有以下特点：排除了对"外部实体"的先在的认可；把科学活动视为一种操作铭文的活动；把科学事实建立在铭文的转译网络，即通过行动者网络所产生的语句之上；把铭文形式等同于认识论关系。哈金曾指出逻辑实证论的要旨在于排除不可观察的实体，排除不可检验的命题，排除因果性。[3]拉图尔等的建构主义的上述特点，类似于逻辑实证主义中的"反理论实体"、"反因果性"、"向下说明"以及"反形而上学"。当然这里拉图尔与逻辑实证主义的主要区别是：拉图尔和伍尔伽坚持他们所描述的操作不能为任何形式的逻辑体系所涵盖，认为一个科学事实的产生和接受依赖于一种扩展中的和偶发性的行动者网络的确立。

ANT 的结论之一是科学家的实际研究与在他们的报告、传记以及方法论的著述中表述的内容不同，也就是说，科学家在表面上持有逻辑可靠性与理性认同的官方的科学版本，而事实上却进行着充满乌七八糟争斗的社会行为。因此，拉图尔与伍尔伽"不借助于这个'科学'部落本身的术语

① Latour B, Woolgar S, *Laboratory Life: The Construction of Scientific Facts,* Princeton: Princeton University Press, 1986, p. 278 .
②（美）迈克尔·林奇：《科学实践与日常活动：常人方法论与对科学的社会研究》，邢冬梅译，苏州：苏州大学出版社，2010 年，第 119 页。
③ Hacking I, *Representing and Intervening,* Cambridge: Cambridge University Press, 1983, pp. 41-42.

来解释科学”①。这种对“元语言”的探求，不仅使他们沿袭了强纲领 SSK 的“陌生人原则”，而且也使人们回想起逻辑实证论寻求中立的观察语言的做法。他们刻画出一种逻辑实证论的倒置的形象，保留了原来体系的术语框架。这样，远非彻底拒斥逻辑实证论，而是展现出其相反的镜像，正如拉图尔与伍尔伽所说：“如果实在是这种建构的结果而不是原因，这就意味着科学家的活动不是指向‘实在’，而是指向建构实在的语句操作。”②他们是以一种线性因果关系去言说语句和实在之间的关系，即要么实在是对语句的建构性操作的原因，要么实在是这种建构的结果。前者是逻辑实证论所持的立场，后者是他们的“倒置”图像，伍尔伽说：“倒置要求我们把表征理解为先于被表征的对象。”③

第二，ANT 旗帜鲜明地宣告了与强纲领 SSK 的激进决裂，但最终并没有跳出强纲领 SSK 的窠臼。

首先，拉图尔明确拒绝把科学还原为“社会利益”的承诺。但是，拉图尔使用了符号学，这种使用导致了某些批评家指责其出尔反尔，因为尽管拉图尔努力使他的符号学解释告别对科学问题的社会学解读，但实际上最终他还是追随了同样的分析路径：他把实验室中的活生生的研究视为对各种操作的各种标记，也就是视为阅读和书写各种铭写、表征、痕迹、陈述和文本的活动，结果，“行动中的科学”变成了一种建构和解构符号体系的形式活动，把实验生活转换为形式体系。不仅如此，他还认为符号学分析的形式纲领应该能够表现情境性建构、转译以及解构各种铭写、痕迹和文本中的相关活动。很显然，这样的处理使得拉图尔的符号学极易在权力、社会利益与修辞谈判这类 SSK 的社会-历史的术语上获得其意义，结果使他返回社会建构。

其次，像强纲领 SSK 一样，拉图尔借助“陌生人”观察策略，不带任何先入己见地（包括对观察对象的科学内容上的把握）深入科学活动的“第一现场”，使观察者既可以看到实验室中所发生的“可理解的”事情，同时又不被科学家的科学偏见所左右，相对独立于观察对象来提出自己对实验室工作的说明。然而“陌生人原则”的问题在于：科学的大多数术语也是社会学研究的术语，因为科学家所使用的术语，也是社会学家所研究的对象，正是通过这些术语，科学家的活动才能被理解与研究。对此，林奇

---

① Latour B, *The Pasteurization of France*, Cambridge: Harvard University Press, 1988, pp. 8-9.
② Latour B, Woolgar S, *Laboratory Life: The Construction of Scientific Facts,* Princeton: Princeton University Press, 1986, pp. 236-237.
③ Woolgar S, *Science: The Very Idea,* London: Routledge, 1988, p. 36.

借助于维特根斯坦的思想指出，这种说法展现出一些古怪的特性，"有一种看待电子设备和装置（发电机、无线电台等）的方式，它把这些对象看作一种铜、铁、橡胶等在空间中的安排，对其没有任何预备性的理解。这种看待这些对象的方式可能导致一些有趣的结果。……但有关这种方式的特殊和困难的问题在于没有任何先有己见地看待对象（好像是来自火星人的视角看对象），或者更正确地说：它扰乱了正常的先有之见（逆潮而动）"①。因此，拉图尔的"陌生人原则"，根本无法言说其所要言说的科学活动的真实。

总之，ANT 抽象的符号化特征，使其出尔反尔，重新陷入逻辑实证论与社会建构的窠臼，背离了其转向科学实践的初衷，更为严重的是，这使它放弃了科学的合理性问题，走向了相对主义。正如林奇所指出的那样：它们的术语中经常包含一种它们的观点所无力支撑的更鲜明的形而上学的锋芒。②科学的常人方法论研究，针对 ANT 的外在性和抽象性，凸显内在性与具体性的视角，让科学合理性重返实验室的日常活动，由此登上了理解科学的舞台。

第三节　寻求"索引性表述的理性特征"

一、自然科学起源的实践世界

前述章节已经表明，在《欧洲科学危机和超验现象学》一书中，胡塞尔分析了伽利略是如何通过几何化这件理念的外衣，使自然科学遗忘了生活世界是自然科学的意义基础。胡塞尔认为伽利略之所以能这样做，是因为他毫无批判地接受了古希腊几何学的传统，把它作为一种先验的理念前提，作为所有事物的本体出发点，并从未怀疑过数学的前科学起源问题。胡塞尔认为，如果伽利略这样做，他就应该意识到其带有先验基础的数学的客观知识本身的构成性意义，这本身就是需要反思的现象。结果，伽利略为哲学留下了一种特殊的意义问题，即其所发现的主题与实践之间的"间隔"的填补问题。这种"间隔"，在胡塞尔那里就是需要恢复的自然科学的"生活世界起源"。然而，在恢复自然科学的"生活世界起源"时，胡

①（美）迈克尔·林奇：《科学实践与日常活动：常人方法论与对科学的社会研究》，邢冬梅译，苏州：苏州大学出版社，2010 年，第 126 页。
②（美）迈克尔·林奇：《科学实践与日常活动：常人方法论与对科学的社会研究》，邢冬梅译，苏州：苏州大学出版社，2010 年，第 127 页。

塞尔却把它推向了超验自我的 "意向性"。意识，在胡塞尔那里不是作为经验的心理活动过程，而是排除了特殊心理因素的纯粹意识，是作为人的先天认知结构而被研究。意向性既不是指人的主观认知能力，也不是指人所经验的认知活动，而是人的意识活动的先天结构整体。胡塞尔的现象学关注认识论问题，思考超验的对象，结果使得科学的 "生活世界起源" 问题服从于一种先验意识的逻辑。因此，像伽利略一样，胡塞尔也未能展现出科学家的实际工作，同样未能展示出科学所研究的对象。事实上，科学家的实践并不会与超验的对象相接触，一个球并不是抽象的哲学理念，也不是康德物自体意义上的物。吊在棒子上的球的重量，实验者的手能够感觉到，它是一个木球或铅球，是一个组织科学实践的对象：它是摆动着的球，它容易摆脱操作者的控制，但同样也能够受到操作过程的 "规训"，使它与其他球产生等时性摆动。在时间中，我们直觉上可以感觉到球，可以逐渐学会如何把握球，使它们产生出筹划中的摆动。因此，胡塞尔的纲领既没有被任何实践中的科学所采用，也没有被任何科学家的实践工作场所的谈话与工作台上的工作所证明，因为这些实践发生在 "就是这样" （just thisness，林奇语）科学的特质之中。

尽管如此，胡塞尔工作的真正价值在于他提出了自然科学的 "生活世界起源" 问题。正如常人方法论的创始人伽芬克尔指出：胡塞尔在其《欧洲科学危机和超验现象学》中的现象学，提供了常人方法论研究的基础，常人方法论多年来的工作就是 "如何把胡塞尔的工作转化为对工作与科学的常人方法论研究，把胡塞尔科学的生活世界起源转变为可演示-证明的现象"[①]。一旦把客观知识 "基础" 的问题置入实践的场所性最初结构的思考之中，把科学情境化在其生活世界之中，"基础" 与 "起源" 的问题就会摆脱主观或先验的前提，就不会继续坚持 "超验" 基础具有客观知识的本体论优势，而是把客观知识转化为实践中的成就。

胡塞尔把 "伽利略物理学" 视为自然科学基础问题的关键，而伽芬克尔则把胡塞尔的 "伽利略物理学" 视为自然科学基础建构的关键。对此，常人方法论提出了科学实践的 "生活世界对" 概念，它不是一种宏大的概念，而是把科学秩序描述为一种实践的具身性秩序。实际发生的科学是一种离散的、高度不连续的实践领域，承载着不同的仪器、技能、文本解读、工作场等组合。科学实践的场所性发生，决定了不能把科学理想化为一种

---

① Garfinkel H, Liberman K, "Introduction Lebenswelt Origins of the Sciences", *Human Studies*, Vol. 30, No.1, 2007, p. 5.

普遍与相容的逻辑探索领域。相反，带有其独特的发现结构的科学的场所性特征总是被发现在科学的"这个"或"那个"日常的实践之中。"生活世界对"概念的设计，被用来追踪科学的"就是这样"或"就是那样"特征。这是通过阐明借助于文本所隐含的特殊实践而完成的。在这种意义上，"生活世界对"概念显示出一种方法论的意义，它组织探索科学的生活世界的结构，但它并不是规范实践的先验规则。这一概念强调存在一种活生生的实践，而否认这一概念的先验性。伽芬克尔写道："伽利略的物理学是实践行动的一种独特的发现科学，通过证明这些'对结构'而被说明。"①伽利略式的科学对象就像一个带有"遗忘症"的被收养的小孩，常人方法论的研究就是寻求其如何出生、来源何处。在伽芬克尔看来，伽利略的科学对象中隐含着一种工具性"操作"的特征，对象具身在仪器的复杂性以及展现能力的工作场所之中，只有在"原处"才能显现为一种"物理的"对象。"独立的伽利略对象"总是在控制之中，贯穿于仪器的复杂性之中。研究"独立的伽利略对象"的途径就是阐述其研究仪器的复杂性，以说明这种对象并非独立于其实践的场所性。

林奇概括了常人方法论的工作意义："与胡塞尔不同，伽芬克尔不再把这种'基础'视为一种直觉与实践的确定性相统一资源。相反，胡塞尔的中心化意识被消解为情境化社会实践的话语的与具身性的活动，不再存在依靠外部世界获得意义的先验的自我。自我的角色被情境化在对一个世界的话语的与具身化的关联的行动的聚集体中，这一世界总是充满着意义。对于常人方法论和其他的对胡塞尔的工作存有疑问的继承人来说，胡塞尔式的生活世界不再与一种先验的意识相对应，它并不是在经验行动的一种普遍领域中被发现，而是成为社会活动的一种场所性组织起来的秩序。"②

二、常人方法论的基本原则

在讨论传统的认识论主题，如观察、实验、测量、理性、解释和表征时，科学的常人方法论研究不是去寻求一种认识论的或者认知的纲领，而是研究这些术语在实验室日常活动中的"显现"。用林奇的话来说，就是把认识论主题转变为"认识论话题"。其目的，就是寻求各种对科学的研究中某种"丢失的东西"。不像寻求一种普遍的方法论原则的传统科学哲学，也不像放弃关于科学合理性问题的 ANT，科学的常人方法论研究用一

① Garfinkel H, "Evidence for Locally Produced", *Sociological Theory*, Vol. 6, No. 1, 1988, p. 107.
②（美）迈克尔·林奇：《科学实践与日常活动：常人方法论与对科学的社会研究》，邢冬梅译，苏州：苏州大学出版社，2010年，第154页。

种"自然观察的基础"去填补科学文本与科学实践之间的裂缝。其目的是要考察科学发现和数学证明是如何产生、如何从实验室活动或者数学课程学科的生活世界中"提取"出来的。

在常人方法论中，伽芬克尔提出了一个关键术语——索引性：它指语言的一种性质，意指在运用语言的不同语境中，一种语言中的某些表达具有不同的意义。最简单的例子是英语中的代名词，如 you，you 指着什么，直接依赖于这一词被应用的语境，索引性表述蕴含的特定"语境"秩序本身是不稳定的。对常人方法论而言，索引性表述与索引性实践构成了其研究的整个领域。在既往的研究中，对那些试图客观地表达科学的逻辑学家与社会科学家来说，索引性是长期折磨他们的问题，他们尝试用各种方式，如时空参照、恰当的命名、专业术语以及"客观表述"等取代索引性。语言哲学中一种普遍的处理方法是通过对索引性表达进行转译阐述来"修补"这些语境，因为这些阐述准确地"捕捉"到其所指涉的意义。伽芬克尔则认为索引性无须以逻辑的方式来展现自身，索引性表述本身就拥有"理性"品质。"索引性表述和索引性行为的显著的理性品质，就是日常生活的活动的组织性的持续性的当下展现。"[1]一旦我们同意所有的表达和行为都是索引性的，那么，认为一个情景无涉的、标准化的意义可以适用于使用自然语言的任何场合就不再具有任何意义了。索引性概括出常人方法论"理性"的两个重要的时空特征，当下性与场所性。

基于对索引性表述的阐释，科学的常人方法论研究在反本质主义与反基础主义的前提下（针对传统的科学哲学和科学史研究），针对科学的社会建构和行动者网络理论中极端相对主义对科学合理性瓦解，重新对科学合理性确认与强调。基于对常人方法论的理解，林奇对两位天文学家在第一次"发现"光脉冲时刻的录音磁带上的对话进行分析：

> 迪斯尼：……我简直不相信它，直到我们得到了第二个。
> 库克：我简直不相信它直到我们得到了第二个，而且直到……这个东西移动到其他的一些地方。[2]

在这一简单的对话中，林奇用特定时刻的有序性来阐释"索引性表述的理性特征"（rational properties of indexical expressions）。这里的"理性

---

① Garfinkel H, *Studies in Ethnomethodology,* Cambridge: Polity Press, 1984, p. 34.

②（美）迈克尔·林奇：《科学实践与日常活动：常人方法论与对科学的社会研究》，邢冬梅译，苏州：苏州大学出版社，2010 年，第 330 页。

特征"不是对库克与迪斯尼的"方法论的议题"的一种理性重建，而是明显地体现在对话的表面特征所产生的有序过程中。例如，这些"理性的特征"包括库克重复迪斯尼的代词表述"它"和"第二个"的方式，这种表述不需要对这两个术语的意思进行形式化处理就能够得到理解，因为双方都在直觉上领悟到他们正在言说同一对象，并没有讨论什么导致这一发现的一般方法。他们的谈话是合情合理的，并且合情合理地与当下的活动、事物、仪器以及并行可能性的复杂性联系在一起。但是要明白何以会这样，我们必须与天文学家提及的"这个和那个"相一致，按照他们的言说去理解。为此，林奇借用伽芬克尔的特质①这一概念来表达这一当下特殊场景中的理性，意指一个对象的"就是这样"的可说明性，即"这里"并且是"当下"的展现状态，这种研究描述了科学家如何在各种不同的场景中基于他们"所处情境"的特质②而行为，并能够客观地说明其实践目标。林奇使用伽芬克尔这一术语是想更清楚地表明：一个代词或者索引性的"意义的产生"，并不受制于也不受益于本质主义的基础决定，但却具有可说明性、有序性等理性特征。

这种对"索引性表述的理性特征"的理解，与传统科学哲学对理性的理解完全不同。传统科学哲学认为科学行为在单个时刻是混沌的、随机的、无序的，直到秩序在一个平均趋势、典型模式、模型结构以及方法论"过滤了的"数据水平上出现，因此，科学哲学不适合理解"单独的"事件，因为科学方法只能去辨明深层原因和一般性原则，单个事件的偶然性细节会模糊这些深层原因和一般性原则。常人方法论不是一种研究的归纳模型，它明确认为单个行为事例在日常活动中是有秩序的，直觉上是可领会的，相应地，自然科学的实验建构本身就是一种有秩序的实践行动，其结构本身就具有操作的与社会学意义上的客观秩序。

为探索"索引性表述的理性特征"，林奇的科学的常人方法论研究遵循了伽芬克尔提出的常人方法论的一些基本原则：

（1）实践活动的秩序性原则。场所性实践远非混乱，研究科学实践活动表现出来的稳定的与可理解的秩序，即"索引性表述的理性特征"，并且，这种实践活动中的秩序（存在于生活世界对的第二部分之中）是形式化科学与数学秩序（存在于生活世界对的第一部分之中）的来源。因此，

---

① （美）迈克尔·林奇：《科学实践与日常活动：常人方法论与对科学的社会研究》，邢冬梅译，苏州：苏州大学出版社，2010年，第309页。

② 林奇特别区别了本质（quiddity）和特质（haecceity），特质强调唯一性，强调"就是这个"（just thisness）。

与拉图尔的 ANT 不同，常人方法论并没有把科学实践视为一种从“混沌中产生秩序”的活动，而是把场所化实践视为一种手段，通过它，“实验的秩序”被转化为“明晰的数学秩序”。常人方法论就是研究场所化实验的独特秩序，并检验它们如何转化为更为稳定的与更为形式化的秩序。

（2）常人方法论的漠视（ethnomethodology indifference）策略。这是一种反基础主义的怀疑论态度，拒绝承认任何一组特定的方法论能够充当界定日常活动中“隐藏”的“索引性表述的理性特征”的标准。在传统科学哲学中，我们很容易把本质或核心意义归于那些会引起共鸣的词汇，如“理性”与“客观性”，其目的是发展出一种普遍的“知识”“表征”“理性”“真理”的概念。常人方法论的漠视策略则拒斥这种有效性、可信性、证据的规则以及确定标准的方法论基础主义的研究路径。常人方法论认为科学事实是一种“在言说中成为存在”的“实在”，或是通过“日常理性”而发现的“实在”，这类表述表达了清楚、清晰与可理解的行动。对一位常人方法论学者来说，客观性与科学方法就体现在实验室的日常行为之中，没有先验的统一基础能永远保证其普遍的有效性与确定性，但也没有什么能够把科学的行为排除到有秩序的、稳定的、可重复的、可信的与日常的状态之外。

（3）“方法的唯一适用性要求”。这是伽芬克尔设计的一个“走向日常”的纲领，强调在一个特定的研究领域中，不存在对这个“领域体验”的任何具有普遍性的合理性说明。这样的一个“走向日常”的纲领不会为专业科学建立一种普遍的“自然观察的基础”，也不打算将自己建造为一个具有控制权的方法论体系，也不再去寻求“认知地图”，因为没有任何地图能够完全充分涵盖地图中的丰富场景细节，任何的“地图”都无力给出一个构成实际工作场所的细节的完整集合。“唯一适用性”是指每一个学科的特性只能是由其单独特质来界定的独一无二的活动组成，这种活动只能通过“进入”相关认知圈的“内部”才能得到理解。为了能够发现“实际活动中特色鲜明的科学”，科学的常人方法论研究将使研究者置身于所研究的每一个科学自身所认可的细节中。“唯一适用性要求”意味着一个学科的秩序不是在黑箱“内部”被发现，而是在黑箱的真实的建造过程中得以确立。这就意味着，秩序并非来自对混沌的建构，秩序本身就体现在日常活动中明白易懂的案例以及更加具体化的环境中，因为，在实验室中实际行为的场所性当下细节是有序的和可描述的，“成员的直觉”完全可以把握它。

（4）介入原则。与拉图尔排除科学与数学的技术内容（“陌生人原则”）相反，伽芬克尔要求研究者要把握其所研究领域中的实践，如研究物理学，就得理解物理学的技术内容。这种要求，伽芬克尔称之为“方法上的独特胜任原则"（the unique adequacy of methods）[①]，即一个研究者，必须能够把握与操纵其所研究的这种实践，获取一种类似于柯林斯与罗伯特·埃文斯（Robert Evans）称之为"贡献性技能"[②]的能力，这是进行科学的常人方法论研究的前提条件。

（5）重返"科学发现"。科学的常人方法论研究不再提"建构"一词，而是"把自然科学重新界定为关于实际活动的发现科学"[③]。也就是说，科学的常人方法论研究不把科学视为文化建构的产品，而是把科学置于活生生的实验室的日常生活之中，这样不仅可以发现自然秩序及其对应的科学，而且还可以在常人方法论的视角下反身性地重构科学哲学、科学史和科学社会学。尽管涉及"发现科学"的议题看似表达出对科学实在论和科学自然主义的一种倒退，但科学的常人方法论研究没有借用一种独立的自然界的"实体"去解释发现、秩序等，而是主张科学书写和数学文本都是活生生的实验室日常活动中的一部分。通过把"一种发现科学的工作"视为不可还原的具体成就，科学的常人方法论研究反对把科学实践简化为观念体系、公式、方法论规则。科学的常人方法论研究并不否认规则、公式以及其他形式化东西的作用，它只是强调这类形式只能置身于具体的日常科学实践中才有意义。

（6）"回到科学"。按照"特质"的要求，我们研究科学，必须与科学家提及的"这个和那个"相一致，按照他们的言说去理解他们的行为。因此，与SSK的"陌生人原则"相反，科学的常人方法论研究坚持研究科学时研究者必须把握所研究学科的具体内容。对任何一个试图阅读专业科学期刊的人来说，想要研究一个学科，必须对专业知识、图表、数学、实验技能等有充分把握。科学的常人方法论研究无法与其所研究的学科的核心部分，即"就是这个"的"这里"并且是"当下"的展现状态相脱离。因此，科学的常人方法论研究坚持一种强参与性观察要求，要求研究者拥有对所研究学科的"充分"的驾驭，并以此作为进行常人方法论科学研究的前提条件。

三、自然科学之"生活世界对"结构

常人方法论用科学的"生活世界对"去取代胡塞尔哲学反思的二元性，用"生活世界对"去填充"伽利略物理学"中发现的主题与科学实践之间

---

① Garfinkel H, "Ethnomethodology Program", *Social Psychology Quarterly*, Vol. 59, No. 1, 1996, p. 7.

② Collins H M, Evans R, "Third Wave of Science Studies: Studies of Expertise and Experience", *Social Studies of Science,* Vol. 32, No. 2, 2002. pp. 235-296.

③（美）迈克尔·林奇：《科学实践与日常活动：常人方法论与对科学的社会研究》，邢冬梅译，苏州：苏州大学出版社，2010年，第329页。

的"间隔"。这种"生活世界对"由两部分所构成，第一部分存在于科学的形式结构中，它们表现为一种完整的结构，以定律、假设、探索的逻辑、实验的描述、数据的形式表现在教科书与杂志中。这是"伽利略物理学"的"明晰部分"。第二部分是意会的发现结构中实际的与未能被说明的建构，是伽利略物理学的"含蓄部分"。后者是对实验室实践的自反性检验，而前者是所获取的"含蓄"知识的明确的与形式的结构，是这一过程的结果。当后者出现时，一种有关实验室工作的"含蓄的"维度就会消失，"含蓄的"实践被实验室的一种形式与集体的新科学方案所取代。然而，这并不意味着实验室工作的"含蓄的"方面已经从实验中消失，而只不过被作为明晰结构的一种含糊预设而隐藏起来。因此，常人方法论就是试图恢复这种"含蓄的"意会结构。

"在伽利略的物理学中所失去的东西是其第二部分，通过在伽利略文本中所描述的伽利略摆的具体特征来解释第二部分。这种说明是通过考察伽利略摆的特殊的发现结构中所观察到的'实际清单'来完成的。"①这种工作清单可能包括研究中的对话、场所性的组织、社会秩序的生产与可说明性的地方性的内在实践以及与其相容的实质性物质，包括书写在黑板上的记号、私人笔记、日记、图表、潦草的书写、书籍、手册、草图、便利贴、照片、绘图、门的名称、门上的警告、墙上的通知、文本、对一种指令性行动的手势解读、机构的组织、仪器安排、建筑与所有各式各样工作台上的工作。科学不仅存在于实践之中，而且是因为实践而存在。任何对科学的生活世界的起源的探索，都绝对不能离开这一前提。

四、实验室中"具身性操作秩序"

对胡塞尔的"伽利略物理学"进行常人方法论解释，就是要说明伽利略的科学实践是如何情境性地产生出摆的等时性原理，在技术上重构伽利略利用摆去演示-证明等时性定律的实验，这是一种"可回溯性现象解释"。但对于当代的操作者来说，由于时过境迁，所重构的摆显然无法复制伽利略时代操作活动的实践情境，这是人类学的一种困境。因此，重建摆或恢复其最初的操作时，并不是再现历史上的伽利略实验，而是从实践的视角，重构其实验的逻辑。除了上述人类学困境外，我们还需要注意到的是，在伽利略的文本中，实践的逻辑不见了，只留下了"指称对象"的语义结构，

① Bjelic D I, " Lebenswelt Structures of Galilean Physics: The Case of Galileo's Pendulum", *Human Studies*, Vol. 19, No. 4, 1996, p. 411.

而不是活生生的实践结构。也就是说伽利略的文本并没有具体阐明如何建造这一摆、如何打结、如何进行摆动、如何观察摆动、如何进行或需要多少次演示-证明、如何排除实践的偶然性最终提炼出这一定律。这些问题留给物理学家自己去重构，只有通过对文本进行线索式的探索，才能揭示这些未能被解释的实践。对伽利略实践的重新详细阐述就是对其发现结构的实践的"详细目录"进行阐述，揭示出其演示证明是如何获得的。

"生活世界对"的第二部分，也就是伽利略摆的等时性定律的具体实现由以下三部分构成：①摆（三个带有预先设计好的具有反比关系长度的线上悬挂的三个球）；②操作技能（比如如何用两只手把握三个球并同时释放它们）；③被演示的平方反比定律的内在关系逻辑。①②属于"操作领域"，③属于"演示-证明领域"。

仪器的"操作领域"是演示者利用仪器去制造出一种可见的现象领域：三个下垂的球在一个水平轴上由不同长度的三条线悬挂着，它们在一种机遇情境中同时摆动着。这要求演示者必须具备操作摆的特殊技能，以让三个球摆动出一种等时性运动现象。人们可能认为伽利略利用了古希腊的数学，但用巴什拉的话来说，操作不是作为一种"理性的记忆"（rational memory），而是一组具身性技能。这种特殊技能涉及以下要求：①如何制造摆，即如何正确把球系在弦上，这是实验的第一步。②精确复制弦长的问题可能出现在一个结的理想位置与实际位置之间的差异上。由于这种理想位置的空间是无法标准化的，这意味着打第一个结时，如果缺少相关技能，实际位置与理想位置可能不是同一空间，会导致大量的"噪音"。如摆可能不会以操作者所期望的那种方式同时摆动，不会精确地显示出相同比例的重复，或在终点同步性停止；如它们可能时常无规则地在一个平面上摆动，经过几分钟后，就会飘忽不定的摆动，会相互纠缠在一起。这意味着成功的结是操作者熟练技能的结果，其独特特征只有通过操作者打结的成功的技能性活动才能得到显示，以一种聚集摆的秩序去充分显示出操作者在其上的技能。这里，借助于操作者的实践技能，操作者面前的工具——弦、球、线与独特的位置之间——会显示出一种操作秩序，具身在伽利略定律之中。

这也意味着建造伽利略的摆，不只是把摆的各个部分简单组装在一起，它来源于熟练的具身性操作活动。球要达到等时性摆动，必须与身体进行调节，以达到一种成功的演示秩序。一个成功的秩序必须由两个已经获得的成就所组成：所有的三个球必须被置于同一平面上；所有的球必须同时从同一斜面上被释放。如果其中一个条件未能得到满足，摆动就不会演示出所声称的等时性或比例。这意味着尽管一个释放的球是一个自然事实，但摆的等时性现象却不是，因为等时性是相对于具身性技能的一种时间性成就。这就是伽利略发现摆动的生活世界的结构。

任何物理学家过去、现在与未来在日常情形中都会遭遇情境性问题。伽利略忽视了仪器的意会实践补充，把它留给物理学家去发现仪器中的一种独特秩序的一个意会问题。即对仪器的具身性操作活动的获取，是在这些仪器、技能与所获取的演示-证明之间的内在关系的一种"意会性"探索。组织仪器的实践具有自身的"意会"逻辑，而探索这种无法言说的组织仪器的实践逻辑，只能通过直觉去解决。身体预先反身性地进入仪器的领域，确立了与仪器的一种惯例性关系，如为了能够利用摆，摆必须拥有某种得以被利用的方式，就像伽利略当时所做的。伽利略的摆并不会在所有可能的时空中"散射出"现象的秩序。只有在某种可观察的距离或时间条件下，人们才能多多少少观察到被组合的对象的等时性摆动，从而证实其理论主张。这种伽利略摆的重复总是呈现为情境性的秩序。

五、从"操作秩序"到"数学秩序"

"演示-证明领域"（图 4-1）是对弦、球、线与独特的位置之间显示出的一种操作秩序进行数学化分析。

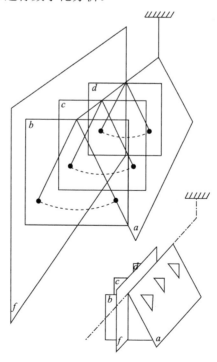

图 4-1　演示-证明领域

伽利略的实验表现在图 4-1 中：释放球的斜面 a；三个球垂直于平行平面（b、c、d）；显示比例的终端平面（f）。这些平面之间的内在几何关系把摆（球与弦）、操作者的技能、观察领域和所有操作与演示部分聚集成摆运动的时间比例。作为一种数学规律，只有在成功的摆动中才能显示出"更准确"的比例，而不成功的摆动却显示不出来。成功的摆表现如下：当三个平面 b、c、d 表现出一种统一的运动时，垂直于它们的终端平面成为一个观察等时性运动的最好位置，从这里，所有三个球都被视为处于一行，展现出时间上的数学秩序。也就是说，摆的这些平面的内在逻辑把在操作区域中的仪器秩序转变成一种数学秩序——时间与长度的平方成反比。

当然，"时间与长度的平方成反比"的格式塔转变只有在某种程度上才能出现，即只有演示者的技能把握了整个仪器的运作范围，才能"透视"出秩序的秘密。同时，作为一种观察的格式塔的比例，表明了物理定律并不是对任意的时空都适用的，而只能表现在由与仪器具有独特关系的技能所确定的时空之中。"通过展现出摆的等时性的格式塔转换，隐藏了演示的技能与区域的实际组织工作。正是平稳的等时性摆动把朴素的感觉'提升'到看到了摆动的'数学秩序的时间集合'……即从仪器的应用进入看见作为一种数学规律的摆动的球的等时性的组织。"[①]

不同的观察者如果想要看到这一等时性效应，必须依次从终端平面上进行观察，把自己置于一种有利地位，在这里，观察者还得按要求使自己的眼睛与球的平面相垂直，终端平面充当一个演示-证明区域的轴，沿着终端平面，观察到排成一行的球并数数。这样做，他们能够独立地数摆动的次数，发现时间与长度的平方反比定律，从而达成一种集体的共识。也就是说，摆的演示几何的内在秩序被扩展到集体的观察过程之中，正是在终端平面上，主体间性的共识达成，从而证明了运动的"数学秩序"。因此，操作仪器的正确的演示方式是一种说服对发现者的最初立场持怀疑态度者的手段，它使伽利略仪器的演示-证明领域中的秩序后来被标准化为产生事实的科学惯例。摆就是如此被建构，即主体间性的集体证人的共识是达到数学秩序的关键。

与流行的观点相反，这里，伽利略的物理学是演示与证明科学实践功效的一种日常活动。当传统科学哲学把伽利略的工作解释为"符合一种先验的宇宙秩序（如毕达哥拉斯的数学美）的个人信仰"时，常人方法论却

---

① Dusan I B, "Lebenswelt Structures of Gelilean Physics: The Case of Galileo's Pendulum", *Human Studies,* Vol. 19, No. 4, 1996, p. 425.

揭示出伽利略的物理学预设了在个体发现者与群体之间可交流的观点，是一种在现象问题上达成共识的主体间性。正如夏平与谢弗写道，"一个事实是一种体制意义上的社会范畴：它是一种集体的知识。我们通过个人的感觉经验展现出这一过程，这一经验被扩展为一种集体所证明的并且是共识的自然事实"①。这是一种集体证人的模式，是把证据与集体陪审团相结合对科学实验进行公共证实的一种模式。

这种集体证人的模式成为一种明确的与程序化的产生客观知识的方法时，用胡塞尔的话来说，就会成为一种隐藏其基础的方法，隐藏了实验室工作的"隐晦的"部分，如产生等时性现象的弦、球、线与独特的位置之间的特殊秩序，显现出其"明确的"部分，如数学秩序。这并不意味实验室中"隐晦的"部分已经从实验室中消失，而只是指它成为新实验科学中明确的、程序的结构的隐藏假设。当达到这一点时，产生等时性的具身性技能也会从演示-证明领域中消失，给人们留下的印象只是数学秩序本身，摆的"数学规律"摆脱了摆的物质约束，最后得出一个数学比例，看见了摆的节奏，而不是三个独立的摆，就像是按一定秩序弹奏竖琴弦，聆听其美妙的音乐。因此，这里不再是这一或那一球，而是其可观察的关系。这些关系不是有关球这类物的，而是组织球的观察秩序。换言之，可观察的数学比例，当被运用到伽利略的物理学时，显示出一种在逻辑上独立于物理情境的秩序，当通过演示的技能产生出来的摆显示出稳定的等时性时，显示的是一种悬挂着的物体要遵循的数学规则。因此，虽然数学秩序在实践上联系着操作领域中的技能，但当实验领域的"操作秩序"被解释为"数学秩序"，进入了第一部分，其具身性就被抹杀，生活世界对的第二部分也被抹杀掉了。伽利略发明了一种"提升的机制"，把"意会"的探索从集体的信任转变为演示区域的一种数学证明，使自己摆脱了实验操作者的身份，成为成功探索数学证明的理论物理学家。操作领域中的"仪器秩序"被"提升"为演示-证明领域中一种"自然事实"，其起源的实验技能就被抹杀掉了。这就是胡塞尔所说的近代科学危机的方法论根源。

本 章 小 结

伽利略式的"物理学"遗忘了自然科学的"生活世界"，胡塞尔式的

① Shapin S, Schaffer S, *Leviathan and the Air-pump: Hobbes, Boyle, and the Experimental Life*, Princeton: Princeton University Press, 1985, p. 225.

"伽利略物理学"意识到了这一问题，但却使自然科学的"生活世界起源"服从于一种先验意识的逻辑。伽芬克尔式的"伽利略物理学"使科学真正返回了"物质世界"，这是自然、仪器与社会之间机遇性聚集的情境性空间或场所，也是一个行动者的实践世界。林奇把胡塞尔的工作转化为对科学的常人方法论研究，发现在科学的"生活世界起源"中，实验活动充满着各种"具身性操作秩序"，通过"演示-证明"，这种"具身性操作秩序"上升为理论的"数学秩序"。这使得林奇的常人方法论迈入"科学实践文化研究"的行列，成为与拉图尔的行动者网络理论、皮克林的冲撞理论、哈拉维的女性主义技科学观并列的当下"科学实践文化研究"中的四种"显学"之一。

在思考"现象场"状态的问题上，拉图尔认为"现象场"活动充满着内在混乱和无序，因而陷入了认知的泥潭，重弹起哲学相对主义的老调。常人方法论在探索"现象场"过程中，发现其中充满着各式各样的"具身性操作秩序"，并发现了这种秩序最终被转化为"数学秩序"的演示-证明机制与社会共识机制，目的是让科学的合理性重返实验室的日常生活之中。基于传统科学哲学、科学社会学以及科学知识社会学的批判，科学的常人方法论研究向人们表明何以可能在科学的日常行动中重新合理地刻画科学哲学、科学史中的认识论主题，如观察、表征、发现与说明。这种研究既不是解释性的，也不是基于所谓传统科学哲学中规范性科学方法，而是基于语言使用者共同体对日常语言的直觉性熟悉，基于"科学推理"如何具身在一种共同语言的公共使用之中，基于实验室日常活动中明白易懂的案例如何为研究者提供"成员的直觉"，基于学科范式对自身内部独有历史的承载与认同，在日常具体的实验室生活中依赖并且产生科学独有的秩序。

需要提及的是，相对于SSK、拉图尔的ANT以及皮克林的冲撞理论对具体科学实践研究中所具有的丰富的实证案例研究来说，科学的常人方法论研究展现出的只是一个新的研究纲领，具有针对性的实证及案例研究尚未展开，从而还无法充分展现科学的常人方法论研究针对观察、实验、理性、测量、表征和解释等认识论论题的独特的常人方法论说明。也就是说，现有的科学的常人方法论研究还不足以支撑其雄心勃勃的纲领。尽管如此，在反本质主义、反基础主义的前提下，科学的常人方法论研究开启了从科学实践本身的客观逻辑去理解与言说科学，让科学的合理性重返实验室的日常生活之中，回归科学的合理性与客观性的路径。对于当前科学研究中所泛滥的文化相对主义现象而言，是一副极好的清醒剂。

第五章　哈拉维的女性主义生成本体论

哈拉维是当代著名的生物学家、科学技术论学者、女性主义学者。她有着扎实的自然科学、哲学和语言学的训练经验，在生物学、科学哲学、科学社会学、科学史等方面都有很深的造诣。凭借杰出的跨学科研究，她在国际学术界享有极高的声誉。哈拉维的作品受到科学技术论者、科学史家、科学哲学家、人类学家甚至艺术家、文学家、生物学家的广泛引用。哈拉维关于灵长学的研究一直被社会建构论视为经典，她因此获得了1992年美国社会学学会颁发的"罗伯特·K. 默顿奖"。1999年，哈拉维的著作《诚实的见证者》一书获得4S学会的"弗莱克奖"（Ludwik Fleck Prize）。2000年，哈拉维被4S学会颁发"贝尔纳奖"——科学社会学的最高奖，以表彰其对科学技术论做出的杰出贡献。皮克林曾经说过："唐娜·哈拉维大概是实现科学研究和文化研究的联合的关键人物。"①

哈拉维的研究集中在人与机器、人与动物的关系上，其著作引起了灵长类、科学技术论、科学哲学、生物学等方面研究者的长期关注，并挑起了巨大的学术论战。哈拉维的学术生涯体现在以下四个阶段：灵长类学的研究打破了人与动物的界线；赛博宣言打破了人与机器的界线，继而打破有机体与无机体的分界线；情境知识（situated knowledge）主张的知识生产的机遇性与地方性，将性别等因素纳入知识的生产之中；后期的伴生种（companion species）宣言颠覆了"自我"与"他者"之间的二分，表达出一种现实生活中异质性要素关系的哲学。在所有四个阶段上，哈拉维的出发点都是批判自然与文化之间的截然二分。哈拉维说："我的认识论出于这样一个基点，即自然与文化之间在范畴的分界线是一种暴力，而且是一种顽固的暴力。"②2003年，《哈拉维文集》（*The Haraway Reader*）出版，其中收集了哈拉维在不同时期的代表作。在这本文集中，哈拉维说："本文集所收集的所有论文从不同方面批判了深深根植于西方文化中的根深蒂固的二元论。所有这些二元论都逃避了严谨的哲学审视，被转化为武器、

---

① （美）安德鲁·皮克林：《实践的冲撞：时间、力量与科学》，邢冬梅译，南京：南京大学出版社，2004年，第266页。

② Haraway D J, *How Like a Leaf: An Interview with Thyrza Nichols Goodeve*, New York: Routledge, 2000, p. 106.

国家暴力、种族与性别的等级、经济竞争等。"①在对自然与文化之间界线解构的基础上，哈拉维建构了自然与文化的混合本体论，产生了生成论思想，并使之成为贯穿其科学技术论研究的主线。

第一节　女性主义发展的三阶段

一、实证论意义的女性主义 STS

早期女性主义 STS 研究，主要集中在如何打破女性从事科学研究的学术制度和文化障碍，或恢复在科学史上对科学研究做出过卓越贡献却被历史学家遗忘的杰出女性科学家的工作与地位。这些研究通常基于逻辑经验论科学观与默顿式规范社会学展开，即确信科学知识在本质上是客观的、价值无涉的，因而肯定是性别无涉的。

20 世纪 70 年代，乔纳森·科尔（Jonathan Cole）等利用社会分层理论去思考美国科学界的性别差异现象，如：相比较男性来说，为何科学界杰出的女性科学家很少？科学界是否也存在着性别歧视的问题？在科尔看来，在科学界里，职业荣誉是按照角色表现出来的学术质量被赋予的，而学术质量主要表现为其发表作品的引用率，这完全与性别无关。这种做法表现出默顿式规范社会学的特征。科学界之所以存在明显的性别分层现象，在科尔等看来，主要原因在于女性科学家自身作品的学术质量问题，如在研究期望和职业目标上，女性科学家与男性科学家之间就存在深层次的差异。不可否认，社会也是成因之一。科尔和哈丽特·朱可曼（Harriet Zuckerm）指出："造成男性与女性科学家之间地位和成就分化的重要原因，是女性科学家常常受到'三重处罚'的阻碍。第一，女性在文化上就不适合从事科学研究，因此，许多女性从一开始就被拒斥在科学大门之外。第二，那些跨过这一道障碍而成为科学家的女性，又常常被认为不能与男性并驾齐驱。这种观念会削弱女性从事科学研究的动机和期望。第三，在科学共同体中，实际上存在着对女性的歧视。"②

女性主义研究学者进一步发现，科学研究中的男性优势，不仅关联着学术制度与学术文化，而且还具有更基础的生物学根源。女性的生理功能与结构特征（生殖系统、生理周期、新陈代谢等）决定了她们不适合从事

---

① Haraway D, *The Haraway Reader*, New York: Routledge, 2003, p. 2.
② 转引自林聚任：《美国科学社会学关于科学界性别分层研究的综述》，《自然辩证法通讯》，1997 年第 1 期，第 35 页。

科学研究工作。1992 年《泰晤士报》一篇文章报道称女性的大脑胼胝体比男性的更发达，这能解释女性的直觉为什么更准确，但却削弱了女性"进行视觉-空间技能的某些专业化"的科研能力。这则报道似乎印证了生物决定论的正确性。

科尔等的工作与生物决定论者的观点受到具有社会建构论趋向的女性主义学者的批判。这些批判主要集中在两点上：表明科学研究如何受到了男性中心主义的偏见所影响并强化（如挖掘科学著作与科学史中的男性密码）；批判近代科学的认识论框架。

二、社会建构论意义下的女性主义 STS

受社会建构论思想的影响，女性主义研究者思考着所谓性别的社会建构。把性别作为一个"社会的"而不是"生物的"因素来分析"科学中女性受到歧视"的现象。关于这点，伊夫林•福克斯•凯勒（Evelyn Fox Keller）就明确指出："如果科学知识在其发展方向上，甚至意义上是依赖于社会与政治力量，那么，我们有充分的理由假定：（社会）'性别'既然在我们的现实生活中发挥着如此重要的作用，那肯定在科学中也扮演着同样的角色。"[1]为达到上述目的，女性主义者采取的第一个重要步骤就是对"性别"含义进行明确区分：社会性别（gender）和生理性别（sex）。女性主义对 sex 和 gender 之间的区分如下：sex 取决于生理特征，如染色体、性器官、荷尔蒙等；gender 取决于社会因素，如社会角色、地位、行为或身份。这样区分的目的就是反驳生物宿命论。"科学史上，有众多例子表明科学家是如何把阶级、种族和性别之类的社会不平等现象植入大自然之中，从而让自然反过来成为社会分工和等级的文化假设的例证。这些社会差异被铭刻并本质化为人类身体的一部分，范围从基因、血和荷尔蒙到脸、大脑、骨头、胎儿的生殖器。因此，女性主义有充分的理由去谴责那些关于女性的社会状态的生物决定论的说明。"[2]

社会建构论趋向的女性主义无非是想表明：反对生物决定论，要用文化和社会来解释社会性别差异。一句话，"性别不是生物学意义上的，而是社会建构的"。从系谱学角度来看，"性别的社会建构"这种想法最早还得追溯到波伏娃（Simone de Beauvoir）。她在 1949 年就提出："人并

---

[1] Keller E F, Longino H E, *Feminism and Science*, Oxford: Oxford University Press, 1996, p. 32.

[2] Åsberg C, "Enter Cyborg: Tracing the Historiography and Ontological Turn of Feminist Technoscience Studies", *International Journal of Feminist Technoscience,* No.1, 2010, p.7.

非天生就如此，而是被变成一位女性。"也就是说，生物学意义上的女性
（female）通过一个社会化过程而逐渐变为社会学意义上的女人（women）。
也就是说，正是通过社会化过程，女性才变成了女人。因此，男性气质和
女性气质都是社会化的结果。

　　总之，社会建构论趋向的女性主义首先区分生理性别与社会性别，广
义上说就是对自然与文化进行二分①，然后从社会性别角度考察"女性主
义视野中的科学问题"。如果说性别是社会建构的，那么科学中女性受到
歧视的不平等现象也是社会建构的。这类女性主义主要利用隐喻的手法，
在科学史中寻求所谓证据。在科学史上，科学被视为作为丈夫的男性，而
自然则被看作是作为妻子的女性。科学家研究自然，就是通过实验工具，
强迫作为妻子的自然服从其意志。于是，性别、自然和科学就紧密关联起
来。在《对性别与科学的反思》一书中，美国学者凯勒写道："性别的隐
喻在近代自然科学的发展中起着重要的作用，她们视这些隐喻为好的丈夫
（科学家）对母亲自然的统治。用今天女性主义的最炫耀的术语来说，我们
应该是在谈论婚姻的强暴，作为科学家的丈夫强迫自然服从其意志。"②总
之，具有社会建构论趋向的女性主义者"考察"了科学史中大量类似描述
后，就"发现"了所谓的"科学"和"男性"之间的一种神秘的等同关系：
"科学"就是"男性"的代名词。科学和理性被视为男性的特权，也只有男
性才能胜任科学这份职业。

　　于是，从社会建构论趋向的女性主义的视角来看，男女之间的生理差
异，并不会导致男女在社会行为方面的重要差异。男女之间社会行为差异
只能来自性，但这不是生物学意义上的性，而是社会建构意义上的性。这
种社会建构的"性别"使女性擅长于直觉与主观体验，具有主观化与具体
化的倾向，而男性偏爱于逻辑与客观，表现出使对象进行客观化与抽象化
的倾向。这些认识方式上的差别只能来自社会的建构，一种"性"文化的
人工事实。于是，如果人们一直按照逻辑与客观性这类男性特征去建构科
学，科学自然不适合女性的特质禀赋，女性自然不善于从事科学，进而自
然被排除在"科学研究"大门之外，就不足为怪了。与之对应，如果某位
女性成功地闯入了现代科学领域，那也只能表明"她"已经被科学变性了。

　　社会建构论趋向的女性主义的观点时常会引起女性科学家的极大反

---

① Åsberg C, "Enter Cyborg: Tracing the Historiography and Ontological Turn of Feminist Technoscience Studies", *International Journal of Feminist Technoscience*, No.1, 2010, pp. 7-8.

② 转引（美）诺里塔·克瑞杰：《沙滩上的房子：后现代主义者的科学神化曝光》，蔡仲译，南京：南京大学出版社，2003年，第301页。

感，如美国女数学家诺斯卡就曾在科学会议上的发言中说过："当我读到充斥在学术界的'女性主义理论'或'性别差异'的文献时，特别是有关女性在传统领域中从事科学研究的陈词滥调或评论时，我常常感觉到它们正在称呼我们所有这些人为'变性人'。"①

基于建构主义的视角，女性主义者认为，逻辑主义与客观主义的现代科学至少是片面的，在认识上是不完全的。科学需要改造，需要增加包括女性在内的所有的"诚实的见证者"。在具有社会建构倾向的女性主义者用"性别"概念来对科学知识进行意识形态分析，而不是生物学上的分析后，这种工具使女性主义者"发现"，近代科学原来在本质与起源上都是一个在"自然与认知"中都充满着男性意识形态的理论结构，而且，这种意识形态至今仍主导着科学的发展。

社会建构论意义上的女性主义主要是通过"破译"科学或科学史中的性别密码，利用身份认同的政治学来揭露近代科学中的男性至上主义。通过识别早期近代科学话语中的性别隐喻，挖掘科学史中的性别隐喻，破译出性别密码，以达到对这种男性的意识形态的曝光，展示出科学、理性、逻辑、实证与男性文化权力之间的密切联系，想由此表明近代科学如果不是错误的话，那至少也是片面的。

在方法论上，具有社会建构论趋向的女性主义者利用的是隐喻，而不是科学的实验验证与逻辑分析，她们在隐喻中探索性别与科学的关系，诸如用培根关于拷打、强暴与威胁的语言来隐喻科学如何通过实验方法拷打自然。这种分析，仿佛把科学理论处理成一个神话、一首诗或一组弗洛伊德的梦，女性主义探索近代科学背后隐藏的幻想、令人讨厌的意识形态的罪过、无意识议程的象征等。自然被想象为一位渴望嫁人的女性，渴望男性研究者来掀开其面纱。凯勒认为逻辑主义的、客观主义的科学，暗示着一个广泛的意识形态蕴含，其中男性身份认同是科学研究的一个重要范畴：男性占据着科学研究的主导市场，鲜有女性能够成功闯入的科学体制中的男性大门。这一事实表明，"男性身份认同政治"是科学场域的入场券之一。现有科学共同体中几乎所有"自我认同模式"都与这种男性至上主义的模式关联在一起，无论是以"真理""普适"的名义，还是以"理性""客观"的名义，都是如此。

女性主义这种建构主义的思想，成为男性的性别意识形态如何建构科

① Gross P R, Levitt N, Lewis M W(Eds.), "The Flight From Science and Reason", *The Annals of the New York Academy of Science*, Vol. 775, 1996, p. 440.

学知识的范例，在美国《新闻周刊》作为封面文章发表。《新闻周刊》曾这样描述："20 世纪 60 年代，研究被称为'传送'遗传因子的精子的'鞭毛运动和强烈无规则游动的'受精过程的生物学家要求进行一项'刺激总是被动性"漂移"的卵子发育的研究计划'，这一模式把精子描绘为富有勇猛气概的冒险者，卵子为害羞的处女。"[1]也就是说，当代生物学对受精过程的描述就反映出男性至上主义的攻击：具有勇猛气概的精子强有力插入不愿意配合的、笨重的卵子中。受精过程就是精子的遗传基因刺激着被动的卵子的发育过程。与之相反，女性主义的生物学的描述应该是：精子是无效的、盲目的游动者，卵子活跃地、主动地攫取着精子，在受精后几个小时，卵子中的遗传物质单独决定着随后的发育。美国著名生物学家、发育生物学专家保罗·格罗斯（Paul Gross）曾反驳过女性主义这种谬论。根据对母体中 RNA 作用的研究，加上对授精理论的历史研究，格罗斯表明在 20 世纪的生物学研究中，在受精过程中卵子和精子具有同等主动性几乎就是一种常识，特别是在伽斯特（E. E. Just）1919 年所做出的完美的显微镜研究工作后更加证实了这一点。[2]这也就表明，"害羞的卵子"与"勇猛的精子"只不过是女性主义者基于意识形态所创造的一种神话，与生物学中实际发生的事情没有联系。

社会建构论意义上的女性主义强调科学知识的性别价值的社会与文化负载，是第二波女性主义对科学的批判，批判的焦点是科学中的男性至上主义。海伦·郎基诺（Helen Longino）、凯勒与弗朗西斯·哈丁（Francis Harding）是这一波的代表人物。她们的工作批判科学体制排斥女性以及科学研究中表现出来的性别歧视。她们在最为基本的层次上质疑科学实践，揭露科学中所隐藏的性别歧视，并由此挑战了作为科学知识之根基的客观性。

三、"实践转向"中的女性主义

第一波女性主义主要是在默顿的规范社会学理论框架里讨论女性不适合从事科学职业的体制、社会与文化原因。以朗基诺、哈丁和凯勒等为首的第二波女性主义把第一波的"生理性别"上升到"社会性别"，认为"性别是社会建构的"与"科学是按男性气质建构的"。以此表明"科学是

---

① 转引（美）诺里塔·克瑞杰：《沙滩上的房子：后现代主义者的科学神化曝光》，蔡仲译，南京：南京大学出版社，2003 年，第 88-89 页。

② Just E E, "The Fertilization Reaction in Echinarachnius Parma", *Biological Bulletin*, No. 36, 1919, pp. 1-10.

男性至上主义的事业，因而从根本上排除女性"。虽然在最为基本的层次上挑战了传统实证论科学观对女性所持有的性别歧视态度，质疑了作为科学知识之根基的传统客观性，倡导社会建构论视角下的女性主义客观性，企图从根本上重新界定科学。但，从反身性的角度来看，第二波的女性主义本身实际上是一种社会建构的结果，也是一种 "社会意象"。

正如哈拉维指出，从某种意义上说，对科学的女性主义的第二波批判实际上也是它本身成功的受害者。因为如果包括科学知识在内的所有知识都是社会建构，那么我们就会陷入相对主义的困境。我们用一种客观性去取代另一种客观性，就会丧失建构科学知识大厦的真实基础。"没有一个命题（不论是科学的命题还是其他）优先于其他命题，因为如果所有命题都是社会建构，那么就正如所约翰·西尔斯所指，如果所有的事情（包括科学）都是社会建构，那么社会建构的主张本身就会变得无意义。"①由于切断了科学与自然的联系，它本身陷入反身性的诘难，即第二波的女性主义认为现代科学是男性至上主义的科学，要求建构另类女性科学，其客观性与真理性也会受到 "社会建构" 反身性质疑，就是说，第二波女性主义主张的科学不过是一种 "女性至上主义" 的建构，而非对自然的客观认识。

社会建构论视角下的女性主义科学观只关注科学知识的社会决定论，要求在科学知识的客观内容中纳入女性的社会性别因素，但却常常不自觉地忽略身体（body）的物质力量。哈拉维对第一波与第二波的女性主义就有如下总结性批判："作为一个生物学知识的对象——生理性别，时常以生物决定论的面貌出现，威胁着社会建构论和批判理论的脆弱空间。但是通过把女性主义的社会性别的概念视为社会、文化和符号学的不同配置而形成的力量，社会建构论和批判理论就被转化为一种积极的可能介入。然而，失掉了生理性别的权威性生物学解释（sex 与 gender 之间有着竞争性张力，两者都是基于自然与文化的二元论），看起来失去了太多；失去的不仅仅是西方传统中某些分析能力，而且还丢失了肯定不是作为一种社会铭文（生物学话语的社会铭文）的身体本身。"②

哈拉维称第二波的女性主义的作为是认识论的电击疗法（epistemological

---

① Hekman S, *The Material of Knowledge: Feminist Disclosure*, Bloomington: Indiana University Press, 2010, p. 66.

② Haraway D J, "Situated Knowledges: The Science Question in Feminism and the Privilege of Partial Perspective", In Haraway D J, *Simians, Cyborgs and Women: The Reinvention of Nature*, London: Free Association Books, 1991, p. 197.

electro-shock therapy），它具有极其有害的负面作用。"我和其他人通过表明建构科学技术这个洋葱的每一层的彻底历史详细性和巨大争议性，以获得一个有力的工具来解构对科学真理持敌意态度的主张。但我们以表明一种认识论的电击疗法来告终，这远非引导我们进入一张质疑普遍真理的高风险赌桌上，而是将我们置于一张具有自我感应的多重人格紊乱的桌上。"① "激进的社会建构论纲领和与人文学科中批判性话语的讽刺工具，结合成为一种特定的后现代版本，我对此理解越深，就会变得越紧张不安……我们要结束一种认识论的电击疗法。"②

到 20 世纪末，两波女性主义 STS 面临着现代性与后现代的冲突，即现代的普遍主义、本质主义与后现代的碎片化、相对主义之间的难题。而这一难题，正如科学实在论与社会建构论之间的矛盾一样，是一个"无果之争"。这不仅仅是女性主义 STS 的困境，同样也是女性主义的整体困境。

生态女性主义学者薇尔·普鲁姆德（Val Plumwood）对此有一段非常生动的描述："那些在女性主义和批判理论世界里漫游的'旅行者'，常常会迷失在'二元论之山'的迷雾的小径中，并不时被幽径和峡谷所吞噬。在这座山中，一条经常被涉足的陡峭狭路通往一个叫'逆反之洞'的地方。在那里，旅行者们堕入一个上下颠倒的世界，但这个世界却令人奇怪地与他们所希望逃离的那个世界极为类似。被困的浪漫主义者们在这里徘徊，哀叹他们被放逐。同他们困在一起的还有不同部落的理想主义者、地球母亲主义者、高尚的野蛮人以及劳工英雄们，他们的身份正是通过对统治阶层文化价值的简单而粗暴的逆反而得到界定。后现代主义理论家们发现了一条可以避开这个洞穴的另一道路，并且在此洞穴外竖了一块牌子，警示'此地危险'。可是他们发现的是一条歧途，一条无法穿越崇山峻岭到达应许之地的路径。更多的时候，他们只是在洞穴附近的'话语之井'周围徘徊，愁容满面地盯着对面那深不见底而令人恐惧的'相对主义深渊'发呆。通往应许之地的道路要穿过'确证之沼泽'。那些小心翼翼且极富批判精神的旅行者试图艰难地摸索着通过这段险境，但结果不是掉进'连续性海洋'，就是陷入'差异性沙漠'（Desert of Difference），被弄得晕头转向，

---

① Haraway D J, "Situated Knowledges: The Science Question in Feminism and the Privilege of Partial Perspective", In Haraway D J, *Simians, Cyborgs and Women: The Reinvention of Nature*, London: Free Association Books, 1991, pp. 183-202.

② Haraway D J, "Situated Knowledges: The Science Question in Feminism and the Privilege of Partial Perspective", In Haraway D J, *Simians, Cyborgs and Women: The Reinvention of Nature*, London: Free Association Books, 1991, pp. 183-202.

不得善终。”①

社会建构论虽然主张对主体与客体进行对称性研究，但从实际的研究与结论来看，客体不过是个次要的外部刺激物，其更加关注于认知者的社会文化因素——利益与权力。社会建构论意义上女性主义的主张实质上用一套女性的社会利益和权力去取代男性的社会利益和权力。从这种意义上说，即便社会建构论的女性主义已经涉足“发现的语境”，但是对科学实践的动态过程本身缺乏细节研究，也是一种与科学实践完全无关的宏大叙事。另外，如果其研究重心仍然是要突出科学共同体的活动中女性的经验，就必然会忽视其他社会文化力量，当然更不用提物质的力量。按照哈拉维的说法，她们对处于异质性要素复杂纠缠态的技科学的理解，过于简化。再者，她们将性别等文化要素本质化，并强调其对科学知识的决定性意义，这种做法暴露了她们根本就无法跳出社会建构论的窠臼。

20 世纪 80 年代后，在拉图尔的本体论对称性思想的启发下，哈拉维开始质疑社会建构论视角下的各种女性主义科学观，提出她独树一帜的“情境知识论”②。随着 STS 从“作为理论的科学”转向“作为实践与文化的科学”，她发现传统的“情境知识论”仍然停留在“作为理论的科学”层面上探讨，属于认识论范围，仍然在解释世界，而不是在改造世界，于是渐渐将注意力转向赛博和伴生种这种本体论研究，这是一种针对“实践中科学”的本体论，其中引入自然与工具这类物质文化，它们与性别之类社会文化一样，构成了科学实践中的各种异质性要素，目的是建构一种负责任的客观科学。这就是哈拉维的女性主义技科学观，开启了第三波的女性主义科学的研究。

总之，返回唯物主义，是哈拉维技科学思想的基调，“消解自然与文化的截然二分”与“物质实践的内爆生成的主张”则是哈拉维技科学思想发展的主轴。如果说“消解自然与文化的截然二分”属于哈拉维的解构性工作，那么“物质实践的内爆生成”则是哈拉维的建设性工作。哈拉维的技科学研究坚持“实践建构”这一中心概念，这是指：科学技术是在（过去或现在的）真实世界的实践过程中生成的，是在历史中、时间中或社会

---

① （澳）薇尔·普鲁姆德：《女性主义与对自然的主宰》，马天杰、李丽丽译，重庆：重庆出版社，2007 年，第 3 页。

② 情景知识：在技科学中，知识源于理论、价值、技术、身体、道德、政治等诸多情境要素的相互作用。也就是说，知识生产就是这些异质性要素历时的内爆和纠缠的动态过程，只有从这些情境因素出发得到的局部知识才是真正客观性的知识。把握知识生产的情境性，是哈拉维女性主义技科学的根本要求。

生活中涌现出来的。用哈拉维的话来说，这就是"内爆"（implode），类似于拉图尔的转译、皮克林的冲撞或共舞。与拉图尔和皮克林所不同的是，哈拉维更为关注这种内爆过程中的经济、政治等因素所导致的伦理问题，这就是她所谓"负责任的科学"。哈拉维的工作非常清楚地表明她完全拒绝女性主义社会建构论，倡导一种唯物主义转向的女性主义技科学观。"从系谱学角度看，女性主义的技科学研究，的确受到社会建构论关于社会性别、生理性别、社会、科学和技术的研究进路启发。然而，同时我们也要看到这一点，即这些唯物主义倾向的女性主义也批判了社会建构论，因为它们明显关注了社会技术话语与真实的物质世界相互间不可避免地纠缠在一起的那些方式。"①

第二节　赛博与女性主义

在解构自然与文化二分这一根基的同时，哈拉维也揭示出自然与文化的边界地带上存在着大量无法单独用"文化"或"自然"来界定的物质-话语的存在物。哈拉维敏锐地抓住这些边界的产物，采用本体层面上的隐喻——赛博来表达。

一、赛博宣言

赛博是控制装置与有机体的缩写形式。1960年，美国学者曼弗雷德·克莱恩斯（Manfred Clynes）和内森·克莱因（Nathan Kline）发表了《赛博与空间》文章，首次提出"赛博"这一概念。这两位学者提出这一概念，是想解决人类在未来的太空飞行中可能面临的科学问题，比如失重、呼吸、辐射、睡眠以及新陈代谢失调等。为克服这些在太空中人类生理机能不足的问题，两位学者提出对人类身体移植辅助的神经控制装置，这些控制装置能够增强人类适应外太空的生存能力。他们指出："为了协调身体自身的稳态控制，这种自我调节必须不受外界影响地发挥作用。对于这种外在延伸的、有组织的、复杂的，同时作为一种整合的稳态的无意识的运作，我们提出'赛博'这个术语。"②赛博的核心思想，即从控制论出发，将人体作为一种具有自我调节系统的有机体，同时这种自我调节系统

---

① Åsberg C, Lykke N, "Feminist Technoscience Studies", *European Journal of Women's Studies*, Vol 17, No.4, 2010, p. 299.

② Clynes M, Kline N, "Cyborgs and Space", *Astronautics*, Vol. 9, 1960, p. 45.

和外在的辅助因素可以达成一种有机体的稳态功能。而作为扩展有机体的机械部分构成了一种信息系统，并且通过信息的反馈循环，成为有机体信息系统中的一部分。因此，这种有机体和机器相互之间就形成了一种控制论有机体（cybernetic organism），也就是我们说的赛博。克莱恩斯与克莱因希望通过技术手段增强空间旅行人员的身体性能，运用医药和外科手术的方法使人类在外层空间的严酷环境条件下生存，经过这种高技术改造过的人就是 Cyborg。Cyborg 是指"一个人的新身体，这种身体机能经由技术拓展而超越人体的极限"①。

哈拉维的成名作《赛博宣言》起源于这样的社会背景：20 世纪 80 年代早期，美国里根政府推行了著名"星球大战"（Star War）计划。在名义上，这一计划是要以外太空为基地进行防御，以保护美国免受苏联的核打击。其实质上是通过军备竞赛，与苏联搞核对抗，争夺世界霸权。该计划一出台就遭到了许多人的猛烈抨击，其中女性主义圈子内不少学者也开始反思其西方科学文化中的普遍主义前提，因为这一前提忽视了性别在文化、种族、民族、阶级等方面的异质性。所以，哈拉维在 80 年代及时发出了批判本质主义与普遍主义、提倡多元性与差异性、重构女性主义科学观的呼声。这就是她写作《赛博宣言》的初衷。

1985 年著名的《社会主义者评论》杂志向包括哈拉维在内的一些具有社会主义倾向并在学术界很有影响的学者约稿，希望他们在"星球大战"背景下，讨论具有社会主义倾向的女性主义者的处境。哈拉维提交了一篇标题醒目的论文——《赛博宣言：科学、技术与 20 世纪 80 年代的社会主义者的女性主义》。哈拉维后来回忆她投稿的原因时说道："在美国社会中，具有社会主义思想的女性主义者已经不再是活跃的社会力量了……不过她们的主张依然引人注目……《社会主义者评论》给我们写信说：'你们都是具有社会主义思想的女性主义者，然而，从里根上台以来，你们怎么能无所作为呢？'这样'赛博宣言'就作为幻想与太空的乐章诞生了。"②哈拉维称这篇宣言的目的是"思考如何批评，记住战争及其产儿"③。修改后《赛博宣言》被收入其文集《猿类、赛博与女人》（1991 年）中。

《赛博宣言》中的 Manifesto 一词模仿了《共产党宣言》的表述，与《共产党宣言》扮演无产阶级纲领性文件的角色一样，哈拉维的《赛博宣言》

① Clynes M, Kline N, "Cyborgs and Space", *Astronautics*, Vol. 9, 1960, p. 47.
② Gordon A, "Possible Worlds: An Interview with Haraway D", In Ryan M, Gordon A（Eds.）, *Body Politics: Disease, Desire and the Family*, Boulder: Westview, 1994, p. 243.
③ Haraway D, *The Haraway Reader*, New York: Routledge, 2003, p. 3.

也成为 20 世纪晚期女性主义研究纲领。从发表之日起，它就被翻译成意大利语、西班牙语、德语、荷兰语、日文、中文等多种语言。佐伊·索弗里斯（Zoe Sofoulis）曾把《赛博宣言》的影响比作学术思想中的一场"地震"——"赛博地震"（cyberquake）。

　　哈拉维的《赛博宣言》之所以会引起如此反响，主要是其涵盖的内容广泛而且深刻，其中涉及灵长类学、优生学、生物学、机器人技术、遗传工程、人工智能、人道主义、女性研究等方面。这是其独特的科技、文化、政治与军事情境。赛博本体的出现，既有计算机、芯片、航天飞机等物质基础，又适逢国际政治形势风云变幻，它在科技、经济、政治、伦理等异质性要素的错综纠缠的技科学网络中生成。哈拉维坚持说："在特殊的军事史、特殊的精神、通讯理论、特殊的行为研究和药理研究以及特殊的信息和信息加工过程中，赛博被孕育生成了。"[①]这样一种历史情境与现实相结合而诞下的产儿，必然带来哲学本体论上的重大变化。赛博模糊了自然与文化之类的二元对立的范畴，它是打破边界的杂合体或混合本体，这也正是其哲学意义所在。赛博既是高科技产物，也是一种后人类指涉，用来指称人与动物、自然与社会、精神与物质、人与机器等传统的二元分界崩析中产生的一个新本体，一种差异化与多元化的新生成物。正是由于其技科学的背景，赛博能够把其本体论、认识论、伦理学与政治学融为一体。

二、赛博本体

　　哈拉维在《赛博宣言》中是这样界定赛博的："赛博是一种控制论有机体，一种机器和机体的杂合，一种社会实在的产物，还是一种幻想之物。"[②]

（一）模糊的边界

　　与皮克林对"赛博科学"的讨论类似，哈拉维的赛博本体打破了三条主要界线。①人与动物之间的界线。"动物权利运动并没有非理性地否定人类的独特性；相反，它们是清晰认识到了自然和文化之间划界所导致的不光彩行为。作为认知对象的现代机体，是过去 20 多年来的生物学和进化

---

① Haraway D J, *How Like a Leaf: An Interview with Thyrza Nichols Goodeve*, New York: Routledge, 2000, p 128.

② Haraway D J, *Simians, Cyborgs, and Women: The Reinvention of Nature*, New York: Routledge, 1991, p. 149.

理论共同建构出来的，把这些有机体视为知识的对象，把人与动物之界线化归为一种模糊的痕迹，使人们能够追踪其中铭刻着的意识形态斗争或生命科学与社会科学之间的争论。"①如现代科技催生出人体移植动物器官；在高科技发展的当今社会，基因工程技术的使用能够复制身体器官，从而取代不健康的器官；基因技术下小白鼠体内被植入人体的致癌基因，为人类攻克癌症的研究做出了重要贡献。哈拉维认为这些高科技打破了人与动物的分界线，标志着人类独特性的最后桥头堡被攻破，即作为人的人类与动物的基本分界线彻底消失了。②机器与机体的界线。传统上，机器无法自主活动，自我设计并不具备自主性。20世纪后期，人工智能的出现彻底模糊了自然与人工、心与身、自主性与外部设计之间的界线。在医学中，人类正在与机器融合，心脏起搏器、人造关节、假肢等被轻易植入人体，人类正在日趋赛博化。这一界线消失所带来的重要意识在于，传统的"自然选择"观念正在经受严重的挑战，我们对于"自然"的传统解释也岌岌可危。因为在当今世界，人类的进化是自然与技术共同选择的结果。③物理与非物理的界线。今天的机器再也不是过去的巨大磨轮式的各种机器，而是隐藏在漂亮壳子里的携带着无数信息的微小芯片。微电装置无处不在，但却看不见摸不着，机器微型化的趋势越来越明显。哈拉维欣喜地指出：它们的工程师把一种新科学革命与后工业社会的梦想结合起来，制造出了"我们最好的机器由阳光制造，它们轻便、干净，仅是信号、电磁波和一段光谱。它们是引人注目的、可移动、可携带的东西。"②这些干净的机器所探测到的疾病不过是免疫系统中的一种小写字母的编码的变化。热力学理论和量子理论中物质就是能量，物质与非物质远比我们想象的距离更近。这个界线的消失，开始从我们的认识中消除"自然"的对象化观念。

1990年，人类基因组计划（Human Genome Project，HGP）启动，这是一项跨学科的国际合作的巨大的科技探索工程。人类开始迈出探索自身的奥秘的重要一步，其目标是测定组成人类染色体（指单倍体）中所包含的30亿个碱基对组成的核苷酸序列，从而绘制出人类基因组图谱，并且辨识其载有的基因及其序列，达到破译人类遗传信息的最终目的。到2005年，人类基因组计划的测序工作已经完成。其中，人类基因组计划成功的

① Haraway D J, *Simians, Cyborgs, and Women: The Reinvention of Nature*, New York: Routledge, 1991, p. 152.

② Haraway D J, *Simians, Cyborgs, and Women: The Reinvention of Nature*, New York: Routledge, 1991, p. 153.

里程碑式工作，是 2001 年人类基因组工作草图的发表。随后，转基因技术、克隆技术、基因治疗技术以迅雷般的速度突飞猛进地发展。然而，每一项研究计划的制定、执行、申请专利以及成果商品化都带来世界范围内诸多经济竞争、政治问题与伦理争议。围绕着某项基因技术发明，整个社会中许多力量都介入其中。

与人类基因组计划相关的生物技术迅速发展起来。在现代生物学中，通过分子遗传学、生态学、社会生物学进化理论和免疫生物学，生命在编码程序中转化。生物技术是一种书写技术，它为研究提供了广泛的信息。从某种意义上说，生物体已不再作为知识的对象存在，作为整体的生物体已经让位给生物成分，即特殊类型的信息处理装置。通过探索生态系统概念的历史和效用，人们也可以探讨生态学的相似变化。免疫生物学和相关医学实践把编码和识别系统作为主要的认识对象，并由此来建构我们的身体。这里的生物学是一种密码学。新的生物技术对人类生殖更关注。生物学作为重新设计材料和工艺的强大工程科学，对工业具有革命性的影响，在当今的发酵、农业和能源领域，这种革命性的影响可能更加明显。生命体是知识的天然技术对象的建构，使机器与机体、物理与非物理之间的界线彻底瓦解了。心灵、身体和工具是非常亲密的伙伴。

在生物学这种密码学中，哈拉维以转基因食品——基因改良番茄[①]为例，突出这种赛博体所带来的模糊边界。美国孟山都公司 1994 年上市的基因改良番茄具有很强的防腐保鲜的优点，这种保鲜番茄的发明振奋了整个西方世界。这种番茄的原理是将深海鲽鱼的基因移植到番茄身上，它的优点在于延长番茄的保质期，便于运输和贮藏，这种跨生物界的转基因食品让人们赞叹不已。鱼和蔬菜、动物与植物的生物学传统范畴开始动摇了，人们开始质疑保鲜番茄的自然纯化性。类似的转基因产品还包括萤火虫基因的烟草、被注入天蚕蛾基因的土豆等。哈拉维指出，这些令人吃惊的转基因产品给我们的最重要启示是：原有的划分范畴的标准都模糊了，不同的范畴之间存在着多种转基因技术操作的可能性。同时，基因改良番茄消息一经传出，就在美国社会引起轩然大波。这个"怪物"究竟还是不是番茄呢？番茄的传统定义还可靠么？鱼和番茄这两种风马牛不相及的东西如何走到了一起？当转基因保鲜番茄敲开美国以及欧洲的大门后，很快就有转基因玉米、拥有天蚕蛾基因的土豆、抗病毒南瓜以及各种稀奇古怪的"外来客"涌入公众的视线。这些转基因食品跨越了植物与动物、天然与人工

---

① Flavr Savr 牌番茄，世界上第一种商业化转基因作物。

的界限，既不是有性生殖也不是单性繁衍的，而是由人类的转基因技术制造出来的。于是，哈拉维看到这种新型的转基因食品是赛博的典型形象，它们难以划分范畴、没有本源、没有固定的身份，而是在科技与社会的新情境中生成出来的。同时，这些转基因的科技产品也在世界范围内引起了民众普遍恐慌，人们开始捍卫古老的 "大自然"，把这些转基因作物视为入侵自然的外来物。但是，基因技术推进的速度势如破竹，1997 年克隆羊 "多莉" 的降生更是震动了整个世界。如果说人们对转基因食品的担忧还主要集中在安全性的话，那么克隆技术则直逼人们的伦理底线，尤其是旋即开始的关于克隆人的争论，使人们对基因技术的恐惧达到顶点。在舆论的压力下，欧洲转基因食品销售从允许转为禁止，美国虽然继续在生产和销售转基因食品，但也不得不面对频繁的指责。与问世时的宣传造势相比，转基因食品无奈开始走低调路线。

（二）杂合的身份

在 1997 年出版的学术专著《诚实的见证者@第二个千禧年：女性男人©遇到致癌鼠™：女性主义与技科学》中，哈拉维带我们见证了另一种崭新的赛博本体——致癌鼠（oncomouse）。这是 1980 年诞生在哈佛大学实验室中的世界第一例转基因动物，它在实验室小鼠体内植入人类的致癌基因，使这只小鼠成为研究乳腺癌的有效工具。致癌鼠是转基因技术产品，是动物和人的基因相结合而形成的赛博体，它挑战了动物与人类截然分明的种类和身份。这种小鼠被刻画成为一只拥有女性乳房的致癌鼠。

致癌鼠之所以会诞生在顶尖的大学，与第二次世界大战后美国科研体制有关。第二次世界大战期间，"科学-军事-国家的联合体" 对同盟国的胜利起到巨大作用。因此，在第二次世界大战后，以布什为代表的科学家开始规划 "基础科学之梦"，要求政府保证科学的公共财政支出不断增长，同时减少对科学的干预。第二次世界大战后，时任美国总统罗斯福任命布什为美国科学政策的主要制定者，导致了《科学：没有止境的前沿》（2004年）中的乐观主义思潮。此书展现出科学与社会之间的新契约，即纯粹的基础研究最终会导致技术创新，通过应用与开发来造福人类。

这是一种科学导致社会进步的单向性的线性模式。因此，在第二次世界大战后，美国一流大学的生物科技研究受到联邦政府的优惠政策支持，并得到跨国大企业充足的资金保障。然而，在 1985 年，当哈佛大学申请致癌鼠专利时，却困难重重、一波三折，因为按照当时美国的专利法，生命体无法享受专利。此案最后闹到美国最高法院，在历经三年的争论之后，

1988 年，美国最高法院判决哈佛大学最终拥有致癌鼠专利，杜邦公司获得销售权。随即在 1989 年，美国国会重新修订了专利法，明确规定"任何新颖实用的工艺、机器、产品或物质过程，或者是任何新颖实用的改进"都应该享有专利权。此后，由于生物科技以及制药和化学工业给美国带来的巨大商业利润，美国政府进一步放宽专利法，将原来规定的专利只能由国家所有或专家共同体所有改为允许私人拥有，这极大激发了大学生物科学与技术系和工业实验室研究人员的热情。在获得致癌鼠销售权后，杜邦公司在 1990 年《科学》杂志为这种能获得巨大暴利的致癌鼠（单只超过 75 美元）大做广告，称致癌鼠是"捕癌"的利器。

一只小小的致癌鼠惊动了美国社会，上至国会与最高法院的议题，下至百姓的街谈巷议，成为美国 20 世纪 80 年代的"风云动物"。科研人员的实验活动人为地使小白鼠致癌，被动物权利保护者指责为残忍的行为，后者谴责他们将人的身体健康置于动物肉体极度痛苦之上的极端自私本性。科学的激进拥护者则认为，科学技术的终极目的是人类的福祉，只要有益于人的健康，致癌鼠研究理所应当。

可以说，致癌鼠研究带来的最引人注目的社会反响，就是异常激烈的经济纷争、生命伦理与动物权利的争论。科学家在实验室向小鼠体内植入人类致癌基因而得到的这种新生命，呈现出杂合的身份：第一是治疗乳腺癌的动物模型，一种待售的科学工具；第二，致癌鼠的命运出现在动物权利运动所展开的跨国话语的论战中；第三，它是一种处于跨国资本扩张中的高科技的高价商品；第四，围绕致癌鼠的专利权，杜邦公司（出资方）与哈佛大学（研究方）之间展开了激烈争夺，迫使美国政府不得不介入其中，最终的妥协结果是杜邦公司获得致癌鼠销售权、哈佛大学获得致癌鼠专利权。小小的致癌鼠，居然将美国政府、世界一流大学和跨国公司与企业紧紧地捆绑在一起，成为工业-大学-政府的"共生体"，一种具有杂合身份的技科学产品。

（三）更新的"自然观念"

赛博的形象不仅体现在机器与机体、动物与人类、动物与植物之间的杂合层面上，而且还戏剧性地进入社会的观念。赛博挑战了传统"自然观念"之文化权威，以一种新方式去诠释自然。二元论传统在西方文化中一直持续存在，它们对于女性、有色人种、自然、工人、动物的统治的逻辑和做法都是系统性的，构成了一种等级差异——弱者服从于强者。这些令人不安的二元论中，最主要是自我/他者、心灵/身体、文化/自然、男/女、

文明/原始、现实/表象、整体/部分、能动者/资源、制造者/被制造者、主动/
被动、对/错、真理/幻象、完全/部分、上帝/人。在这种二分中，前者控制
着后者，如自我是一个统治者，它必须由他者提供服务并教化他者，他者
所拥有的未来是由统治者所赋予的，并要承认自我的自主性说谎。前者是
自主的、强大的，是神。后者则仅是一种幻觉，所以要由前者赋予自己生
命。西方二分法的文化权威界定着自然的传统观念，我们据此判断什么是
动物与人的差异、男性与女性的差异等。这种自然的界定建立在 "等级"
的基础上。对某事的肯定，就是对那些作为其对立面之事的否定。因此，
任何一个主导的观念必然包含着对其他相对观念的压制，意味着在与另外
一个术语的明确对比中确立起来。传统的自然观念是基于西方男性至上主
义者的主导地位。当有色人种、女性、动物被归类为边界的一侧低声下气
时，白种人、男性、人就会在另一侧趾高气扬。传统自然观念的问题就在
于它的压制性。正是在对这种根深蒂固的自然观念的激烈批判中，哈拉维
阐释出赛博的哲学意义：赛博认可了差异的普遍存在，但认为差异不是天
生的而是处于异质性要素之间的纠结态之中。

赛博穿越的三条界线，使得人类和自然之间的所有界线都失去了传统
的意义。赛博为我们生活世界中的科学与技术提供了新理解，对学术界和
大众文化而言，它是一种新的隐喻。哲学家早就认识到，所谓 "现代性危
机" 或 "西方科学危机"，就源于西方文化与社会中根深蒂固的二元对立，
哈拉维期望赛博所表现的跨界性和多样性能突破传统自然观的局限，展示
人们对宇宙秩序的新理解，其最核心的哲学意义表现为：根除自然与文化
的截然二分。

哈拉维认为高技术文化挑战了这些令人迷茫的二元论。现代生物技术
使我们不清楚是机器制造了人，还是人制造了机器。在我们自己的正式话
语（如生物学）和日常实践（如生物技术）中，我们发现自己是被编码了
的机器人、杂交体、马赛克、幻想家。生物有机体已经成为生物技术系统、
通信装置等。在我们关于机器和有机体的正式知识中，没有基本的、有组
织的分离。例如，在赛博无处不在的技科学时代，获得专利的致癌鼠之类
的有机体，就栖身于自然与文化共存的区域中，自然成为国家、企业、技
科学共同干预的生成物，而不是一种先验的永恒存在。科技精英、实验仪
器与材料、国家力量、跨国企业的金钱、道德规范甚至宗教生活都介入致
癌鼠之类产品的建构过程中。哈拉维指出："物质、社会与话语的技术
聚集了人与物的行动者，这个巨大的联盟建构了我们称之为 '自然' 和

'技术'的东西。"①她认为，物质-符号因素的综合作用彻底推倒了横跨在自然与文化之间的篱笆，呈现出这种自然与文化交织状态。

对于技科学中的自然与文化、物质与话语，哈拉维反对二选一的两极立场，因为，她意识到我们本身就一直介入自然与文化的纠缠态之中，物质与话语并不对立，而是相互共舞地介入对方，内爆式地创造出历史变迁。机器和身体不会因为与人类社会的相遇就丧失其自身的物质性，而人类社会也从来不会放弃对机器和身体的干预。科幻电影、赛博朋克等大众文化，以高科技为基础的产业，如转基因技术和基因治疗就体现了这种文化。

从保鲜番茄到具有萤火虫基因的烟草，从被注入天蚕蛾基因的土豆到致癌鼠，哈拉维把我们带入转基因空间，我们恍然察觉，其间竟然纠缠着如此之多的藤蔓；我们更出乎意料地发现了，在生物技术公司花大价钱做的铺天盖地的转基因技术产品广告具有的蛊惑性的煽动语言中，在生物技术公司不惜巨额赞助生物学教科书的重新编写和出版并在教科书中大书特书基因技术的知识和意义的同时，跨国公司资本主义的扩张、西方发达国家对发展中国家的经济剥削关系竟隐藏其中。于是，我们发现，基因产品绝不单单是科学家智力探索活动的结果，它是连接了科技、政治、经济、伦理、道德乃至艺术的节点，是这些因素交互作用、共同内爆的产物。但这种伦理的思考必须拒绝反科学的形而上学，拒绝科技的恶魔化，这主要是因为，重构日常生活束缚的任务艰巨，科学和技术不仅提供了使人类非常满意的可靠手段，还提供了复杂的治理工具。赛博的形象摆脱了二元论的迷宫，我们把自己的身体和工具都化为一体。

第三节 情境知识论中的主体与客体的重构

一、衍射

哈拉维把传统的表征主义类比于几何光学，是一种反射（reflection）。镜子反射出最直接的常识。用镜子照，就是要提供一种精确的几何形象或表征，忠实地复制被照的东西。例如，科学实在论者认为，科学知识精确地反映出自然，而社会建构论则认为知识是对社会权力与利益的反映。"反射"这一概念会面临着哈金所称的"表征的洞穴困境"。

放弃了反映论意义上的"反射"这一概念后，哈拉维提出了生成论意

① Haraway D J, *Modest_Witness@Second_Millennium. FemaleMan©_Meets_Oncomouse*™: Feminism and Technoscience, New York: Routledge, 1997, p. 210.

义上的 "衍射"（diffraction）这一概念。作为一种批判性精神的衍射（diffraction as critical consciousness），这种方法在哈拉维中期著作《诚实的见证者@第二个千禧年：女性男人©遇到致癌鼠™：女性主义与技科学》中已有所体现，但在其后期的伴生种研究中更加突出。技科学中科学、技术、经济、政治、道德之间的纠缠，各种行动者的交互作用都在衍射中得到生动地展现。

众所周知，电子衍射实验是荣获诺贝尔奖的重大近代物理实验之一，这一实验验证了电子具有波动性的假设。哈拉维用隐喻的方式借用了这一光学实验中的 "衍射" 概念。"衍射" 是相对于反射而言的。"反射" 是哈拉维对表征论的隐喻，衍射是生成论的形象。当波遇到障碍物时，波会绕过障碍物而呈现出弯曲、扩散和重叠的现象，这种现象就被称为衍射。相干波在空间某处相遇时相互叠加，在某些区域始终加强，在另一些区域则始终削弱，形成稳定的加强或减弱的物理现象。一个经典的单缝衍射实验是：当光通过障碍物时，通过的光线被分散，而某条穿过缝隙的光线会在另一侧显示屏留下通过的记录。用哈拉维的话说，这个记录展示出光线通过缝隙时的历史。哈拉维把其衍射称为一种物质符号的生成论（material semiotic enactment）。

虽然都是光学现象，但反射追求的是对象的所谓同一性的主题。哈拉维质疑反射称："拷贝真的是原件的拷贝吗？反射或替代的形象真的就有如原件一样好吗？"[①]衍射由差异的图样所标记，与反射形成鲜明对比。哈拉维指出，建立在反射基础上的表征只是在名义上 "追求真实的世界"，它根本无法达到客观性目标，无法回避科学实在论与社会建构论之间反映论意义上的二难困境。"'衍射'，作为产生差异性的模式，对我们当下的研究来说，是比反射更有用的隐喻。"[②]"衍射图样是关于异质性要素的历史，而不是原型对象的历史。"[③]实质上，衍射是在追踪行动者的实践踪迹，类似拉图尔所说的常人方法论的考察。技科学中的行动者在政治、经济与道德之线的穿引中相互作用，建构出科学的意义，展现出行动者的具身性活动的生活轨迹。具体的操作方式就是 "重述"，"重述某物，使

① Haraway D J, *How Like a Leaf: An Interview with Thyrza Nichols Goodeve*, New York: Routledge, 2000, p. 102.

② Haraway D J, *Modest_Witness@Second_Millennium. FemaleMan©_Meets_Oncomouse™*: Feminism and Technoscience. New York: Routledge, 1997, p. 34.

③ Haraway D J, *How Like a Leaf: An Interview with Thyrza Nichols Goodeve*, New York: Routledge, 2000, p. 101.

之显得更加丰富与生动"①。衍射图样的丰富性与多彩性，代表了技科学实践的错综复杂性。对这个动态的关系过程追踪，就会揭开自然与文化的纠缠态中的内爆状态。内爆是一种高度特殊的建构，随着内部成分的相互作用而变化着。这种变化不是从此时到彼时、从此地到彼地的发生，而是瞬间涌现出来的。人与物都是异质性能动者，但都不是独立的个体，而是彼此关联，通过物质-话语实践而形成联盟。哈拉维指出："衍射图样记录的互动、强化、干涉与差异的历史方式……是用来制造有意义结果的叙事的、描述的、绘图的、心理的、精神的与政治的一种技术。"②"衍射是一种干涉的图式，不是重复、反射或复制的画面。一种衍射模式并不勾画差异在何处显现，而是描绘不同的显现的效应之处。"③

衍射用操作性描述代替表征主义描述，关注焦点由描述与实在的对应转向物质的实践、活动和行为。它关注一种事实生成的文化批判，即考察科学实践中政治、经济、技术、道德与性别的交织，各种行动者的交互作用都在衍射中生动展现。衍射集中反映出哈拉维技性科学方法论的思想，它考察着某物生成的历史，以及这一历史中各种异质性要素的聚积作用，在其中，哈拉维尤其关注将政治与价值融入建构科学的实践的思考。

不同的物质-话语实践产生对物质世界的不同重构，即不同的衍射图样。衍射所呈现的操作性描述对表征性描述的取代，使得关注的焦点由描述与实在的对应转向生活世界中的实践、建构与行为。这种研究主题的转变会带来一个重要的本体论问题：如何看待"物"的问题。哈拉维指出，物必须在物质-话语实践中、在相互作用中来理解。物质与话语在相互作用的动态过程中相互包含，任何一方都没有本体论或认识论上的先于实践的优先权，一方不能完全解释另一方，一方也不能还原为另一方，在缺少一方的前提下，没有一方能够被表达或进行表达。物质在相互作用、在实践的建构活动中生成，是对能动者的凝结。衍射的操作性揭示出实践的复杂性和动态过程，用真实的生活世界的实践轨迹取代了简单抽象的理论。

衍射图样依赖于实践的细节，实践中任何一个因素的改变都可能导致

---

① Haraway D J, *How Like a Leaf: An Interview with Thyrza Nichols Goodeve*, New York: Routledge, 2000, p. 108.

② Haraway D J, *How Like a Leaf: An Interview with Thyrza Nichols Goodeve*, New York: Routledge, 2000, p. 102.

③ Haraway D, *The Haraway Reader*, New York: Routledge, 2003, p. 71.

衍射图样的完全不同。可见，衍射是各种异质性要素的聚集地，它要求用差异的眼光去看待所有物质-话语实践。强调差异并不意味着把差异视为物的本质，因为技科学中没有任何存在具有先验的独立性，存在于实践之外或之前。衍射关注于差异的"关系"本质。在关系中不存在具有泾渭分明特性的主体或客体，而只有能动者之间的内在作用。在人与狗关系的研究中，异质性成为中心问题。哈拉维指出，在异质性关系中，我们无法区分"他者"与"自我"，而只能追问谁和什么在关系中涌现出来。

近代西方科学一直试图寻求现象界背后的永恒规律，这就将规律的时间性与历史性完全遮蔽起来，直到现代赛博科学的出现，人们才重新认识到时间之矢。时间与历史的缺失势必影响人们对自然规律及其科学理论的真实认识，造成表征主义的霸权。而衍射将自然与科学视为时间和历史中生成的东西，就会在时间和历史中去探索科学的实践建构过程，从而彻底抛弃表征主义的语言框架。

衍射图样记录的光线轨迹揭示了时间的轨迹和空间的变迁，抛弃了表征的形而上学，完全是关于历史的。哈拉维认为，知识建构实践的客体与主体都不会先于实践而存在，而是在生活的物质-话语实践中机遇性涌现。科学知识不是人类的认知能力的专利，非人类的物也是科学实践的能动参与者，能对物质-话语因素的相互作用做出不同的能动反应。工具、技术物、动物、人、法律、制度、国家都在真实时间的实践世界中相互联系，正是在这些异质性要素的关联中，科学知识得以生成出来，也就是说，在本体论上，科学对象与知识是在历史中生成的，具有自己的独特的生命轨迹。衍射对技科学以及自然-文化实践的操作性的理解，会消除把物质视为僵硬的与惰性的，或把物质视为人类力量的产品的观点。同时，衍射中的因果关系也发生了根本改变。社会建构论的社会决定论、科学实在论的外部决定论都不再有意义，原因与结果只能在物质与话语，或自然与文化的内在相互作用中突现出来。瞬间的机遇涌现是内在历史性的标志。衍射给我们最具价值的哲学启示应该是，我们不要从反映的表征论的意义上去认识世界，而应在科学实践的时间与历史中把握与改造世界。

二、情境知识论

所谓情境知识论，是针对表征认识论而言的。在表征认识论中，寻求的是一种普遍的合理性、共同的语言、逻辑的推演、统一的理论、世界的系统、宏大的理论叙述。而在情境知识论中，寻求的是各种常人哲学、多样化声音、解构、对立的立场、地方性知识、网状化解释。①

在情境知识论中，哈拉维的思想直接颠覆了"客体是什么、主体是什么、科学是什么"等传统观念。在这些问题上，哈拉维的见解与拉图尔、皮克林的思想最为接近。他们三人对于科学中主体与客体的本质之解释基本上没有太大区别，即人与非人类都是行动者，都是参与科学实践的异质性力量，都是在历时性的科学实践中彼此相互界定、纠缠、磋商、共舞建构出科学知识，生成我们所谓的主体与客体，建构出我们的科学知识。用哈拉维的话说："实际的相遇建构了存在。"②

哈拉维认为她的情境知识论深受拉图尔的"本体论对称性原则"的影响。这一原则承认所有参与到实践中的异质性要素都是行动者，会讲语言的人类只是其中的一部分。但她注意到物（如机器或基因）的能动性想法与我们传统的观念相冲突，因为我们习惯于把能动性赋予作为主体的人类。因此哈拉维必须另寻一些隐喻，去想象一种没有主动与被动、主体与客体之分的生产知识的情境。与拉图尔观点的不同之处在于，哈拉维认为自然与人之间的关系在本质上是社会关系，自然不是他（她、它们或你们），自然与我们都包含在科学实践的运动中。因此，赛博理论显现出主客不可分。哈拉维指出，赛博文化不是本质性的、同一的文化，而是交叠和交界的文化。她写道："西方自我的'完整性'和'真实性'被决策程序和专家系统取代……没有什么物体、空间和身体本身是神圣的；如果具备合适的标准与合适的编码，任何组分都可以与其他组分交界，都可以被同种语言建构为一种处理信号。"③身体本身成为机器，基因成为携带信息的编码。赛博的形象没有神秘的、不可触及的和高尚纯洁的本质，而是具有多种可能的联合。

由于对女性主义、社会主义，甚至天主教的强烈信仰，哈拉维的思想中带有强烈的伦理和政治关切，这使她更为关注应该建构何种客体、何种主体、何种更负责任的科学等的价值问题。对比来看，拉图尔与皮克林关注的是如何建构科学的事实问题，而科学事实的价值建构，则是哈拉维突出关注的问题，这种关注，使她从科学的政治建构中看到实现理想生活的希望。哈拉维同时非常厌恶社会建构论的相对主义，认为它恪守过于还原

① Haraway D, "Situated Knowledges: The Science Question in Feminism and the Privilege of Partial Perspective", *Feminist Studies*, Vol. 14, No. 3, 1988. p. 588.

② Haraway D J, *When Species Meet*, Minneapolis: University of Minnesota Press, 2007, p. 67.

③ Haraway D J, *Simians, Cyborgs, and Women: The Reinvention of Nature*, New York: Routledge, 1991, p. 163.

性的意识形态教条，将自然界的复杂性还原为简单的政治权力或利益。同时，生物学背景使她相信复杂性以及自然文化的物质-话语属性，再加上怀特海过程哲学所阐发的 "实在即过程" 的思想，所有这些因素共同影响哈拉维看待主体与客体的方式。哈拉维认为，情境知识的 "客观性是有关有限场所与情境化知识，而不是一种超验的与主客二分的"。[①]

三、重构客体

在西方思想界，客体一直被视为 "无意义的" 和 "无生命力的"。在科学哲学的长期发展中，客体的生命力与历史性始终未能进入哲学家的视野，客体不具有自己的独特生命，更没有自己生成、演化与消亡的历史，同时哲学家把科学变成了没有历史感的 "木乃伊"。科学实在论持有自然之镜的实在论，惰性的客体静态地躺在自然之中，无生命力与时间性，等待着人们利用科学方法去发现。随后出现了科学的社会建构论，客体从作为理论的试金石变为社会建构的玩物。哈拉维指出，这种实在论的科学观念可以一直追溯到亚里士多德以及白人资本主义父权制的起源与演化过程。正是其中根深蒂固的二元论把一切事物都变成了占有和挪用的资源，客体最终成为白人男性认知主体研究对象，即自然，只能被看作是科学研究的原材料。哈拉维举例说，在女性主义理论中流行的性与性别的区分就塑造了认知客体——性。"由于表征性别，所以性被对象化与资源化，我们可以对之加以控制。"[②]客体是被对象化、抽象化的结果，它的能动性被抹杀了。

女性主义的客观性就意味着情境知识，在这种知识中，哈拉维突出了 "具身性" 的重要性，"在直接接触客体的时刻，让观察者的 '经验' 直接进入发现的过程"[③]，反对在研究科学实践过程中将发现者抹去。实在论者从来不曾意识到这一点，他们在各知识领域都在采用 "离身化"（de-embodiment）的立场。哈拉维说："情境知识要求把知识的对象描绘为一个行动者或能动者，而不是一个屏幕、一种等待被反映的基础或一种资源……描述一个 '实在的' 世界，这不能靠 '发现' 的逻辑，而应靠充斥

---

① Haraway D J, *Simians, Cyborgs, and Women: The Reinvention of Nature*, New York: Routledge, 1991, p. 190.

② Haraway D J, *Simians, Cyborgs, and Women: The Reinvention of Nature*, New York: Routledge, 1991, p. 198.

③ Haraway D J, *Simians, Cyborgs, and Women: The Reinvention of Nature*, New York: Routledge, 1991, p. 189.

着权力的社会关系对话。自然界并不会因为作为主体的编码者的存在而不发声或消失踪影。被编码的自然界不是静止不变的、静静地等待被阅读的。自然界不是有待被驯化的原材料……它是一个积极能动的真实存在。"①也就是说，客体都是科学、政治、经济、道德、伦理和艺术等交织在一起的内爆产物，是自然与文化要素内爆的结果。在哈拉维看来，这种生动的技科学实践体现了天主教圣餐礼蕴含的比喻实在论（figural realism）。比喻实在论是基督教神学的一派主张。该主张认为，基督教圣餐仪式中吃的面包和酒并不是感性的具体东西，由于神父魔术般的作用，已把面包和酒的存在物转化成基督的肉和血，虽然表面上看来面包还是面包，酒还是酒，但只是面包和酒的"偶性"，而没有实在性，实质上人们吃的已是基督的肉和血。根据比喻实在论，表现出来的物其实并不是物本身，其背后隐藏着更深的本质，这种更深的本质才是这个物的"实在"。借助于这个隐喻，哈拉维使我们认识到客体，如基因等，背后实际隐藏着的是机遇的、物质的、话语的、修辞的、历史的、政治的、经济的与国际的干预实践与生活方式。比喻实在论为客体在异质性要素中内爆而生成提供了形象的比喻：内爆过程就是我们要追求的隐藏的实在，具体的知识和技术则是那个物，我们不应停留在静止孤立的物的层面上，而应追溯这个物得以建构的动态联系的实践。"理解这些可见的技术的、社会的与心理的系统的实践就应该是寻求具身化女性主义客观性的一种途径。"②

　　然而，实在论在现实生活中源于拜物教的现象。按照哈拉维的分析，生物学本身应该是身体的话语实践，然而却在科学中被表现为关于身体的理论，或者说，生物学中的每一种物都被我们理解为永恒的存在，是我们的认知对象。哈拉维认为，根本原因是拜物教式的遮蔽。哈拉维以基因为例，集中分析了基因这种物质——话语的杂合体如何在第二个千禧年末变成了生命本身的偶像，活生生的主体如何变成了永恒存在物。她发现，"基因拜物教"是基因得以成为认知对象和纯粹存在的根源。为了便于理解基因拜物教，哈拉维首先引用了地图的隐喻。绘制地图是人们对存在物（如人口、土地和矿藏）分类的基本手段，在其中，所有的存在物都被固定化，人们可以凭此图进行开采、管理、交易和保护。绘图的实践本身充满着目的与价值，然而地图却被认为只是一种地理事实，其可靠性是由数字和几

---

① Haraway D J, *Simians, Cyborgs, and Women: The Reinvention of Nature,* New York: Routledge, 1991, p. 198.

② Haraway D J, *Simians, Cyborgs, and Women: The Reinvention of Nature,* New York: Routledge, 1991, p. 190.

何图形的纯洁性来保证，因此是足以信赖的、非修辞的。地图被解读为非修辞、免隐喻的纯技术的表征，反映的就是精确的实在存在的世界。地图是一种拜物教，它把绘图实践遮蔽了，留下的只是非修辞的、实在的、版图上的物，因为物更加清晰、更易为人控制。地图给我们以清晰、无目的或价值的指称或合理性。

地图的实质是用物将关系和实践遮蔽，哈拉维戏称为"神的把戏"（god-tricks）。生物学上通常所说的基因是携带有遗传信息的 DNA 或 RNA 序列，也称为遗传因子，是控制生物遗传性状的基本单位。在哈拉维这里，公认的教科书中基因叙述正是基因拜物教的体现。基因拜物教的基本观点表现为：基因是一种自在之物，一种具有自身目的和自我指涉的实体，属于纯自然界的领域，一种赤裸裸的事实，不包含任何修辞的成分，时常警惕着与人类保持距离。然而，事实上，孟山都等跨国巨头通过教科书、广告和漫画铺天盖地式地宣传基因研究的价值和前景，不过都是为了利用基因技术和产品持续地谋取巨额利润；科学家研究基因并推动全球范围内开展人类基因组计划，也有争取科研资金与专利权的考虑。各国政府都大力扶植基因技术，主要也是因为基因技术已成为衡量国家科技水平的重要的指标之一。

基因技术的建构过程必然会涉及自然、科学、工具与仪器、体制、法律、政治、经济等因素。"科学史可能一直被强有力地叙述为一种技术的历史。这些技术是有关生活的、社会秩序的、各式各样的可见性实践。技术就是技能的实践。"[1]然而经过拜物教式或"物化"的遮蔽，所有这些因素统统被抹杀，只留下被我们视作技术产品的认知客体与作为认知主体的科学家。弗洛伊德和怀特海，分别从经济学、精神分析和哲学三方面分析了物化/拜物教的荒唐本质。这里暗含着只有人才是真正的行动者，但他们的社会关系却被具体的商品形式所遮蔽。弗洛伊德分析了恋物癖者把对象或身体的一部分用于满足欲望的做法。怀特海发现近代科学中的"实际性误置的谬论"（fallacy of misplaced concreteness）[2]，即把抽象的数学逻辑结构误认为是真实世界中具体存在物的谬误，其中包含着一种简单位置的概念、一种物质的第一属性与第二属性的观念。当把第二属性从自然中驱逐，自然就成为冷冰冰的实在。这种"自然的两岔"理论构成了近代科

① Haraway D J, *Simians, Cyborgs, and Women: The Reinvention of Nature*, New York: Routledge, 1991, p. 194.

②（英）怀特海：《科学与近代世界》，何钦译，北京：商务印书馆，2017 年。

学革命的出发点。但这种观念在哲学上引起了极大的混乱，因为它"把经验的丰富复杂性和动态过程还原为简单抽象，然后又把这种抽象误认为是具体的实在"①。因此，怀特海指出，西方哲学一直在对古希腊柏拉图思想进行错误的诠解。在生物学中，这种谬误被哈拉维称为基因拜物教，其表现为：①基因成为自身价值的来源，遮蔽了产生基因及其技术的人类内部的社会关系，以及人与非人之间关系。②大分子被误置为自身可以充分地表征生物结构功能、发展、演化和再生产的单位。③把抽象当作具体。总之，基因拜物教沉溺于这种遮蔽、误置和替代，基因作为生命本身的保证者被假定为一种物自体，将人们吸引在生命自身物化的幻觉之中。

哈拉维把"具有能动性的自然"戏称"郊狼"（coyote）和"作乱精灵"（trickster）。郊狼是北美草原上诡计多端的善于捕猎的优秀"猎手"，甚至敢与猎人争夺猎物。作乱精灵则是民间传说中喜欢给人搞恶作剧的妖怪。"自然是以'郊狼'方式涌现出来的。这种强大的作乱精灵向我们显示出，人类与自然的特殊的历史关系必须以某种方式在语言的、伦理的、科学的、政治的、技术的与认识论的想象中呈现，一种真实的社会与活动的关系。"②哈拉维之所以这样隐喻，是想表明自然具有其自身的能动性，不是一声不吭并纹丝不动的呆板客体。哈拉维说，如果认识者放弃"控制"自然的欲望，而追求忠实地描述自然，那么他就必然会以这种方式看待与评价自然。自然界不是等待着我们去表征的和控制的被动世界，而是与我们一直相处并持续对话的世界。哈拉维认为："我们并没有控制着这个自然界，而只是生活其中，并试图借助包括虚拟技术在内的一些干预性工具去开展价值有涉的对话。"③生物客体就是通过"生物学研究、写作、医学以及经济实践，还有虚拟技术所组构成的生产装置"而建构生成。我们不是"发现"而是"看到"客体是什么以及客体在做什么，而这些都是通过具体时空中的社会作用或"关联性"来刻画的。哈拉维说："是绘图实践界定了边界；客体根本就不能先于绘图而存在，它们是实践划界的结果。"④

当拉图尔用符号化的手法彻底地抹掉了"主体"与"客体"之间的差异时，哈拉维的情境知识论却保留了这一对概念，目的在于突出主体的伦

① （英）怀特海：《过程与实在》，杨富斌译，北京：中国城市出版社，2003年，第10页。

② Haraway D J, *Simians, Cyborgs, and Women: The Reinvention of Nature*, New York: Routledge, 1991, p. 3.

③ Haraway D, *The Haraway Reader*, New York: Routledge, 2003, p. 327.

④ Haraway D J, *Simians, Cyborgs, and Women: The Reinvention of Nature*, New York: Routledge, 1991, p. 201.

理和政治维度的重要性。但与拉图尔一样，哈拉维主张主体并非先验的存在，而是在与客体的关系中才能生成。在这种意义上，哈拉维显然将传统哲学中的"主体"去中心化了。哈拉维对技科学建构中的伦理和政治责任的强调，是希望把对主体的思考置于科学实践的历史与时间之中，从而创造出一种"负责任的科学"。致癌鼠作为一种专利产品，也是科技与人类身体相结合的杰作，在实验室与市场之间的利益结合，穿行于实验室的科学空间与专利办公室的政治之间。致癌鼠不再是"自然出生的"，而是被高科技"建构"出来的。因此，它打破了自然的纯粹性，搅乱了原有的自然编码，动摇了传统的主体观念。哈拉维指出，致癌鼠是一种受害者，像基督那样牺牲自己，其存在就只为寻求治愈乳腺癌，从而拯救广大妇女。这是一种哺乳动物拯救另一种哺乳动物的行为。哈拉维对致癌鼠说道："我的姐妹，不管是雌是雄，它们都是我的姐妹。"①从伦理的角度来看，致癌鼠承担着拯救患病女性的重任，体现了一种舍己为人的献身精神。转基因生物，不论是致癌鼠这种转基因动物，还是改良番茄、基因改良大豆等多种转基因植物，都引起了强烈的反对声，反对者把这些生物看作恶魔。哈拉维反对这种说法，认为这种说法完全无视转基因生物为人类生活所做出的贡献。

　　在情境知识论中，哈拉维突出了客观性的伦理和政治维度："如何看？从何处看？为什么看？与谁一起看？谁具有一个以上的看法？谁带上了眼镜去看？谁来解释这一可见性？除了自己的视角外，是否还希望培育其他感官能力？道德与政治的话语应该是视角中的想象与技术的理性话语的范式。"②她认为，客观性实际上并不存在着一条一成不变和自我认同的界线。知识本身就是一种实践，它不是存在于人对自然的外部观察之中，而是在一个人与自然对话层面上所发生的情境性对话过程中去寻找客观性。从认知的伦理与政治的层面上来看，就是如何让女性与种族的因素参与到这种建构性对话之中，让所有诚实的见证者去见证科学知识的客观性。

四、重构主体

　　"主体"是现代哲学中一个极其重要的概念。笛卡儿以来的欧洲启蒙哲学推崇一个抽象主体，即"我""自我"。这个"我"的全部特征就是

---

① Haraway D J, *Modest_Witness@Second_Millennium. FemaleMan©_Meets_Oncomouse™*: Feminism and Technoscience, New York: Routledge, 1997, p. 79.

② Haraway D J, *Simians, Cyborgs, and Women: The Reinvention of Nature,* New York: Routledge, 1991, p. 194.

"思"。"思"即"理性之思"。自笛卡儿把这一"认知主体"变成一切意义和价值的源泉和基础后，自然界和人的其他性质，如语言和行动等，其意义都依据"自我"的含义而界定。认知主体成了哲学的出发点，个人成了合理性的承担者。哈拉维指出，我们假想自治力和创造力是人和机器的差异所在，这是界定主体的基础。于是，在 20 世纪以前的西方哲学中，人的主体被不断发展壮大并发挥到了极致，整个现代化的推进过程就是人的主体不断涌动和扩张的过程，这种主体的极度扩张，膨胀了人的中心与主宰意识，使人类在对世界的征服中显示出"英雄本性"。哈拉维指出，这种人类的本质主义模式不仅脱离了当下的科技现实，而且与西方根据"自我中心论"的行径一致。"'西方世界'及其最高产品——男人，他不是动物、野蛮人或妇女，而是被称作历史的宇宙的作者。"①这句话揭示了主体的最高原则，在自由主义、资本主义或白人至上殖民主义中均有体现。西方人为世界制定了人类交互作用的终极模式，其中包含了真理、自然、人、善与恶，及其终极目标。

从福柯到雅克·德里达（Jacques Derrida）的后结构主义者们都不遗余力地展开对这种主体的批判。哈拉维对主体的反思也是建立在这些批判基础上。她强调"身体"的建构性，淡化弱化"心灵"的传统的理性意义；但是她反对后结构主义者的"主体之死"的口号。哈拉维没有把主体看作已死亡，而是看到多样性的主体。"多样性的主体"指主体是一种地方性的网络，是被关联的身体与存在。哈拉维把知识与世界看作是物质-话语存在物的网络，这源于她所研究的赛博世界，在这里面没有什么是"独立的"和"自主的"，所有的东西都是关联的。她认为主体不是确定的，也不是先验预设的，而是在物质-话语的实践关系中生成的。突破人与自然、主体与客体、机体与机器的二元论的赛博最重要的本体论意义就是：紧随这种二元论消解，后结构主义掀起了一场主体的新革命。

哈拉维认为，"主体"是从西方启蒙时代和殖民思想中继承下来的，明确代表着白种人、男性和西方世界。西方知识本来就来自一种局部的、特殊的和变化的视角，但却硬生生地把自己的思想视为人类所有的，并强加给他人。西方传统上把知识的客体理解为纯粹被动、没有能动性的实在。哈拉维则从自然与文化之间的相互交织态去描述主客体与世界的建构。

在阐述情境知识时，哈拉维不仅关注认知主体的局部视角与诚实的解

---

① Haraway D J, *Simians, Cyborgs, and Women: The Reinvention of Nature*, New York: Routledge, 1991, p. 156.

释，她还研究了情境知识中的主体与客体关系。哈拉维不承认先验的或固定的主客之分，也不承认客体的被动地被表征之地位。她认为，科学知识的建构是一个异质性行动者相互作用的内爆过程，主体与客体都只能在这个实践过程中相互界定并生成。

1997 年，哈拉维出版了《诚实的见证者@第二个千禧年：女性男人©遇到致癌鼠™：女性主义与技科学》一书，对转基因等高科技技术下的技科学进行了更深入地思考。在哈拉维的思考中，我们不仅处处可以见到无明确边界身份的赛博本体，还可以发现特定的局部视角观察和解释问题的情境知识的认识论。

哈拉维称传统的主体观念为"堡垒中的自我"。这是人类为捍卫自身的独特性、权力、财产和生命而形成的。"堡垒中的自我"恐惧反常，害怕创新。她认为"堡垒中的自我"就是"俄狄浦斯身份"，一种由异性恋角色、传统的权力关系和社会等级所创造出来的身份。赛博空间所展现的主体是一种"关系中的自我"，人类愿意与他周围的环境共享、合作而创造、繁荣和拓展共同的生存空间。这种主体具有较强的政治意义。哈拉维认为人类面对技科学中各式各样的物质与话语因素，要正视各种人类与物质力量之间的博弈，只有在这种博弈中，才能保证认识的理性和行动的合理性。自然物、人工物和机器也不仅仅是物，它们本身还是能动者。例如，围绕着控制生育这个社会问题，不仅人类，如女人、药剂师、社会工作者、立法者等，而且物，如避孕工具、药店、媒体、制药公司等，都以能动者的身份汇聚其中。这样赛博空间就表现出一种反传统的政治倾向。传统主体中的身份认同拒绝与作为"他者"的物共享世界，把握着世界的主导权。在这种情况下，受压迫的物受到霸权的主体控制，不仅没有权利发出自己的声音，也无法施展其能动性活动。而在赛博空间中，物与人"共存于可能的共享世界之中，存在于能够一方解释另一方的可能性之中"①。因为在赛博空间中，杂合体已经无"自我"与"他者"之分，各部分相互作用、权力双向运作，彼此之间发生错综复杂的关联，每个行动者都从自身的能动力量出发去影响这一交织的空间网络的运行。赛博具有的一种"非自我"的新身份，使一种新的民主策略成为可能，也使新民主政治学成为可能，而且也只有在交织在一起的各种不同异质性要素的博弈中才能成为可能。"不同异质性要素与矛盾本身就是一种现实，它可以质询并解释立场，可以

① Penley C, Ross A, Haraway D, "Cyborgs at Large: Interview with Donna Haraway", *Social Text*, No. 25/26, 1990, p. 10.

建构，可以连接理性的对话与改变历史的虚幻想象。异质性要素，而不是存在，对女性主义认识论来说，就是一种具有优势的想象。"①

五、重构女性的"身份政治"

自女性主义思潮诞生以来，"身份政治"一直是女性主义关注的焦点问题之一。在争取女性与男性平等的"自由女性主义"时期，女性被视作一个整体阶级，处于被压迫、被剥夺的困境，要求和男性享有完全平等的权利。围绕"身份政治"，受西方哲学中主体观念的影响，女性主义的主流持一种本质主义观点，这种观点的核心就是，作为一个整体阶级的女性具有共同的本质特征，表现为共同的女性经验。如激进女性主义者凯瑟琳·麦金农（Catherine Mackinnon）就观察到女性整体的性/性别结构。她建构了一种在主流文化中的"非存在"的女性，将女性的存在归结为男性对她的性占有，并将"性占有"看作与"劳动"具有等同的认识论地位。哈拉维指出，这种身份政治的整体论不但弥漫在女性主义认识论领域，而且还蔓延至女性主义政治斗争领域。

在认识论领域，性别整体论的典型代表是女性主义者的立场论（feminist standpoint theory）。这种观念认为，女性认知是实践的、直觉的、感情的、关系的、综合的、指向价值关怀的、具有集体的自我意识，共同抵制来自男性的支配。女性的这些特殊立场和经历可为分析和批判主流科学提供独特的并更为优越的视角，为达到更少偏见、更客观的知识提供了资源和保证。这种观点的确是对西方父权文化的精神——实证主义的高调挑衅，用女性在认识上的优势来弥补在其政治上的劣势，从而能够在争取解放的广大女性中间引起广泛的共鸣和认同。

但是立场论的观点也遭到了哈拉维的质疑。因为，像男性一样，女性也有自身的偏见、意识形态和权力欲望，因此建立在女性立场和经历基础上的认识和知识是否具有先天优势、是否更为客观，都是尚存疑问的。

极端的性别整体论还会彻底损害女性政治言论的权威性，其实质是一种独断的经验教条。其主要错误在于，只看到了女性一致的性别和性，却忽视了她们的种族身份。事实上，女性身份并非抽象的概念，它具有不同种族、阶级、民族的成分，她们之间也有不同的等级地位之分，各自相遇于不同的文化传统与生活环境，因此，所谓整体的"女性经验"和立场是

---

① Haraway D J, *Simians, Cyborgs, and Women: The Reinvention of Nature,* New York: Routledge, 1991, p. 193.

否存在、如何存在，也是需要质疑的。哈拉维写道："在种族问题上，白人激进女性主义者……令人难堪的沉默，会导致严重的、毁灭性的政治后果。历史和多种声音就会消失在试图建立系谱学的政治分类的各种尝试之中。这些理论揭示出作为一个统一的或整体的女性范畴或社会女性群体的存在，但却没有给种族问题留下任何空间。"①这种整体的自我身份会拒绝与他者共享世界，控制着世界的话语权。在这种情况下，"他者"一方受到霸权支配，没有权力发出自己的声音。例如，按照这种统一的（西方白人女性）身份来界定，"有色人种的女性"就会被剥夺自身话语权。而在赛博杂合体中无"自我"与"他者"之分，各部分交互作用、权力运作，彼此之间发生错综复杂的联系，每个部分都从自己的视角解释这个交织的网络。女性整体的"身份政治"，无论是作为女性主义者的行动准则，还是作为女性主义者的一种行动标签，在女性主义进行解放的政治斗争中都起到了不可磨灭的团结作用。哈拉维指出："国际妇女运动不仅建构了'女性经验'，还揭示或发现了这关键的集体性对象。这种经验是一种关键的政治类型的虚构与事实。这种解放是基于自觉的意识、想象的领悟、受压迫的认识。"②但是，到了 20 世纪 80 年代，科学技术把人类带入了赛博时代，社会阶层也随之发生了变化，带来了女性主义运动的复杂性等。所有这些因素使得整体论的"身份政治"主张不再符合实际。

哈拉维直言，写《赛博宣言》的重要意图之一，就在于启发人们，赛博理论应该成为理解 20 世纪晚期的"女性经验"的更好方式。通过对赛博的思考，哈拉维表明了整体论的"身份政治"在技科学时代已经不合时宜。赛博具有一种"怪物"形象，是完全不同者，甚至是对立者之间的杂合。在哈拉维看来，一直被女性主义奉为"姐妹情谊"之根基的"女性的整体身份"，本身就包含着一种排他意识。事实上，随着后殖民主义等思潮的兴起，有色人种的女性、第三世界女性指责"女性的整体身份"为"白色人种的中产阶级女性"的身份，不足以担当联合全世界女性之重任，而且还会破坏女性主义运动团结。身份是矛盾的、分离的、策略的；多样化的性别、种族和阶级不能为本质主义的统一提供任何基础。哈拉维以自己为例，一个白色肤色的中年人、中产阶级、女性、激进，其自身的身份就强有力地证明了"女性的整体身份"危机。哈拉维把女性主义"整体性"讽

---

① Haraway D J, *Simians, Cyborgs, and Women: The Reinvention of Nature*, New York: Routledge, 1991, p. 60.

② Haraway D J, *Simians, Cyborgs, and Women: The Reinvention of Nature*, New York: Routledge, 1991, p. 149.

刺为"政治神话"，因为这个"神话"本身就缺乏一个起码的基础——"我们"如何界定？寻求一种统一的界定，是不可能做到的难题。而且，也正是因为各种女性主义流派自以为是地争相界定"我们"，才使得它们之间出现痛苦的分裂，而这种分裂恰恰刺激着女性之间互相控制的欲望。

六、身份的历史化

在批判整体论的、本质主义的女性主义身份政治的基础上，哈拉维认为"身份政治"已经进入赛博化时代了，成为各种阶层、各种肤色和各种种族之间杂合的范畴。哈拉维在《赛博宣言》中大声向女性主义姐妹们宣称："在 20 世纪，我们的时代，一个神秘的时代，我们都是嵌合体，被理论化并编织为机器和有机体的杂合体；总之，我们就是赛博，赛博是我们自身的本体，她/他给予我们以政治。赛博就是意象与物质实在的浓缩想象，两者是围绕着任何历史的变化而结合起来的。"①赛博诞生在特定的时代、特定的地点，没有西方宗教意义上的起源故事。赛博没有自上帝创世以来的明确身份，其身份是从历史碰撞中发展出现的一系列努力的结果，它不是抽象，而是一种非常复杂的历史沉淀。哈拉维对身份的形成做了实践哲学意义上的阐述：世界上没有什么东西能先验地永恒存在，没有先验的行动者或存在物，更没有预先在故事情节中能推理出来的身份，不论是人、有机体还是机器。世界上的行动者不仅只有西方的"我们"，还有很多其他的"她/他/它们"。行动者是在活动中相遇和参与的结果，只有在相遇、关系和话语中，我们的边界或身份才能形成。总之，没有先于关系、先于相遇而存在的东西。行动者及其身份本身在关系相遇时涌现出来，涌现在物质故事的情节中。

在哈拉维那里，确立身份是一项历史性与世界性的事业。资本主义历史建构了一些身份，如资本家、中产阶级、工人阶级、男性、女性和有色人种。而在 20 世纪 80 年代的技科学时代，跨国公司资本的扩张以及人工智能技术的飞跃促成了更多的身份转换。计算机远程技术使居家开展生意业务和工作成为现实，虚拟空间中隐匿真实身份或假想某种身份的行为十分普遍。如在马来西亚，电子产业使年轻女性身份发生了转换，由家务主妇变成了自己和整个家庭的经济支柱；发达国家中，虽然人们大多从事资本密集型工作，但男性失业率上升，女性参加工作的比率持续上涨，黑人

---

① Haraway D J, *Simians, Cyborgs, and Women: The Reinvention of Nature*, New York: Routledge, 1991, p. 150.

被容许进入更多的工作领域等。原有的性别、种族、阶级等许多有固定范畴都被打乱，在新经济技术条件下塑造出各式各样的新类属和身份。

基于在新的历史条件下对身份形成的哲学解读和现实分析，哈拉维提出，我们对身份问题应采用描述的追踪途径，来重新历史化我们的身份，理解我们的遭遇，反映出我们身份转变的重要历史时刻。哈拉维说："在我的分类学中，如同其他分类学一样，是对历史的重新铭写（re-inscription）。"[①]哈拉维把认识论中科学知识的历史化与情境化方法，运用于政治学中。她强调的是在历史中生成的知识与身份，而不是不加分析地接受自然–技术客体与理性的主体之二分范畴。整体的身份政治不能解释历史的变化。哈拉维主张一种亲和的"关联政治学"，这种关联不是字面意义上的，而是认为我们穿越这种新历史条件下的政治现实所导致新的想象关联。赛博不是部分构成的统一体，而是各部分之间的关联的杂合体，这种关联的力量大于统一整体的力量。无先验主体和身份的杂合的赛博反倒容易获得增强的力量，这对身陷困境的女性主义运动更富有启发意义。当女性主义运动内部按照种族、阶级或性取向进行阵营划分，搞所谓的"身份政治"时，女性主义者会维护各自的阵营，排除异己，女性主义运动的团结必然会遭到削弱。但如果女性主义者承认并彼此尊重在种族、阶级和性倾向，以及年龄、教育程度、职业等方面之差异，就会亲密团结、共同与资本主义和父权制作斗争，在斗争过程中更能加深相互理解，增强彼此的团结。

第四节　重构客观性

在女性主义的圈子内，科学客观性的含义主要体现在社会建构论视角下的女性主义代表人物朗基诺、哈丁和凯勒身上。哈拉维对社会建构论进路的客观性持一种"有保留的批判态度"。这就是说，她一方面赞同建构主义的进路，但另一方面又批判这种进路在很大程度上忽略了客观性的物质维度（如身体、自然界）。在哈拉维看来，作为技科学意义上的一种本体存在，一只小小的致癌鼠将哈佛大学、大财团与美国政府紧紧地捆绑在一起，成为大学、工业与政府的"共生体"。也就是说，这只致癌鼠是从小白鼠、人的身体、仪器、科学、技术、政治、经济、道德等诸多异质性

---

① Haraway D J, *Simians, Cyborgs, and Women: The Reinvention of Nature,* New York: Routledge, 1991, pp. 159-160.

要素共同博弈中内爆出来的高科技产品，也是在建构对象的动态实践历时性内爆和纠缠的过程中生成出来的。用哈拉维的话来说，这一动态的实践整体才是合格的"诚实见证"。这就是哈拉维提出来的"情境知识客观性"。哈拉维由此从赛博的本体论进入了赛博认识论的层面，即"情境知识"的研究。情境知识最突出的特点在于它坚持科学实践的生活世界性与历史涌现性。

一、"客观性"神话的制造

在主流的科学实在论中，科学被认为是确证的客观知识，不会受研究主体的社会和文化的偏见要素歪曲。带有"客观真理性"符号的科学知识源于理性、必然超越"错误"和"偏见"，更不用说必然超越"特殊的利益"。客观性意味着科学知识是"价值无涉的"。这种"价值无涉"有两种不同的含义：①产品的客观性，即科学的产品（理论、定律、实验结果与观察）是客观的，因为它们是对外部世界的精确表征，不会受到人们的期望、目标、能力或经验的污染。②过程的客观性，即生产科学理论的过程是客观的，因为在生产过程中，科学方法能够保证科学理论既不会依赖于情境性的社会语境，也不会受科学家个人的偏见的影响。这种方法既包含测量程序、推理程序方法论的内核，也包括科学共同体运作的制度性规范。

作为一种"诚实见证者"，在科学哲学中，这种客观性是通过逻辑经验论提出的"发现的语境"与"辩护的语境"的二分来实现的。

两种语境之区分的目的在于用思想的逻辑重构去取代思维的实际运作过程，用一系列逻辑演算去联结思维的起点与终点。"逻辑重构"的目的在于，将科学发现过程中的社会、心理与历史因素从最终产品中剔除，以确保科学理论的客观性。直至20世纪60年代，两种语境之分一直是科学哲学的主导原则，它预设了事实与价值、认知与社会之间的一条清晰的界线。

值得注意的是，这不仅是带有英美分析哲学色彩的科学哲学的看法，同样也是以巴什拉为代表的法国认识论学派的观点。巴什拉认为，只有错误的"科学"才与社会语境相关。而对于那些"公认的"科学而言，它们之所以是客观的，恰恰是因为它们将自身与所有的情境相剥离，消除了任何历史污染所留下的痕迹，与任何朴素的感觉划清界限。这就是科学与科学史之间的差别。这就是著名的"认识论断裂"。对于这些认识论学者而言，辉格史并不是一个需要克服的错误，而是一种必须严格执行的保证客观性的重任。这就是西尔斯所称的："最纯粹的神话就是科学中全无神话的观点。"①

总之，在"辩护的语境"之中，方法论的规则成为理论正确与否的唯一评价标准。它们是科学知识得以确立的秩序空间，它凌驾于科学之上，是确立科学客观性与合理性的先验性基础。这同样暗示着一种清楚的等级分类，即自然科学虽超越于社会科学，但哲学却占据着最重要的位置。这种等级差异还体现为内部与外部之分，内部被视为一种客观的、理性的科学知识的进步舞台，而外部被视为一种由心理、社会等因素构成的非理性的大杂烩。两种语境之分就是把理性的重任赋予科学哲学家，而非理性的残余物则留给了社会学家或心理学家。赖兴巴赫曾清楚地表明两种语境之分，就是要"明确地把'从确定的实体到解决问题的客观关系'与'发现它的主观途径'分离开来"②。科学哲学家通常会以轻蔑的词汇去描述"发现的语境"，认为它们"无非是一种管理或后勤工作罢了"。他们要将这"一地鸡毛"扫地出门，即从科学的合理性中剔除价值（社会与伦理），让事实摆脱情境的不确定性，进而走向客观的普遍真理。这就是客观性的基本前提。

二、从"性别有涉"到"强客观性"

但是，随着现象学、解释学和系谱学对客观性的讨伐，逻辑实证论受到了极大的挑战。20 世纪 60 年代后，库恩的《科学革命的结构》一书对科学实在论提出了极大的挑战，传统理性主义认识论也开始摇摇欲坠，社会建构论以激进的姿态登上了学术舞台。社会建构论对科学理性的解构使自己陷入相对主义和反身性的困境。哈拉维认为这种相对主义的后果之一，就是认为所有的知识主张都是平等的，现代科学不过是西方版图的真理，其真理并不比其他世界中的真理更加真实。这种真理之所以能够主导全球现代化的发展，完全是因为西方世界在政治、经济与军事上的霸权，因此，它没有理由受到如此多的关注。同时，在性别领域，科学的男性至上主义拒绝女性和其他"他者"的"诚实见证者"资格，因此，某些女性主义者要求全面解构或抛弃科学。

对此，哈拉维坚持认为，我们不能放弃现代科学，因为它是女性主义

① 转引自（法）布鲁诺·拉图尔：《我们从未现代过：对称性人类学论集》，刘鹏、安涅思译，苏州：苏州大学出版社，2010 年，第 106 页。

② Hans R, *Experience and Prediction,* Chicago: University of Chicago Press, 1938, pp. 36-37.

STS 工作的起点，只有从此出发，才能建构出更好的科学，才能建设出更好的世界。此外，社会建构论者完全抛弃了自然界，认为自然界在科学研究中只有很小的作用，甚至不起作用，使编码化与文本化的自然服从于社会权力与利益，犯了只见符号不见物质的错误。

自从争取性别平等的女性主义 20 世纪 60 年代登上学术舞台以来，其最锐利的矛头直指"性别无涉"的传统禁地——认识论，批判传统认识论的基础——"价值无涉的客观性"。女性主义从女性特有的经验和立场出发，认为主流科学所谓的价值无涉式的客观性掩盖了科研主体的性别身份、社会等级与文化特权，维系着一种男性主导的意识形态。"科学在传统上是一个男性的世界，从事我们所视为的某种男性工作：与自然打交道，而不是与人打交道；自主地工作，而与社会无关；用理性而不是感情工作。也就是说，科学家是一些男人，他们完全忠诚于以性别对立为基础的所有二元论立场，以特定的模式教导我们要'像男人那样思考'，也就是说，他们是男性，男性气质的本质根植于其理性思维，而不是其身体，是他们的心灵，而不是发达的肌肉。"①显然，传统的科学客观性是一种以主客相分离为特征的男性气质，排斥了女性气质，因此，女性主义对主流的客观性观念的批判之宗旨，就在于揭露客观性中的男性中心主义本质，破解性别密码，提示其在现代科学及知识模式中所扮演的角色。

女性主义者尖锐地指出纯粹的客观性只是一种理想。女性主义认为，首先，从认识主体来看，在主流的科学哲学中，认识主体通常是享有特权的中产阶级白人男性，他们把男性的偏见隐藏在客观中立的科学表述之下。他们用所谓的"理性"排斥女性和下层阶级的经历与经验，其中包括情感、实践的感受性等。鉴于此，将被排斥的群体或个人的经验接纳进科学，不仅有利于揭露隐藏的男性密码，而且会增强在生活世界意义上的科学的客观性。其次，从研究方法上看，科学方法无法消除"发现的语境"之中的社会价值，特别是性别。在科研课题选择、核心概念选择、假说和科研方案选定等方面都必然会涉及各式各样的社会价值，如各式各样的利益与权力。逻辑实证论主张严格的科学方法可以使知识免受研究者的社会价值的污染，即科学方法能够使我们排除主观因素，因为这种方法是客观的。哈丁指出，主流的科学哲学认为，科学家和科学共同体可以产生客观有效的知识，这种知识的生产与他们自身的历史背景无关，更不会涉及他们所提

---

① Keller E F, "Feminist Perspectives on Science Studies", *Science, Technology & Human Values*, Vol.13, No. 3/4, 1988, p. 238.

问题和实践的来源，以及背后引导它们的社会价值和利益，但这只是对科学方法之客观性的神化。最后，从研究结果看，科学知识绝不是表征纯粹事实的理论，它并不是自然和事实自己"说出"的结果，而是研究者描述自然和事实的结果。因此，科学理论中渗透着研究者的价值观、文化和历史背景。科学体制通常会排斥女性，研究者基本上都是白人男性。因此，哈丁说，科学理论中充斥着男性至上主义的权力、欲望和价值。可见，女性主义解构了主流科学哲学中研究者、研究方法与研究结果都是价值无涉的客观性的观念。

当然，女性主义并不是要完全抛弃客观性，而是想矫正客观性，以利用"正确的"客观性观念来消除科学的不公正现象。为此，哈丁提出的"强客观性"（strong objectivity）主张。"强客观性"是针对"弱客观性"而言的。"弱客观性"就是上述所指的价值无涉的客观性，这种客观性要求知识必须摆脱任何经济、社会、性别和文化价值的影响。哈丁进一步指出，有些价值观可以得出更公正的信念，如女性受压迫的价值观恰恰能起增强客观性的作用。女性一直处于被充满男性至上主义色彩的主流科学所忽略的边缘地位，如果从女性的生活经验或经历去思考科学，这会提供一种更加独特的优越视角，能发现男性气质化的传统科学之缺陷与不足。"强的客观性原则要求我们思考认识上的强反身性……因此，认知主体，从科学方法上来说，必须也被视为认知对象……在观察与反思作为认知对象的自然或社会时，最大化的客观方法同样需要考虑观察者与反思者，即科学家及其生活世界。但只有那些被科学共同体所忽略的边缘群体的人，才具有对科学家及其共同体进行一种最大化客观性的批判性审视的资格。因此，强客观性要求科学家及其共同体与进步的民主纲领联盟，也就是说，不仅要求科学的理性和认识上的进步，而且还要求科学的道德与政治的进步。从这个意义上来说，经验主义的标准显得不足，因为它仅仅促进了'客观主义'的发展。"[1]

哈丁后来把这种"强客观性"思想发展成"边缘认识论"。边缘认识论是指，"这种认识论的目标不是把所有科学学科整合成一个最大化的与理想的知识系统，因为这样的认知整合过程必然会丧失这些因素：相冲突的认知/道德/政治利益、话语资源、组织知识生产的方式及其文化发展出来的概念图式。不同的群体及其地方性制度将会理解其他知识系统的资源

① Harding S, "Rethinking Standpoint Epistemology: What is Strong Objectivity?", In Keller E F, Longino H E, *Feminism and Science*, New York : Oxford University Press, 1996, p. 245.

与局限性……这是这样一种的认识论，它寻求的是一种最有用的知识系统拼图，而不是对世界的完美表征。或者换个比喻说，'边缘认识论'依据人们对科学的不同需要，寻求一套最好的科学地图，而不是一幅巨大的完整地图"①。

"强客观性"概念非常接近于科学知识社会学中的"强纲领"。"强纲领"的核心——"对称性"原则要求用同一类社会原因去对称地解释真理与谬论、理性信念与非理性的信念。②类似地，"强客观性"要求在批判性地考察科学方法和成果时，还要批判性地审视科学共同体的背景假设、辅助假设、研究场所的文化情境。这种考察与反思不是力图将这些价值因素驱除，而是旨在达成更大的客观性。简单说，"'强客观性'要求把知识的主体和客体置于相同的位置来展开因果性的批判"③。"强客观性"主张，在参与知识生产的各种因素中，科学共同体及其成员所处的地方性情境、负载的价值观、责任、参与方式与生活方式都需要做详细解释，只有这种解释才能确保知识的客观性。所以，思考知识生产的情境性，非但不会污染客观性，反倒会成为客观性的必要组成部分。

"强客观性"的客观性不是维持认知主体与认知对象之间的界线，相反，恰恰打开了认知者与知识生产场所之间的边界。但是按照哈丁的分析，相对于认识对象而言，"强客观性"更强调对认识主体的审视。这就是"强客观性"之所以"强"的原因。同时，由于对认知主体之社会价值负载的过分强调，使"强客观性"极易染上了严重的"社会建构症"。当然，即便"强客观性"还保留了社会建构论的框架，但它至少显示了一种反身性，表现为对科学共同体的社会价值负载的高度关注。"弱客观性"只关注处于"辩护的语境"中的科学理论，完全忽略了"发现的语境"中主体的实践价值与意义，缺乏反身性的意识。从这个意义上说，"强客观性"确实有纠偏之功能。

由于"强客观性"引入了社会情境、历史根源和价值背景，因此，它不得不面对相对主义的指责。哈丁对此做出回应。她指出相对主义有多种形式，与"弱客观性"相对应的是"判断相对主义"（judgmental relativism），这种相对主义主张一种不切实际的判断，即所有判断一样好，所以应该摒弃。而与"强客观性"对应的是"历史相对主义"（historical relativism），

① Ross A（Ed.）, *Science Wars,* Durham: Duke University Press, 1996, p. 24.

②（英）大卫·布鲁尔：《知识和社会意象》，艾彦译，北京：东方出版社，2001年，第17页。

③ Harding S, "Rethinking Standpoint Epistemology: What Is Strong Objectivity?", In Alcoff L, Potter E（Eds.）, *Feminist Epistemologies*, New York: Routledge, 1993, p. 69.

这种相对主义否认普遍主义，认为科学相对于具体的历史情境，情境的变化会导致知识的变更。哈丁认为："强客观性要求你承认每一个信念或每一组信念的历史特征，即承认文化的、社会学的、历史的相对主义；但它还要求你拒绝判断相对主义或知识论的相对主义。"①尽管哈丁强调知识处于历史和文化情境之中，但由于其"边缘认识论"强调边缘群体认知优势，她实质上并没有摆脱普遍主义与整体论。正如女性主义学者朗基诺指出"用女性偏见取代男性偏见和思考的危险，因为科学如果恢复了女性的身份，一个服从于女性主义的政治纲领便随之而来，所产生的结果只会同样荒唐的事实……我们不能把自己知识仅限制在对偏见的消除上，而是必须扩展我们的视野，反思有局限性的框架，发现或建构更合适框架"。②哈拉维指出，这种进路是企图依据"女性经验"的真理来建构女性主义的"另类科学"。从认识论的角度来看，边缘认识论实质上是想以女性性别为中心主义取代男性至上主义。这种进路充其量只能给女性主义者带来心理上的暂时安慰，最终仍难免堕入一种"无毛之地"。像传统实在论的客观性一样，这种边缘认识论也主张女性的优势视角更能够确保经验事实性与客观的真理性。但哈拉维认为，边缘认识论寻求另类科学的做法恰恰犯了社会建构论的本质主义的错误，这正是哈拉维的女性主义技科学观极力要避免的。哈拉维强调，女性主义的客观性反对僵硬化，倡导不同性别的视角所形成的互动网络。她所强调的是"局部的、地方的和批评性的知识，可以维持政治上团结、认识论上对话的关系网络"③。

　　总之，哈拉维指出，20 世纪 80 年代的女性主义对科学的"客观性"批判身陷两种极端，这两种倾向都曾在她思想中出现过，但在意识到其灾难性后果后就极力避免。一种是用社会建构论对科学知识进行极端解构，蕴含了太多的后现代的解构因素；一种是旨在建构一种女性主义立场论的"强客观性"，追求一种女性主义的整体化的新霸权视角。哈拉维认为，两者都误入了"死胡同"。对于哈拉维而言，过于强调这种二元论的表征主义实属没有必要，因为语言表征最终消除不了主体与外在世界之间的认知鸿沟。表征给予我们的只是两者择一的选择：知识要么是客观的，要么是主观的。哈拉维说，我们一直在爬一根涂过润滑脂的杆，这种表征主义的

① Harding S, *Whose Science? Whose Knowledge? Thinking from Women's Lives*, Ithaca: Cornell University Press, 1992, p. 156.

② Imber B, Tuana N, "Feminist Perspectives on Science", *Hypatia*, Vol.3, No. 1, 1988, p. 142.

③ Haraway D J, *Simians, Cyborgs, and Women: The Reinvention of Nature*, New York: Routledge, 1991, p. 191.

认识论努力注定是要失败的。解决这个问题的唯一方案就是一起放弃表征主义这根杆，用哈金的话来说，就是要从"表征走向操作"，走向操作性的技科学实践。哈拉维主张实在是在技科学实践活动中生成的，实在一种集体的、物质的和符号的唯物主义的建构过程。哈拉维在批评社会建构论与立场论的基础上，汲取了二者有用的部分，提出自己的新方案。哈拉维说："问题在于，我们如何既能够描述所有科学知识主张与认识主体的基本历史机遇性，承认自己制造意义的'符号技术'的批判性实践，又能够描述对外部'实在'世界的坚定信仰。在这种科学世界中，各种不同异质性要素从不同的角度来共享整体与局部，自由与有限，物质与丰富。"[①]简言之，就是坚持历史的机遇性与物质世界的实在性之结合。她宣称我们现在所需要的东西是一种唯物主义的重构，这种立场不是相对主义，而是"有原则性地拒绝把自己的观点置于各种复合二元论（如实在论和相对主义）的两极之一"[②]。

三、重审主流科学中"诚实的见证者"

哈拉维对情境知识论中"诚实的见证者"的观点前面已作分析，她通过反思传统的白人男性"见证者"形象的局限性，提出技科学还需要"女性主义的诚实见证者"。以这种"另类"的诚实见证者身份，哈拉维深入技科学内部去思考科学技术与经济、政治、伦理的相遇，从而使科学知识走向更为民主、更为客观、更为自由的方向。那么，女性的诚实见证者看到了什么，与男性的诚实见证者看到的到底有何不同？哈拉维将女性见证者置身于20世纪末生物技术高速发展的背景下，借助了保鲜番茄、致癌鼠、胎儿等几个主要的赛博体向我们阐释了她的观点。

哈拉维对"诚实的见证者"的讨论的出发点就是对社会建构论的编史学的批判。在《诚实的见证者@第二个千禧年：女性男人©遇到致癌鼠™：女性主义与技科学》一书的开头，哈拉维就批评了社会建构论的科学史的代表作——夏平与谢弗的《利维坦和空气泵：霍布斯、波义耳与实验生活》一书。这本书对波义耳的空气泵实验、波义耳与霍布斯之争、17世纪中叶的英国科学史进行了社会学重构。拉图尔说过，这一著作仅是想证明社会

---

① Haraway D, *Simians, Cyborgs, and Women: The Reinvention of Nature,* New York: Routledge, 1991, p. 187.

② Haraway D J, *Modest_Witness@Second_Millennium. FemaleMan©_Meets_Oncomouse™:* Feminism and Technoscience, New York: Routledge, 1997, p. 68.

建构论的那一著名的口号"认识论的问题也就是社会秩序的问题"①。哈拉维从"技科学的编年史"出发，试图修正夏平与谢弗所重构的历史。她从这样一个问题出发：我们当下的实验室生活是如何形成的？

哈拉维指出，夏平与谢弗所重构的实验室生活方式依赖的是一种特殊的"诚实见证者"，选定的是一批特殊的人，他们具有特定的社会背景，是带有聪明的大脑与高尚的情操的英国绅士，而且还是白人男性。如以波义耳为代表的英国皇家学会的上层社会，他们的绅士身份保证了他们所说的句句是真理，因为在 17 世纪的英国文化中，绅士是衣食无忧的男性贵族，不同于商人，绅士们不会也不值得去撒谎。因此，近代科学实际上是在 17 世纪英国的绅士文化中诞生的。哈拉维认为，近代科学在开端上就造就出一种特殊的白人男性认知主体，这是现代性的特征之一。哈拉维希望重构的，正是绅士男性的这种"诚实及其客观性"。

哈拉维认为夏平与谢弗的贡献在于他们摆脱了实证主义的编史学，把科学革命的发生与 17 世纪英国的历史、社会和文化情境联系起来。他们不仅展示出波义耳实验室的内部活动及其"实验哲学"的思想，还揭示了波义耳等近代科学的创始人与现代早期欧洲社会的关系。夏平和谢弗指出在早期近代科学的革命中，最重要的事情莫过于确立了一种分界标准，以界定和控制何为"客观的科学知识"。然而，在哈拉维看来，夏平与谢弗的社会建构论的编史学的过激之处在于：把性别与绅士身份固定化，把诚实见证者身份（白人-绅士-男性的身份）视为建构科学知识的唯一的、先验的社会先决条件，没有在建构科学知识的实践过程之中思考这种身份的起源，思考这种身份与其他异质性要素的相互作用，特别是他们有意识地排除或忽视了科学实践中女性与有色人种的诚实见证者的身份。

空气泵实验的主角无疑是科学家波义耳及英国皇家学会的上层同行，波义耳实验室空气泵，以及此过程中看到、听到并记录着实验室所发生的事情。夏平和谢弗认为，波义耳所创立的实验生活方式是由三种技术构成：①物质技术，通过使用窒息小动物或熄灭蜡烛的实验仪器——空气泵，来表明事实不是波义耳编造出来的，而是在使用实验室的新设备——空气泵——进行的人工干预中被建构出来的。②说和写的文字修辞技术，即用清晰和朴实的风格向不在实验室现场的人表明实验室发生之事。③社会技术，即实验哲学家们相互作用的实践，通过关系的运用来确立他们的诚

---

① （法）布鲁诺·拉图尔：《我们从未现代过：对称性人类学论集》，刘鹏、安涅思译，苏州：苏州大学出版社，2010 年，第 19 页。

实见证者的身份。哈拉维强调，这些技术不仅是实验室生活方式，而且还共同建构了"那些被称为知识的生产仪器"。在这三种技术中，"空气泵"只是一种修辞学意义上的工具，见证诚实者身份的"社会技术"的特性，成为最为关键的环节，当然"社会技术"的效果往往又是通过"文字修辞技术"来达到的。正如拉图尔所说："所有那些专属于上帝、国王、物质、圣迹和德性的思想，现在第一次被转译、被转录，并且不得不进入了仪器制造工作的实践之中。"这样，夏平和谢弗就把（绅士身份）转变成毫无争议的事实。"绅士们毫不吝啬地、一边倒地将赞赏赋予了波义耳，这样，他也就成功地将其蹩脚的空气泵转变为人们的赞同。这样，夏平和沙佛（谢弗的另一种译法——引者注）所要做的就是，解释那些有关国家、上帝及其圣迹、物质及其力量的讨论是如何并且为什么能够通过空气泵而发生转译的。"[①]哈拉维也引用夏平和谢弗的话说："实验哲学家会说，'这不是我所说的，而是仪器这样说的'，正是自然，而不是人，保证了这种共识。主体与客体世界各就其位，科学家站在客观世界这一边。"[②]通过把身份隐藏在仪器的活动背后，波义耳及其同事仿佛确立了一种不受到社会污染的自然。"仪器就这样充当着知识的基础，它确保了共识不是人为的。"[③]夏平与谢弗讲述的事实上是实验科学的"成就"，就像实证主义者讲述客观性与主观性相分离的故事那样，是"数据单独证明了波义耳的猜想"[④]。哈拉维对此做了如下评论："事实（如这种'情境知识'）的偶然性被建构成一种巨大的能力，它能够客观地为社会秩序奠定基础。作为生活形式的合法化能力，它能够导致专家知识和主观偏见相脱离，超验的权威和各种抽象的确定性都消失，这就是所谓'现代性'的基本表现。这也是技术与政治相脱离的基本过程。"[⑤]也就是说，知识建构本身的地方性、情境性和"人为性"本来都可以在科学家实践中看到，但所有这些都被上述三项技术抹掉了，从而最终把知识转化成客观的、与人类主体完全无关的东西。在"诚实的"实验过程中，科学家们学会了躲在实验室发

① （法）布鲁诺·拉图尔：《我们从未现代过：对称性人类学论集》，刘鹏、安涅思译，苏州：苏州大学出版社，2010年，第24页。

② Haraway D J, *Modest_Witness@Second_Millennium. FemaleMan©_Meets_Oncomouse™: Feminism and Technoscience*, New York: Routledge, 1997, p. 25.

③ Haraway D J, *Modest_Witness@Second_Millennium. FemaleMan©_Meets_Oncomouse™: Feminism and Technoscience*, New York: Routledge, 1997, p. 25.

④ Potter E, *Gender and Boyle's Law of Gases*, Bloomington: Indiana University Press, 2001, p. 161.

⑤ Haraway D J, *Modest_Witness@Second_Millennium. FemaleMan©_Meets_Oncomouse™: Feminism and Technoscience*, New York: Routledge, 1997, p. 24.

生的事实背后，抹去自己的主体痕迹，并且把自己打扮成实验过程中的完全无偏见的观察者，让研究对象自己 "发生"，不受人类文化的污染。哈拉维把夏平与谢弗所重构的社会建构论的叙事称之为 "无文化的文化"（culture of no culture）。

尽管实验室被科学家描述成一个与人类社会无关的世界，但是它所选择的不过是波义耳等绅士们的实验及其解释。换言之，空气泵实验的客观真理最终不过就是 "诚实的绅士证词"。波义耳的 "诚实" 具有很强的能言善辩的修辞能力。哈拉维说，实验室已经成为一个表征政治活跃于其间的 "说服的剧场"。拉图尔说，作为自然界的透明的代言人，科学家有着最强大的同盟。哈拉维写道："科学家完美地代表着自然，也就是永恒的、无语的客观世界的完美代表。"①正由于把科学表征为超然的镜像知识，个人的身份与能力、个性化的身体和心灵，也就被隐藏在这种表征后面了。哈拉维说，正是通过这种白种-绅士-男人的诚实，夏平与谢弗为早期的科学家共同体塑造了一个特殊的欧洲现代圈子，圈子外的人（如哲学家霍布斯）根本没有资格进入。哈拉维强调，这种 "排他性" 的行为一直贯穿在科学史中，是科学 "内史" 所赖以生成的基础。

哈拉维想要改变的正是这种 "排他性"。波义耳认为，客观知识的可信性就在于它的实验的可重复性与可解释性，因此，就与绅士身份、宗教信仰和个人偏见迥然不同，它可以在众目睽睽之下接受大众的检验。这种检验的前提是何为 "大众"，这本身就是令人十分困惑的问题。事实上，只有极少数的像波义耳及英国皇家学会的上层人物才有资格去见证事实，见证 "自然的存在"，其他个人都没有资格做这些。因此，被排除了检验资格的霍布斯开始质疑实验室是纯洁的公众场所的说法。哈拉维也认为，可检验性是一个 "由像牧师和律师所组成的特殊共同体" 来实现的，其成员并不是真正意义上的大众，这个公共场所是 "一种特殊标准的生活形式，一个有着严格准入资格的公共空间，如像波义耳这样的自由绅士，方有资格进入"②。

通过科学实践中异质性要素的视角，哈拉维看到了科学知识与种族、性别、阶级在复杂的实践情景中的关联性、变动性和突现性。哈拉维指出夏平和谢弗忽略了对男性与女性、白种人与有色人种、英国绅士和平民在

---

① Haraway D J, "The Promises of Monsters: A Regenerative Politics for Inappropriate/d Others", In Nelson G, Grossberg L, Treichler P (Eds.), *Culture Studies,* New York: Routledge, 1992, p. 312.

② Haraway D J, *Modest_Witness@Second_Millennium. FemaleMan©_Meets_Oncomouse™*: Feminism and Technoscience, New York: Routledge, 1997, p. 27.

实验室这个特殊公共空间中的差异的分析。她主张应对这些差异进行分析，反对把它们固化。这种固化源于有色人种与女性是这个社会的附属物的想法，因此，他（她）们不是绅士般的"自由人"，没有资格去承担客观事实的诚实见证者的重任。

哈拉维认为，在夏平与谢弗看来，英国皇家学会的上层男性及其绅士身份构成了建构科学知识的唯一的先决条件，没有看到这些因素是他们所描述的实践情境中的历史生成物与参与物。也就是说，他们并没有把男性与绅士身份视为波义耳的实验室活动中所塑造出来的，会随英国皇家学会的实践话语的变化而变化。在哈拉维看来，性、性别以及包括种族、阶级和英国绅士风度在内的这些差异都是 17 世纪中叶英国社会生活和话语中变动的因素，并不是一种"先决条件"，从"外部"强制性地规定着何为科学知识。相反，它们处于科学实践中，在某种程度上影响着当时人们从事技科学研究的方式。

哈拉维接着讨论问题：性别、种族、阶级等差异的范畴是否是在科学中的"说服剧场"的实践中被建构？或者说它们是在多大程度上被建构的？近代科学的"说服剧场"所确立的性别的现代概念，是否已经成为如何理解科学的重要部分之一？哈拉维曾引用过伊丽莎白·波特（Elizabeth Potter）的工作。波特曾对波义耳定律（1662 年，波义耳根据其实验结果提出"在定量定温下，理想气体的体积与气体的压强成反比"）进行了一项经典的研究，展现出这一定律与英国绅士气质之间的联系。波特认为现代科学实际上展示出一种诚实的男性气质——男性心灵的理性英雄主义形象，它逐渐取代了中世纪的男性身体体魄的英雄主义形象。波义耳，这位禁欲独身、道德高尚并彬彬有礼的绅士，就是这种形象的绝好典范。波特认为 17 世纪早期的英国社会盛行"性别扭曲"，这一不良倾向引起许多精英人士的不满和担忧，波义耳及其贵族的理性气质不仅纠正这种不良社会风气，而且还成为"好科学"研究的先验的出发点。[①]这种理性气质被波义耳称为"机械论或微粒论哲学"（mechanical or corpuscular philosophy）。

波特指出，最终的结果是，在科学史上，波义耳及英国皇家学会上层同行的"诚实的见证者"形象塑造了男性的信誉和权力，女性被排除在科学场所之外，被迫远离科学的舞台，或停留在科学"外部"，成为衬托男性理性气质和科学知识的"附属阶层"。如果女性被允许在科学内部去见证自然与真理的存在，那么她们带有直觉或情感色彩的证词就不会有利于

---

① Potter E, *Gender and Boyle's Law of Gases*, Bloomington: Indiana University Press, 2001.

维护一种现代英国男性的理性英雄主义形象。哈拉维说，在近代科学创立之初，女性就失去了作为科学研究“诚实见证者”的权利。英国绅士科学家的波义耳的证词被认为是最为诚实的，因为其绅士的“自由人”（而非掉进钱袋子里的商人）的身份保证了他在“传递着自然界的，而非他本人的声音”。绅士的男性理性英雄主义风格成为英国社会的象征，成为 17 世纪英国社会广为流行的文化符号。哈拉维还引出科学史家诺贝尔的看法。诺贝尔认为：“当时英国皇家学会会员清一色都是男性，它继承了牧师文化，如今却被所谓的科学禁欲主义所强化。在这个男性领域中，当性别被绅士的证词抹杀后，认识与心灵的力量就越发加强。”①夏平在其另一本著作《真理的社会史》中指出，英国皇家学会，作为科学的体制化的起点，实际上诞生在 17 世纪的英国绅士文化之中，这种绅士文化构成了近代科学理所当然的出发点。哈拉维也承认这一点，但在她看来，夏平实际上隐藏了这种文化建构了科学的男性身份的事实。在近代科学的初创阶段，通过上述三种技术——物质的、文字的与社会的技术，男性诚实见证者的身份不仅排除女性，而且还反对女性的科学在场。而且这种文化至今仍然强劲地发挥作用，科学虽然历经 300 多年的发展，但一切依然维持原状。哈拉维进一步指出，除了性别歧视在波义耳实验室和英国皇家学会中被绅士风范建构出来之外，种族和阶级也可如法炮制。女性与有色人种只能作为研究对象（而非研究主体）才能进入科学，她们的“科学思想”被贬斥为带有“性别偏见”和“特殊利益”。

　　哈拉维指出，女性主义的首要目标就是要揭露这些被屏蔽的事实，要恢复被传统科学所遮蔽了的女性与种族的诚实见证者的身份。当然这并不排除白人男性诚实见证者的身份，它是不同的“局部”视角，只有通过不同性别的局部视角、不同种族的地方性视域之间的相互冲撞，才能内爆出“真正的”客观性科学知识。这就是哈拉维眼中的“情境知识”。也就是说，只有在“情境知识”之中，才能实现整体的诚实见证。这就是哈拉维从 20 世纪 80 年代起致力于倡导的“更加整体的、具有自我批评精神的技科学主张”之核心。波义耳式的科学知识的见证者并不“诚实”，因为他们将自己局部的视角作为普遍的知识，没有对自己的局部视角做出负责任的解释；他们片面突出了实验中的“物性”，掩盖了历史的随机性；以掌握事实为名，他们将自己标榜为认识的主体，将自然和世界作为沉默的对象。归根

---

① Haraway D J, *Modest_Witness@Second_Millennium.FemaleMan©_Meets_Oncomouse*™: Feminism and Technoscience, New York: Routledge, 1997, p. 31.

结底，知识在他们那里，不过是对自然的静态表征。这就决定了科学知识不可能具有真正意义上的客观性。哈拉维反其道而行之，提出了局部视角与负责任的情境知识；要求同时坚持物质-话语的实践性与历史随机性；认可主体的多样性与客体的能动性，主张主体与客体在科学知识的生产实践中的相互建构。简而言之，哈拉维将知识看作是一个动态的历史过程，我们不能表征，而只能对之加以描述、表达和解释。这种同样动态的操作可以最大限度地保证知识的客观性，能做到这些要求的人才是真正诚实的见证者。

四、作为另一"诚实见证者"的女性

哈拉维倡导一种唯物主义转向的女性主义技科学实践。"从系谱学角度看，女性主义的技科学研究……明显地关注着社会技术关系的话语和物的方面，还有实践过程中这些方面不可避免地纠缠在一起的那些方式。"[①] 这种唯物主义转向就是要把人类的认知方式置于具身性活动之中："非人类世界的物质性和人类的物质性两者都不是一个不变的前提。所存在的东西是涌现出来的，来自具身性与世界之间的复杂互动。"[②] 在哈拉维那里，这一切都在她的"唯物主义"中的"物"这一概念里聚在一起。物，在她这里，就是指科学实践得以施展的真实的生活世界。她认为科学实践由物质-话语实践所构成。现象是通过观察者（加观察仪器）和对象之间的内部互动所建构出来的。这种不同的异质性要素之间的互动促成了对象和仪器之间在本体论不可分离性，"一种现象就是一个对象和测量主体之间的具身性内在互动"[③]。话语实践并不只是在描述，它们也在干预或介入。"话语实践是对这个世界的具体物质的重构，在这个重构过程中，界限、属性和意义的地方性决定因素以不同方式机遇性结合。也就是说，话语实践是这个世界中的不同行动者之间不断的内在互动。"[④]

因此，哈拉维认为，女性主义技科学必须放弃从外部"注视"以及表征自然的做法，因为科学实在论与社会建构论之困境就源于此。她指出，观看必须出自某处、某人或某物，它是具身的、物质性的和地方性的。视觉必须出自一种物，即具有"看"这种能力的身体。它不可能来自"具身"

---

① Åsberg C, Lykke N, "Feminist Technoscience Studies", *European Journal of Women's Studies,* Vol. 17, No. 4, 2010, p. 301.

② Tuana N, Morgen S, *Engendering Rationalities*, Bloomington: Indiana University Press, 2001, p. 238.

③ Barad K, *Meeting the Universe Halfway: Quantum Physics and the Entanglement of Matter and Meaning,* Durham: Duke University Press, 2007, p. 140.

④ Haraway D J, *Modest_Witness@Second_Millennium. FemaleMan©_Meets_Oncomouse™*: Feminism and Technoscience, New York: Routledge, 1997, p. 21.

之外的某处。哈拉维把那种实际出自某处或某人，却声称具有普遍性和先验性的视觉戏法称为 "上帝之把戏"。她写道："这种外部注视只能神话般地铭写着那种被标记化的身体，而无标记的身体却声称有权利去'注视'，而且不会被发现。它们一方面在努力掩盖表征，另一方面却一直在进行表征。这种'注视'指称着只有'无标记'的男性白人才具有特权。因此，在女性主义者所听到'注视'一词，实际上发出的是'客观性'的卑劣声音。"①

哈拉维力图倡导一种情境的客观性，目的是取代 "男性诚实的见证者" 及其所见证的客观知识。正如哈拉维所说："女性主义者与他人不可能认同某种身份的客观性教条。"② "女性主义客观性简单说就是'情境知识'，从一个位于特殊时空中的特殊身体去观看、见证、认识、干预、证实和言说，这种特殊不是字面意义上的，而是关系上的。"③哈拉维解释说，这种重塑的客观性概念肯定不是价值无涉的，而是局部准确的，因为它总是情境性的、地方性的和可解释的。对情境知识最直观的理解就是看到什么，但这与谁看、从哪儿看和如何看密切相关。在这种 "看" 中，主体与客体的活动紧密地关联在一起。

哈拉维认为，世界本身就是局部的、地方的、多元的和矛盾的，因此，还原论和整体论都不可行；只有当所有视觉都是局部的、特殊的与主动的时，自然的真相才会显现。在知识建构的问题上，哈拉维的情境知识强调各种不同的局部性视野，这会使不同的见证者更负责任、更加诚实。客观性不在于普遍性，而是某种分裂的局部性。"分裂，而不是存在，是关于科学知识的女性主义认识论的基本出发点。"④处在这种分裂语境中的各主体具有异质多样化视野，因而它们总是处在不断的互补性建构之中。"这就是客观性的希望：科学认知者寻求的不是主体的身体位置，而是主体的客观性位置；也就是说，各种局部性视角的关联。其中没有一种视角会在所有时空中永远占据着主导地位。"⑤ "我主张一种关于位置、定位和情

① Haraway D J, *Simians, Cyborgs, and Women: The Reinvention of Nature*, New York: Routledge, 1991, p. 188.

② Haraway D J, *Simians, Cyborgs, and Women: The Reinvention of Nature*, New York: Routledge, 1991, p. 188.

③ Haraway D J, *Simians, Cyborgs, and Women: The Reinvention of Nature*, New York: Routledge, 1991, p. 188.

④ Haraway D J, *Simians, Cyborgs, and Women: The Reinvention of Nature*, New York: Routledge, 1991, p. 193.

⑤ Haraway D J, *Simians, Cyborgs, and Women: The Reinvention of Nature*, New York: Routledge, 1991, p. 193.

境化的政治和认识论，在这里局部性（而不是普遍性）可以说是建构合理性知识主张的基本前提……女性主义的科学问题是关于一种局部合理性的客观性……局部性观点和不同的声音共同汇聚到一种集体性的主体位置上，这种位置预示了一种正进行中的有限具身性的方法视野，一种生活在限制和矛盾中（也就是从某个地方看的观点）的视野。"①

与局部的视角相联系，哈拉维描述了一种认知维度的负责任的科学，即认知主体要承诺"自己所讲的就是自己的视角所见"，而且这种承诺不能因为某种主体因历史的原因被赋予了认识论上的权威，就能用所谓的"科学方法"来敷衍了事。这些从不同的局部视角得出不同观点应该处于不断的相互批判与彼此监督之中，才可能产生一种负责任的客观性科学。也就是说，这种承诺需要主体之间对对方的视角实施互相监督，主体之间展开批判和交流，这样才能保证科学知识是由不同的视角综合而建构出来的客观性。可以看出，哈拉维的女性主义客观性居于不同视野之间动态的相互批判的实践过程中，完全不同于僵化的外在客观性标准，它突出了客观性如何在实践中内爆生成出来的途径。这种客观性不是表征主义的反映论，而是科学知识生成的实践建构论。"当被看作是对象的事物恰恰是世界历史所辨明的东西时，客观性就不能来源于某种固定的视角。"②

这样，哈拉维为这种客观知识增添了一个伦理维度，"因此，置位是关键性的实践……置位暗示着我们可行的实践的责任。也意味着政治和伦理为'什么可以视为理性知识'的争论打下了基础"③。从伦理的角度来看，人们应该学会从"他者"的角度来换位思考，即便这个"他者"是一台仪器或一只动物。这种换位思考的认知方式，有可能使我们更好地建构更具客观性的科学知识。西方男性"诚实的见证者"的科学知识本身就是特殊的、局部的和变动不安的，没有任何理由把它视为客观性的唯一标准。它们与女性的"诚实的见证者"一样，都是建构科学知识的异质性要素。哈拉维的情境知识显然强调了被实证论哲学所遮蔽的"她者"的视角，关注"她者"的认知方式。但这种关注并不等同于"立场论"用女性的诚实的见证者取代男性诚实的见证者的做法。哈拉维指出，立场论所称的女性

---

① Haraway D J, *Simians, Cyborgs, and Women: The Reinvention of Nature,* New York: Routledge, 1991, pp. 195-196.

② Haraway D J, *Simians, Cyborgs, and Women: The Reinvention of Nature,* New York: Routledge, 1991, p. 194.

③ Haraway D J, *Simians, Cyborgs, and Women: The Reinvention of Nature,* New York: Routledge, 1991, p. 193.

的受压迫立场并非价值无涉，而是具有偏见的，所做的不过是用一种极端取代另一种极端。立场论认为女性这种受压迫立场能对世界进行更加充分的、客观的解释，声称"从下层去看"就能够发现科学共同体中的等级制世界是如何构成、运作以及为谁的利益而运作。哈拉维认为，关键问题是如何"从下层来看"，持立场论的女性主义者是把自己置于科学实践之上，用自己的女性性别与社会地位居高临下去"看"，这与传统科学哲学或社会建构论别无二致。哈拉维认为，我们应该把自己置于科学实践之中，即把"下层的视角"置于科学实践中具身的、文字的和视觉的技术之中，甚至还包括技科学的虚拟技术这类物质-仪器-社会的聚集体中。在科学实践中，"不同的见证者"运用情境的、局部上的不同视角会带来"强客观性"，会把波义耳实验室的门打得更开，使我们看到实验室里多种多样的人和物的存在，许多我们以前从来没有见过的他们、她们、它们都参与了建构科学的实践。这些"不同视角的、不同的诚实见证者"，才是共同内爆出真正的、客观的科学知识的各种异质性行动者。情境知识的"强客观性"是指"一种参与的、机遇的、解释的与易错的描述"。这就是哈拉维的唯物主义立场。

哈拉维将在科学实践中"从'他者'的视角去看"这一原则，作为她的女性主义技科学研究的出发点，这一点也体现在她提出的"异质的诚实见证者"形象中。她指出与夏平与谢弗所描述的波义耳的实验室工作传统相比，"女性主义的诚实见证者"要高度重视局部性、地方性、多元性、可解释性，甚至于民主、自由、伦理的维度。她认为技科学中"女性的诚实"，与"男性的诚实"一样，都必须体现在物质-话语的实践世界之中，在科学实践中去追踪性别、种族、阶级等异质性要素是如何纠缠在一起，共同建构出科学知识。哈拉维的"女性的诚实"已经放弃了知识是否反映了认知主体的性别的问题，也就是传统认识论的表征主义问题，转向关注科学是如何在实践中被建构的生成论问题，同时还要求恢复被传统科学所排除了的、参与科学实践中"他者"，特别是女性与种族的视角。这种思考具有伦理和政治的双重意义。

第五节　哈拉维、拉图尔、皮克林的比较研究

一、科学实践中的生成本体论

拉图尔、皮克林与哈拉维是当前 STS 中"实践转向"中的三位代表性

人物。三人的共同点在于打破了自然与社会、主体与客体的根本边界，把科学理解为异质性要素建构的实践过程。这个过程充满了动态发展的文化多样性，不再有任何超验的或隐藏的本质。于是，SSK 的"知识"（K）与"社会学"（第一个 S）都被删除，只留下真实的"科学"（第二个 S）实践。科学实践的研究对象由作为知识与表征的科学转向作为实践与文化的科学。实践转向的研究标志着后实证哲学的真正到来。

哈拉维的历史生成论与皮克林的冲撞理论、拉图尔的行动者网络理论有诸多相似之处，再加上三人在不同的场合都有对另外两方研究成果的认可与赞美，因此，皮克林将他们三人归入后人类主义研究，而唐·伊德（Don Ihde）与伊万·塞林格（Evan Selinger）将拉图尔、皮克林、哈拉维与伊德视为技科学研究的主将。①

所谓后人类主义并不主张"人之死"，而是反对人类中心论，赋予物以能动性或力量，将人与物的力量结合在一起考察，并在人与物的关系中探究：传统科学哲学中的主题，如合理性、客观性、真理等问题；自然、科学与人类社会的共生、共存与共演的问题。哈拉维、皮克林与拉图尔都在寻求科学实践中各种人类与物的因素的融合，主张放弃单一性的决定论思想，提倡多种异质性因素共存与共舞。他们将物的因素郑重其事地请入实践，与社会因素一起建构科学，这种情况用拉图尔的话说则是"追踪行动者的踪迹"，用哈拉维的话说是"自然与文化的内爆与纠缠""伴生种的共生"，用皮克林的话说是"人与物之间的阻抗与适应的辩证法""力量的共舞"，哈拉维、拉图尔与皮克林的共通之处主要有三点。

（1）哈拉维、拉图尔与皮克林都突出科学在物质世界中的生成与演化。三人的"物质世界"指的是技科学中科学、技术、政治、经济等维度的纠结或聚集，各种行动者之间的共舞互动，其中既包含了自然、材料、仪器、资金等物质内容，又包括经济与政治等社会维度。在相关研究中，拉图尔与皮克林始终坚持价值有涉，而哈拉维则强调性别与种族之伦理价值维度。相比之下，哈拉维的物质性概念更加宽广，但二者都是对社会建构遮蔽起来的自然的一种祛蔽，致力于恢复自然本来的意义。拉图尔强调转译网络中科学的生成与演化；皮克林提倡一种生成的本体论，将时间性带回到科学实践中，他主张在生成中发现和探讨科学的真正本质，将科学看作是在时间中发生、生成和演化的一个文化扩展过程；哈拉维把异质性、偶然性、

① Ihde D, Selinger E（Eds.）, *Chasing Technoscience: Matrix for Materiality,* Bloomington: Indiana University Press, 2003.

多样性力量的对抗与联系的过程称为"历史"，在这一历史上科学得以生成与演化，在她看来，技科学就是历史，是开放的空间与动态的时间的整体。哈拉维与皮克林都关注人与非人力量在交互作用时不可预见的（瞬时的）联系。皮克林主张，在人与非人力量的阻抗与适应的博弈中，主客体不停地确立又不停地改变；哈拉维认为，没有先于关系的存在，在关系的机遇中，主体与客体才能被确立并生成与演化。哈拉维之所以保留主体与客体的称谓，是出于其政治与责任伦理的考虑。

拉图尔早期对实验室的"常人方法论研究"属于"社会建构论"，他与伍尔伽合著的《实验室生活：科学事实的社会建构》是这一时期的代表作。尽管如此，拉图尔对爱丁堡学派的宏观利益模式已经感到不满，因而采用了微观上"追踪科学家"的研究进路。拉图尔在《我们从未现代过：对称性人类学论集》一书中指出了布鲁尔的"对称性原则"的困境：虽然打破了片面强调自然的科学哲学传统中的不对称分析，但它却牺牲了自然话语权，以换取社会因素的优位解释地位。拉图尔说，用社会来解释自然，这本质上是一种新的不对称。由此，拉图尔领导的巴黎学派提出了 ANT，即以"本体论对称性"为核心原则，主张要完全对称地处理自然与社会、认知因素与非认知因素、微观行动与宏观结构等二分因素。"本体论对称性原则"突出了人与物的对称，要求把自然和社会都纳入知识形成的解释框架。于是，科学实践所生成的结果——科学事实，被解释为始于既非自然客体也非社会主体的"拟客体"。"拟客体"是自然-工具-社会的聚集体在科学实践中生成的"杂合体"，在某种意义上既是客观的又是主观的，既是自然的又是社会的，一句话，是科学实践的建构。人与物的行动者通过"转译"来征募成员，建立网络连接，当网络被确定下来，科学就此确立。拉图尔对科学与政治的关系有明确的阐述。他反对政治先验地存在于科学实践之前，而主张在发掘并记录下实践中的社会关联之后，探究如何用一种令人满意的方式去重组科学与政治。可见，拉图尔不赞同将政治与科学直接混淆，而是主张科学与政治的异质性结合。因此，在拉图尔自己看来，行动者网络理论展示了真实的科学实践，因而是客观的，同时又具有政治的参与，开辟了通过科学与政治关系来研究科学的新领域。拉图尔所说的"政治"指"铭写"实践中所发生之事，与哈拉维所说的对科学故事进行重述的"叙述政治学"是相通的。

（2）生成本体论体现出超越科学实在论与社会建构论之争的关系本体论。科学实在论与社会建构论都是典型的本质主义观点，谋求隐藏在科学知识背后隐藏着的本质因素——自然或社会。正像拉图尔所说，这两派分别将自然或者社会看作是"传义者"。科学实在论与社会建构论都坚持实体的本体论，实体不是自然就是社会。实体本体论抹杀了科学实践的动态性、异质性与多样性，掩盖了真实的科学知识的建构过程。哈拉维、拉图尔与皮克林三人的关系实在论、行动者网络、阻抗与适应的辩证法，都紧紧抓住"实践"这个关键词。哈拉维考察的是"内爆"的科学实践，拉图尔则追踪各行动者之间的相互关系引起"转译链的确立"，皮克林关注实验室"力量的舞蹈"。三人共享了一种实践科学观下的关系本体论。这种"关系"不是相对主义的，而是实在的关系。把握"关系"和"实践"就摒弃了反映论的表征观，有效抵制还原论与决定论的诱惑，这是对科学实在论与社会建构论之争的超越。

（3）三人均认为科学进入"赛博科学"阶段。哈拉维对赛博科学有明确的分析：给出赛博的定义——机器与有机体的杂合体，列举了赛博科学中的三个越界特征，并分析了赛博科学时代的政治学。皮克林认为，自20世纪90年代以来，西方学者逐渐形成了一种"赛博"的科学观，即指科学进入了一种人与物的混合本体论。皮克林指出："科学知识是认识主体与认知客体相互作用，人类与机器耦合的结果。"[1]他回顾了计算机由诞生逐渐走向对人类在世界上唯我独尊的地位的挑战的历史，指出除计算机以外，控制论与自动控制装置都为在认识论上抹去人与物之间的差距做出了贡献。拉图尔认为，巴斯德选择的联盟与机构造就了社会与自然的整合，物与人由此都获得了生成性与历史性。他将人与物一视同仁（不管是巴斯德，还是牛、细菌），主张人与物的混合本体。

尽管哈拉维与皮克林、拉图尔之间有诸多交叉与类似的思想，而且三人在论证自己的观点时时常拉另外两位做同盟，但是哈拉维的观点与此二人还是有鲜明的不同。

二、超越："从符号学表征"到"物质-话语的技科学实践"

也有人把哈拉维与拉图尔的研究简单等同，为此，哈拉维在多次受访中对这种误解做了澄清。

"衍射"是哈拉维主张的技科学研究方法，她之所以提出这个方法是因为直接受到"反身性"问题的启发。正如在本书前言中所表明的那样，"反身性"问题是社会建构论面临的最大难题之一，使之陷入"自反的困境"，

---

[1]（美）安德鲁·皮克林：《赛博与二战后的科学、军事与文化》，肖卫国译，《江海学刊》2005年第6期，第16页。

而随后的拉图尔的行动者网络理论虽然放弃了抽象的 "利益"，但由于符号化与表征主义的局限，使其始终难以摆脱反身性困境。

在《知识和社会意象》一书中，布鲁尔最早把 "反身性" 作为 "社会建构论" 四原则中的最后一条。反身性原则要求对科学的社会学解释必须能够被应用于社会学自身。社会建构论以利益作为事实的参照系，这样它必然质疑理性主义，但也不可避免地会面临着自我反驳的反身性问题。安德烈·库克拉（André Kukla）指出："所有事实都是社会建构这种说法，由于其普遍性，显然也适合于自身的：如果所有的事实都是建构的，那么元事实本身也应是建构的。更进一步说，元事实的元事实也必然是建构的，如此循环。看来强的建构论会导致一种无穷的循环。"① 社会建构论对反身性问题做出了不同回应，并引起内部争议。正是由于社会建构论片面强调社会因素才造成这种困境，于是，一些人开始把目光转向实践，研究实践建构中的反身性问题。反身性由社会建构走向实践建构。

在《科学实践中的表征》一书中，林奇与伍尔伽主张，要理解科学，必须研究它的表征实践。他们指出，文本、修辞与话语的实践建构了科学知识，根据这个命题的反身性逻辑，可得结论：我们同样也要利用符号学的表征建构我们对于科学实践的认识。对实践建构研究而言，这就引入了一个 "一般的反身性问题"，即质问什么样的符号学研究构成我们对科学家实践的描述。就像科学家通过实践建构科学事实一样，通过符号学的工具，拉图尔的行动者网络理论建构了科学家的实践过程，声称掌握了对科学的真理性认识。拉图尔坦率地说："与科学家自己的说明相比，我们关于生物学实验室中建构事实的说明，既不比他们的好，也不比他们的差……从根本上说，我们的描述无非是幻想。"因此，如果声称科学实践建构了知识，那么就得承认我们对科学的描绘也是建构的。行动者网络理论一方面要考虑科学如何表征世界，另一方面还要考虑它自身如何表征科学。正是基于这一点，伍尔伽和马尔科姆·阿什莫（Malcolm Ashmore）说："在科学的社会研究中，相对主义-建构论视角下一步自然要进入对 '反身性' 的研究。"② 当然，这种反身性研究具有更强烈的符号化与表征主义特征。

拉图尔的行动者网络理论围绕科学实践本身开展了 "新文字形式" 的铭写以及故事的建构。但是其表征主义弊端也不可回避地暴露出来。第一，

---

① Kukla A, *Social Constructivism and the Philosophy of Science*, London: Routledge, 2004, p 69.

② Woolgar S, Ashmore M, "The Next Step: An Introduction to the Reflexive Project", In Woolgar S （Ed.）, *Knowledge and Reflexivity: New Frontiers in the Sociology of Knowledge*, London: Sage, 1988, p. 7.

实践建构把科学实践中的各种异质性因素符号化，都视为具有同一化的行动者。因此，其反身性研究忽略了生活世界，漠视科学实践中的性别、民族、种族、宗教、阶级等社会因素。尽管通过对特殊实验室实践的考察，行动者网络理论提出了追踪"制造中的科学"的途径，但却把诸如性别等社会变量看作是超验的社会范畴，并没有意识到"制造中的性别"和其他通过技科学实践所建构的社会变量。用哈拉维的话说，行动者网络理论过多地采用了"指称戏耍"和"语言游戏"，这就造成了它对语言的"屈服"。她指出，过于强调符号，必然造成对物的重视不足，将抽象理论视作真实的生活世界，违背了客观性的基本精神。可见，行动者网络理论抛弃了客观性，但哈拉维却极力寻求保留客观性的那些根基。所以，哈拉维说："我越是接近激进建构论纲领的描述和一种特殊的后现代主义版本（指行动者网络理论），我就越是感到不安。"①第二，反身性的目标是对称性地追踪与反思研究者在建构中的工具性角色，所以行动者网络理论的反身性研究还维持着认识者与认识对象之间的"认识论断裂"。

针对行动者网络理论中符号学的表征主义弊病，哈拉维的创新性探索主要包含两点：在承认历史随机性的同时突出科学实践的物质性，即坚持物质-话语的技科学实践；摒弃认知者与认知对象的分离，将认知者纳入认知过程。哈拉维的方案体现为"情境知识"的主张。主张局部客观性的"情境知识"，它既坚持了认识的情境性和历史性，又坚持了认识的生活世界基础，同时要求认知者"负责任地"解释和相互交流批评，因而实现了哈拉维所追求的女性主义客观性的目标。因此，"情境知识"既贯彻了反身性的宗旨，又凭鲜明的"操作性"特征，克服了行动者网络理论的表征主义的弊病。

"情境知识"虽然坚持了反身性的承诺，但是由于突出了反身性来源的定位，因而具有很强的政治色彩。"衍射"是在"情境知识"基础上提出的技科学研究方法，但抹去了"情境知识"过浓的政治色彩。"衍射"简单说是对技科学的物质-话语实践的重述，这种重述不是对实在的简单描摹和直接反映，也不是对符号的技巧性使用，而是一种操作性描述，与表征性语言相对应，将隐藏在科学实践中的丰富实践活动展现出来。如果说表征性描述将原本丰富生动的、人与物力量等异质性要素参与的科学实践活动做了简单化的处理，表现为静态的、主客分离的语言，那么"衍射"

---

① Haraway D J, "The Promises of Monsters: Reproductive Politics for Inappropriate/d Others", In Grossberg L, Nelson C, Treichler P（Eds.）, *Cultural Studies*, New York: Routledge, 1992, p. 298.

就是重新揭示科学活动过程的生动的丰富性，获得各异质性要素相互作用的 "图样"，表现为动态的、主客互动的操作性描述。总之，"衍射" 最重要的意义在于突出了科学实践的物质性，纠正了行动者网络理论中过分偏重语言和符号的弊病，同时将时间与历史维度引入科学。这一点与皮克林类似。

另外，三人还表现出研究视角的差异与伦理关怀的不同。物理学博士出身的皮克林关注的是物理学，特别是量子物理学的研究，受过人类学训练的拉图尔关注实验室生活，而文化批评家哈拉维则从文化的历史与现实的更广泛视角去考察技科学，结果使哈拉维比皮克林与拉图尔走得更远。皮克林看见的是围绕某一项具体科学实验各种异质性要素的共舞，拉图尔看到的是实验室内外联结的 "行动者网络" 中各种利益链的转译，而女性主义者哈拉维却看见实验室大门外广阔社会-政治生活中各种力量对技科学的建构。因此，哈拉维思想中的伦理意义最为强烈，政治主张也旗帜鲜明。例如，哈拉维认为，主体与客体不是先于实践的存在而是在关系中生成的；主体要对技科学中各种线条的交织做出解释，要对客体负责任。哈拉维不但保留了主体与客体的称谓，而且仍然坚持主体不可推卸的解释与伦理责任。她最关注的是科学实践中每种关系的活动是在 "为谁？使谁受益？忽视了谁？" 等问题，她最喜欢询问主体的问题是："你关心什么？你对什么感兴趣？"[①]。皮克林在提出科学-工业-军事赛博体时，他所关心的只是这种赛博体为何会在第二次世界大战的文化中得以诞生的历史，而对这类赛博体对人类社会带来的可能灾难，他说他并不关心这样的伦理问题。拉图尔的技科学分析也仅仅满足于杂合体的为何会存在，没有进一步提问杂合体为谁而工作、为何工作。因此，皮克林与拉图尔只在本体论层面上关注杂合体生成与存在的事实问题，忽视政治以及伦理层面的关注。在人与物行动者的对称性问题上，哈拉维与皮克林、与拉图尔的分歧一定程度上反映在他们对科学的伦理关怀维度上。拉图尔主张自然与社会、人与物的严格对称，这几乎就不会给伦理留下任何空间；其后期的关系本体论虽然修订了 "本体论对称性" 原则，但他仅开始关注 "物的议会这类上层社会中的伦理、民主与政治"。皮克林保留了概念的、社会的与物质的三种类型学的范畴，就好比在本体论对称性的墙上凿开来一些洞孔，将 "广义对称" 变成 "局部对称"，这会为伦理关怀留有一定的余地。因此，皮

---

① Schneider J, Haraway D, *Live Theory*, London: Continuum International Publishing Group, 2005, p. 120.

克林开始关注生态问题。哈拉维一直坚持使用"技术、道德、社会、经济、政治"等范畴，并着力展现它们在技科学内纠缠内爆的"表演"，因此，哈拉维否认任何意义上的自然与文化的对称，认为自然与文化是彻底的杂合、完全的随机。哈拉维的女性主义视角为伦理关怀提供了更广阔的天地，也为不同的解释与建构提供了更大的自由空间。

　　三人的差异还表现为他们与主流 STS 的关系不同。皮克林与拉图尔都经由社会建构论脱胎而出，他们在 20 世纪 80 年代末转入科学实践的研究领域，对社会建构论的态度由追随转向批判。哈拉维进入科学的文化研究之初，就批评了文化决定论将自然客体化、对象化的错误，主张恢复自然能动性与其应该具有的地位，将自然与文化视作是相互建构的。哈拉维的"建构"实质上就是"历史生成"，是关于知识的系谱学。拉图尔也曾经说过，建构论并不是在某种程度上定义某物是由什么构成的，而仅是说，某物具有历史性，即它依赖于时间、空间和人而存在。相比较而言，哈拉维比皮克林与拉图尔更早意识到了"自然"的意义，更早开始弥合自然与文化的分裂。究其原因，女性主义理论的发展及妇女运动的启示（例如围绕生物决定论的争论、社会性别理论研究等的展开）促使哈拉维的思想更早成熟。女性主义追求的政治上平等的目标，使得哈拉维的思想从来都没有放弃政治诉求。哈拉维指出："女性主义技科学的思考就像一个内窥镜，一种医疗器械，一种拓宽所有小孔的工具，以期改进观察和干预，当然同时要以追求知识、自由和正义为目标。"[①]当然，对政治的过分坚持会难以摆脱相对主义的阴影，这也是为什么同样是 STS "实践转向"的代表人物之一，哈拉维的工作却时常被研究主流所忽视，如皮克林主编的《作为实践和文化的科学》这部 STS "实践转向"的最重要文集，就没有收录哈拉维的文章，仅在导言里面提到哈拉维的名字。这一方面固然与哈拉维使用自己独特的术语或语言有关，但更重要的恐怕还是她女性主义学者的身份。哈拉维本人非常清楚自己在主流 STS 中的尴尬地位，因此，她采取的策略是与 STS 保持若即若离的关系，因为她深知一位女性主义学者在任何时候总是被有色眼镜所看待。

　　哈拉维技科学思想的历史生成论与拉图尔、皮克林的工作异曲同工，都关注科学实践的操作性描述，对表征主义科学观、自然与文化二分的本体论、主客二分的认识论进行了卓有成效的批判，在此基础上，

---

　　① Haraway D J, *Modest_Witness@Second_Millennium. FemaleMan©_Meets_Oncomouse*™: Feminism and Technoscience, New York: Routledge, 1997, p. 191.

建构出各具特色的"生成本体论"，从而都超越了科学实在论与社会建构论之争。

本 章 小 结

从赛博定义到情境知识论，哈拉维的女性主义技科学思想不是彼此独立，也不是简单重复，它们不仅体现出前后相贯的一致性，而且还展现出前后的发展继承性。我们可以用其中的"变"与"不变"来概括哈拉维女性主义技科学思想。

哈拉维思想中始终不变的是"生成本体论"的主张。哈拉维对物质-话语实践的全面关照，对偶然性、情境性和多元性的清醒认识，以及她对情境知识论的探索，使得她的生成本体论摆脱了社会建构论意义上的女性主义与科学实在论之困境。哈拉维始终高扬着追求伦理、民主、两性平等、种族平等、物种平等的旗帜，坚持女性主义的政治诉求。这是哈拉维与一般女性主义的共性，也是与主流科学观最显著的区别。哈拉维的研究始终以生命科学为场点，无论是灵长学、免疫学、赛博、转基因技术，还是狗。哈拉维的专业训练及她对生物学的偏爱使她在这一领域树立了科学文化研究的典范。

《赛博宣言》标志着哈拉维开始摆脱社会建构论意义上的女性主义的影响。赛博理论最重要的贡献就在于以一种杂合的新本体解构了任何本源、任何基础、任何本质、任何分类，消除了社会建构论的理论支撑点——社会性别。社会性别本质的消除标志着哈拉维女性主义思想的重要转折。赛博提出了一种自然与文化的混合本体论，建构了一种新的科学对象。我们面对的科学对象不再是呆滞沉默的，静静地躺在自然之中，等待主体去"发现"，而是具有能动性与力量的自然，作为异质性要素之一，它与其他物质要素、与人类一起，在实践中因随机性相遇而共舞，共同建构出赛博体。在赛博理论提出之后，哈拉维进入了对认识论的文化批判和建构——情境知识论。这种文化批判与建构展现出科学知识的"内爆"过程，展现出异质性要素在建构科学知识过程中的共舞。当然，在这些异质性要素中，哈拉维格外突出道德、伦理与政治要素的建构性意义。淡化社会性别的作用，突出道德、伦理与政治的生成性作用，这一点构成哈拉维的女性主义技科学思想的新转折。

结语：从认识的反映论走向本体的生成论

STS 经历了三个阶段的发展，从科学实在论到科学的社会建构论，再从科学的社会建构论到科学的实践建构论。科学实践关注真实的科学实践——实验室科学中人类力量与物质力量在时间中共舞，关注在这种共舞中，科学事实如何涌现与生成或内爆出来。这种转变不仅带来了研究科学发生的场所的异常丰富，而且还导引了科学观上的重要变化，其中，最重要的变化表现为从认识的反映论走向了本体（对象）的生成论，从而展现出科学事实及其理论的历史性。就科学的合理性来说，这种科学观上的变化凸显出过程性、境遇性、生成性、开放性等特性。

一、科学：从静态的表征走向时间中的操作

实践建构论的科学，强调用对科学的操作性语言描述取代对科学的表征性语言描述。实践中的操作性活动相对于机械认识的反映论意义上的表征而存在。20 世纪 90 年代后，STS 出现了一种"操作转向"，这一转向来自拉图尔与皮克林[1]。对科学的操作性理解和描述，把科学视为实践活动的一种结果。操作性的语言为 STS 提供了一种有用的工具，因为它的关注点在于实践者的身体，在于他们的具身性实践与他们对不同听众的自我表达。它同样也为理解知识生产与传播提供了一种有用的工具，对操作性的强调会促使我们表达出非文本性的研究策略，其目的是避免真理对应的机械的反映论或表征的认识论。正如拉图尔所说："我们能够操作、改变、解构，因此，形成并影响着我们自己，我们不能够描述任何事物。换言之，没有表征，除非在这一术语的政治与戏剧化的意义上。"[2]操作，其基本含义一方面是指"工作、做与施行某种行动"，另一方面是指"一个人或物是如何完成一项任务、职责或遵守某一规则的"。

科学实践哲学对科学的基本理解是：科学是操作性的，在其中，行动，也就是人类力量与物质力量的各种共舞居于显著位置。科学家是借助机器奋力捕获自然界的行动者，在这种捕获中，人类力量与物质力量以相互作

---

① Wintroub M, "Taking a Bow in the Theater of Things", *Isis*, Vol. 101, No. 4, 2010, p. 780.

② Latour B, *The Pasteurization of France,* Cambridge: Harvard University Press, 1988, p. 228.

用和突现的方式相互交织。它们各自的轮廓在实践的时间性中突现，彼此界定、彼此支撑。这一过程的结果就是科学文化的重组和扩展。在共舞中，受制约的人类操作活动及相对应的社会关系始终伴其左右。作为积极的、有意向的存在，科学家们尝试性地建造一些新仪器，随后他们操纵监控仪器的运作，去发现捕获物质力量的可能功效。与之相应，物质力量恰恰就是在人类被动观察阶段主动地展示自身。随后又是人类的被动观察与机器的运作，循环往复。

人与物之间的共舞，表现方式是阻抗与适应的辩证运动。阻抗体现在实践中有目的地捕获物质力量的失败，适应则是应对阻抗所采用的积极的人类策略。这种积极的应对包括对目标和意向的修正、对仪器的物质形态的置换以及对人类的行动框架和围绕行动框架的社会关系的调整。在这种共舞中，人类力量与物质力量是对称的。物质力量在实践中瞬时突现出来，受制约的人类力量在实践中也是如此。在实践的共舞中，人类力量与物质力量在突现中相互界定、相互支撑，受制约的人类力量与被捕获的物质力量有机地相互交织，在共舞中实现稳定性，从而突现性地生成出科学对象及其理论——各种新本体的生成。

所有这些，展现出科学实践的基本的操作性图景：在对科学的操作性语言描述中理解科学实践及其生成结果。当然，思考科学实践的物质性操作时，并不意味着我们可以忘记科学的表征性质，因为科学绝非仅是制造各种仪器。如果没有科学的理论或表征的维度，人们就不能对科学进行分析。操作性语言描述本身就包含着对表征性语言描述的关注，它使我们脱离从单一的表征理论去理解科学，从而识别出科学实践中的物质力量，走向理论和物质力量的重新平衡。实验室工作是自然力量与人类力量平衡的焦点，是人类世界与物世界的汇聚处。同时，从表征性语言描述转到操作性语言描述来理解科学，这一点具有相当的历史合理性。因为对科学的表征性语言描述可能适合于经典的裸眼观测的天文学，而今天的科学研究则是科学家与各种各样的电子仪器携手并进，今天的科学无法避免地成为内在性的干预的科学，这是 20 世纪 50 年代以来大科学的特征。

二、实在：从表征的反映论到实践建构的生成论

知识和自然之间的关系是什么？在传统科学哲学实在论的旗帜下，对于这一主题，科学哲学进行过相当深入透彻的争论，但是争论使这一主题变得相当僵硬与局限，留给实在论问题的空间已经几乎被知识（认识论意义的，尤其是理论意义的）生产的问题耗尽。传统科学哲学的发展一直处

在表征语言描述的话语空间内，即这一空间中的哲学问题仅仅是：科学知识是否真实反映、代表自然？自然到底是怎样的？更具体地说，伴随着现代科学哲学中这种争论的发展，问题的新提法是：在认识论上得到了完整辩护了的、显现在科学理论中的不可观察的理论实体是否真的反映了自然的真实状态？或者说，夸克是否真的就是物质世界的最基本组件？基因是否真的是生物遗传的支配者？实在论者的回答是：至少在某些情形下，我们有理由认为是这样。反实在论者则认为，我们没有任何理由认为如此。在这些争论中，实在论者的观点，显然同人们的日常认识倾向相一致，认为我们应该视科学知识为对自然的表征。反实在论者则持有相反的立场，坚持不懈地以各种方式阐释其相反的观点。

于是，在各种反实在论的话语中，科学通常不再被视为是理解自然真实面貌的最完备的知识，在科学的图景中检验科学知识是否正确几乎是不可想象的，除非得到神秘或神圣的启示。科学知识是否真实地反映了自然界便具有了最大的不可检验性。

不过，在处理知识与实在关系问题上，实在论与反实在论都过于草率和懒惰，因为它们都不去探讨知识与世界之间的联系是如何在实践中建立起来的，继而进入脑中的只有上述两个答案之中的一个。苏珊·利·斯塔（Susan Leigh Star）称这种态度"删略了一些工作"[1]，即删略了科学家的具体的研究实践。对此，大卫·古丁（David Gooding）明确地指出："技能的恢复有助于解释众多科学家谈话中成功的指派功能的表面神话。它是一种技能化力量，它把物质实践与口头实践结合在一起。结合在物质世界中事物表征的对应问题上产生了信念。"[2]

关于科学实在的传统争论，永远处在实在论观点与反实在论观点的僵持之中。然而，从实践中人类力量与物力量的共舞，从表征语言描述转向操作语言描述的角度来看，这种实在论与反实在论之争的传统问题是无意义的，消解这种无意义的争论，将会转向一种完全不同的科学观。

基于对科学的操作语言描述，我们绝对不需要在反映论意义上探讨我们的知识与自然的关系，完全无须把自己置于反映论的位置去探索知识如何作用于世界。反之，我们将去探讨在实践中，我们的知识与自然是如何

---

① Star S L, "The Sociology of the Invisible: The Primacy of Work in the Writings of Anselm Strauss", In Maines D R（Ed.）, *Social Organization and Social Process: Essays in Honor of Anselm Strauss*, Hawthorne: Aldine de Gruyter, 1991, pp. 265-282.

② 大卫·古丁：《让力量回归实验》，见安德鲁·皮克林：《作为实践和文化的科学》，柯文、伊梅译，北京：中国人民大学出版社，2006年，第107页。

被关联起来的，在实践中建构的这种关联又有什么样的组成。在实践力量的共舞中，我们的知识与所研究的自然之间的关联，是在仪器操作与概念活动之间的相互作用中建构起来的，并在时间中演化着。物质世界与表征世界的联合，支撑起特定的事实和理论，并且给予这种事实和理论以精致的形式。对机器与仪器中的物质力量的捕获，依赖于在开放式终结的筑模过程中的一系列不确定的共舞，这种共舞并非完全取决于纯粹的人类力量。各种共舞的结果最终还要依赖于自然是如何运作的：这种机器或那种仪器是否有目的地成功征服或适应了自然的力量。表现在实验知识和理论知识中的自然力量，与仪器的操作以及概念体系反复交织——我们看到相互共舞和相互调节始终在其中发挥作用。

事先不可能存在实现人-机-物之间三者有机结合的任何理性或社会预设的保证。这样，自然是如何的问题便以不确定的、复杂的和参与性的方式，渗入并影响我们对它的表征。这样，在作为科学实践的有机组成部分的科学知识与物质世界之间就展现出一种密切的和相互反应式的干预。在这种特殊意义上，实践的冲撞提供给我们一种对科学知识的生成论意义上的实在论。哈金也表示出类似意义上的实在论，他说："凡是我们能够用来干预世界从而影响着其他东西或者世界能够影响我们的，我们都要算作实在。"[1]但与皮克林相比，哈金身上表现出的更像是人类主义的建构论特征，即人借助科学仪器创造了"科学事实"，而拉图尔、皮克林与哈拉维则是后人类主义者，他们强调人与物之间的共舞建构了"科学事实"。

哈金这种人类中心论的特征表现在他对"霍尔效应"（Hall effect）的解释之中。哈金说："仪器是人造的。发明也是创造的。但是我们往往觉得，在实验室中揭示出来的现象是上帝造物的一部分，在等着我们去发现……我认为正好相反，霍尔效应在特定的仪器之外并不存在，其现代形式是技术的、可靠的、常规生产的。至少在纯粹的状态，只有用这些仪器才能体现。"[2]因此，哈金的思想通常被称为"仪器实在论"。哈金的人类主义立场在其《历史本体论》（*Historical Ontology*）与《科学理性》（*Scientific Reason*）两本书中体现得更为明显。受福柯的影响，在这两本书中，他把"仪器的创造"提升为"思维风格的创造"，而这种思维风格是西方世界在其长期科学实践的历史中凝聚而成的，这样做的目的是为实在

---

① （加）伊恩·哈金：《表征与干预：自然科学哲学主题导论》，王巍、孟强译，北京：科学出版社，2011 年，第 117 页。

② （加）伊恩·哈金：《表征与干预：自然科学哲学主题导论》，王巍、孟强译，北京：科学出版社，2011 年，第 180 页。

的客观性寻求历史之根。在拉图尔他们这里，在具体的科学活动中，作为理论的科学表征链（不是表征）明显地通过仪器和设备，和科学实践者一起，实现对自然的转译或冲撞。这样，人们会在质疑表征链终止于"世界自身"的同时，疑惑人类"创造了"自然现象的说法。原因在于，将对仪器的操作转变为科学事实，离不开理论层次上的解释，也必须附着在"自然自身"之上，只有自然-仪器-理论三者的共舞才能完成终结性认识，这样的实验操作步骤才能生成出（如电子的）事实。这种生成性的解释一方面阻止了通向"世界本身"的科学实在论之透明窗口，另一方面也拒绝了社会建构论之"纯粹的主观建构"。

共舞意义上的实在论关注仪器操作和表征链，关注在时间演化中操作和表征链如何彼此联合；传统哲学的实在论则驻留于知识和自然本身之间的无时间演化的反映关系。为表明这种不同，皮克林称这种共舞意义上的实在论为实践建构的实在论。按照林奇的说法，实用主义的实在论不会把自己置身于实在论与反实在论之间论战之中。传统实在论从具有表征特征的人类主义那里获取了大量支持，实际上是"神目观"支配下的人对客观世界的把握，哈金把它简称为关于知识的"旁观者理论"。反实在论者强调在科学观察中渗透着理论，因此对科学表征主义持怀疑态度，它认为科学就是人类的建构物，永远不能真实地反映客体。在实用主义的实在论中，则没有表征主义实在论的这种焦虑。知识和自然之间的链接，充分展示在"实验室的研究"中，这种链接在真实时间的自然-仪器-理论三者的共舞实践中，以机遇性成就而涌现出来。从这个意义上来说，科学是作为一种文化对象而生成的。如在科学的常人方法论研究中，伽芬克尔、林奇以及利文斯通在这种方法论意义上讨论了光脉冲发现，林奇对此做了如下的评论："与天文学家所采用的术语相反，伽芬克尔等人认为 IGP（光脉冲，引者注）是一种'文化对象'，它是从利用光学与电子仪器的一系列观察活动中'抽象'出来的。他们既没有反驳，也不赞同 IGP 是'作为被观察到，作为谈论它的每一件事情的原因'……伽芬克尔等人并没有盲目迷恋那一夜晚科学家的工作，相反他们不断地指出天文学家实践的系谱。他们也没有忽视其作为一个对象的身份。它并不是一个表征，它只不过是一个对象，就像其他（文化）对象一样。"① 也就是说，作为一种天文学之物的光脉冲，

---

① （美）迈克尔·林奇：《扩展维特根斯坦：从认识论到科学社会学的关键发展》，见安德鲁·皮克林：《作为实践和文化的科学》，柯文、伊梅译，北京：中国人民大学出版社，2006 年，第244 页。

是科学实践终结时生成的确定结果，因此"对于这些非确定性的成就，我们不需要有任何担心和恐惧：我们不需要彻夜不眠地躺在床上担心知识完全漂浮于其所反映的客体之上"[①]。

在这个意义上，共舞的实用主义实在论消解了反映论的实在论的全部问题。实用主义实在论认识论起点是从自然-仪器-理论之间的共舞实践中去探讨科学事实的生成或起源的问题，通过分析科学知识如何与自然发生关联，提供其自身独有的答案。也就是说，与其说是思考表征如何过滤着我们对于自然的认识和把握，不如说操作性语言描述引导我们去思考自然-仪器-社会之聚集体中实践建构的开放性终结——科学事实的生成。这样，在起点上就消除了探询反映论问题的任何动机，实用主义实在论颠覆并且消解了反映论意义上的实在论。

三、客观性：从表征对象之实体客观性到生成本体之过程客观性

在客观性问题上，科学实在论与社会建构论站在完全对立立场。库恩后的科学哲学研究表明了客观性和相对性之间关系难以简单定位。从科学实践所强调的力量的共舞的角度来看，客观性与相对性关系的定位则超越客观主义和相对主义之间的简单对立。如果我们把科学视为各种异质性要素耦合而实现的一种文化扩展，视为一个开放式终结的筑模过程，那么，客观性和相对性都可以表现为力量共舞意义上的过程与稳定性。

科学实在论认为客观性是基于认识论的标准或规则，只有符合这些标准的理论扩展才被视为客观性的（或理性的）。客观性和合理性通常被视为一枚硬币的两面：理性是针对科学判断的评价过程，客观性则是这个过程的产物。理论选择是或者应该是理性的，相应的选择才能是客观的。结果，在知识生产中，科学家的主体能动性消失了，因为这些标准和规则就足以保证科学的客观性。社会建构论则以两种方式理解客观性：要么是用明确的社会要素，如利益或权力决定异质性要素的扩展，要么关注于其他的内在于科学的文化内容，如理论、世界观、范式等，这些文化要素的功能实际上挤掉了科学实践的空间。

尽管科学实在论与社会建构论之间存在对立，但它们都坚持某种实体性的、永恒不变的东西（非耦合突现的），如利益、理性、规则、世界观等，解释科学实践的展开过程，在这种意义上，两者实际上殊途同归。社

[①]（美）安德鲁·皮克林：《实践的冲撞：时间、力量与科学》，邢冬梅译，南京：南京大学出版社，2004 年，第 218 页。

会建构论与科学实在论同样都坚持了表征主义的科学观。表征主义科学观对语言和符号推崇备至，认为认知主体借助语言和符号就可以对客体世界做精确表征。语言是从属于主体的表征世界的工具，它与世界图景是分离的；客体是与主体相分离的，它静静地躺在自然之中，等待着主体用科学方法去表征；知识是静态的抽象理论，它与丰富生动的世界是分离的；知识仅表征世界但不改变世界，认识论和本体论也是分离的。以这四个"分离"为特征的表征主义科学观脱离了知识的实际建构过程，是一种预设的理想知识观念。

　　然而，如果我们用力量的实践共舞来解释这种终结，就是要放弃以任何实体性的、持久不变的东西（如静止的客体或利益）去解释终结的做法，实践共舞指向科学活动的时间性扩展过程——科学实践中各种文化要素，自然的、机器的、理论的和社会的要素之间的共舞——指向文化要素和文化层面的稳定性突破和稳定性再建过程。因此，力量的共舞所分析的客观性，并不是要去为客观性提供一种可靠性的超验基础，也不在于要破坏客观性，而是要阐明"在什么意义上来说，'数学知识能被称为客观的'……每一次加 2 的数数规则与根据这一规则来进行的行动之间的'内在'关系，绝不是这一规则能够扩展到新情形中的充分基础。不存在研究这种关系的心理、生理机制或外部的社会约定的基础"①。这种解释终结的途径，实质上是把客观性从存在的实体性转向科学实践的过程性，从实体客观性走向过程客观性。

　　实践共舞意义上的客观性是过程客观性，彻底颠覆了传统意义上的与主观性对立的实体客观性。其一，过程客观性是呈现为主体间性的客观性。强调相互作用生成、消解主客二分为前提，直接表明了主体间性具有在主体之中、又高于主体并约束主体的客观性品格。具有明显的使实在客观化的操作性特征或者工具性特征、媒介特征，是一种"有约束力的、一致的标准"。"被客观主义所忽视的科学研究的过程（它的'发现与境'）本身就是使实在性的客观化成为可能的参照系统"②，使得自身具有赋予自然以意义从而使自然人化的特性以及主客体相互塑造、一体化的特性。其二，过程客观性具有异质性要素作用耦合的动态生成特性。这种异质性耦

---

① （美）迈克尔·林奇：《扩展维特根斯坦：从认识论到科学社会学的关键发展》，见安德鲁·皮克林：《作为实践和文化的科学》，柯文、伊梅译，北京：中国人民大学出版社，2006 年，第228 页。

② （奥）卡林·诺尔-塞蒂纳.《制造知识：建构主义与科学的与境性》，王善博等译，北京：东方出版社，2001 年，第 3 页。

合作用与动态生成，换个角度说就是永无完结的情境性所处和情境性生成，"问题情境是一个复杂客体"①，情境性就是拥有内部时间的要素的集合体，其本身就包含着有内部时间不可逆地建造起来的客观性。科学实践的真正根本是一个学者们的各种性向的生成系统，其中的大部分作用都是无意识的、可转换的，并且趋向于自我生成。科学之间的碰撞就像文明之间的碰撞一样，原本就是解释各种隐含的性向的良机，尤其是那些出现并围绕着一个科学新目标而形成的各学科间的群体中的那些性向，是观察和使这些实践模式客体化的最有力的平台。②其三，过程客观性具有选择演化的生成特性。选择的前提，即既定的历史积累；选择的压力，即特定的历史情境；由历史积累和历史情境决定的演化方向，三者的作用促成的科学演化中的强势积累，拥有了客观性的特征。拉图尔分析中的"义务通道点"的形成和作用，布尔迪厄的"科学场"的形成和作用，展示了强势积累的横向生成。拉图尔的"义务通道点"等同于布尔迪厄"科学场"分析中的"科学资源的'合法垄断'"，科学本身的权威资本与科学世界的权力资本共同作用构成这种"合法垄断"。首先，科学场中种种力量斗争、耦合，产生一种"主体间性"式的"科学资本"，最终确定为一种"范式"或"科学的稳定性"；随后，强势行动者或者行动集团运用"科学权力"使"科学权威"扩大，吸收和同化其他行动者或者行动集团的"科学资本"，形成事实上的强势；最后，原初是地方性的、局域性的"科学"形成了一般性的、普遍性的"义务通道点"，由于主导性的行动者或者共同体的去情境化需求，普遍的科学产生。③选择演化中形成的过程客观性就是海德格尔的"历史性实存"，真实的现在就被当作一个继承传统和革新过去的场所而持续存在下去。继承传统和革新过去与历史语境的客观性相辅相成，并共同融合成实际的历史语境的客观性。

　　科学实践哲学否认终极实在。传统科学实在论的一个核心立场是预设一个独立于人而存在的外部世界，有了这个本体论承诺，真理符合论才变得可能。实用主义实在论则认为，实在并非前提，而是结果，是实践过程或互动过程的结果。否认参与互动过程的各种要素（无论是概念性的，物

---

① 纪树立编译：《科学知识进化论：波普尔科学哲学选集》，北京：生活·读书·新知三联书店，1987年，第380页。
②（法）皮埃尔·布尔迪厄：《科学之科学与反观性：法兰西学院专题讲座（2000—2001学年）》，陈圣生、涂释文、梁亚红等译，桂林：广西师范大学出版社，2006年，第71页。
③（法）皮埃尔·布尔迪厄：《科学之科学与反观性：法兰西学院专题讲座（2000—2001学年）》，陈圣生、涂释文、梁亚红等译，桂林：广西师范大学出版社，2006年，第104页。

质性的还是社会性的）具有先于实践过程的独立属性和存在。以往我们总是认为，只有主体或人，才具有某种行动能力，而忽略了物质要素的能动性参与。按照实用主义实在论阐释，关系不仅仅代表认识者与对象之间在认识论上的不可分性，而且在关系中，相互作用着的异质性要素之间在本体论上也具有不可分性。也就是说，"在本体论上，关系是原始的关系——没有先于关系项的关系"①。在本体论上，异质性要素的共舞先于作为结果的确定的物质对象、概念意义以及各种界线和划分。对象的形态、意义、界线，所有这些都在共舞互动中才能得以确定。在实践中，实在不是物自体，并非隶属于形而上学的抽象本体世界，实在是共舞之中的实在，是作为互动之结果的实在。实在并非由物自体或现象背后的本质所组成，而是由实践关系之中的物所组成。因此，"实在是一个物质化（materialization）过程的结果"②，这里的物质化是指生活世界中动态的实践过程。如果我们想承认共舞的先行性与整体性，那么，讨论关系之外的事物就没有意义。这不仅对机械的世界观是一种批驳，也杜绝了二元论的可能性。

这种力量共舞意义上的过程客观性超越了传统的以理论为核心客观性。它表现出两个方面的含义：①实践过程的客观性，在自然、仪器、机器和社会之间机遇性聚集的实践领域，界定了一个物质世界中的、非柏拉图主义意义上的过程客观性。②生成结果的客观性，这一机遇性过程决定了科学实践的开放式终结——一种新科学事实或理论的涌现性生成，它不可能事先要服从于某种社会利益或权力的导向，也不是一种去语境化的方法论规则的结果，因此，这种生成结果是客观的。同时，在实践中相互作用式暂时稳定的生成，也是后继实践活动中的一次次去稳定化以及相应的一次次的再稳定化重建的基础，由此构成了科学发展的动态图景。艾伦·梅吉尔（Alan Megill）提供了一个"客观性的四种含义"的分类③："绝对意义的"、"学科意义的"、"辩证意义的"以及"方法论意义的"客观性。毫无疑问，实践共舞意义上的过程客观性基本上可归入"辩证意义的"类别，但与梅吉尔的看法不同，皮克林的辩证的客观性也容纳了"学科意义的"和"方法论意义的"客观性。

这种"辩证意义上的客观性"不同于传统科学哲学对客观性的理解。

① Haraway D J, *When Species Meet*. Minneapolis: University of Minnesota Press, 2007, p. 277.

② Haraway D J, *When Species Meet*. Minneapolis: University of Minnesota Press, 2007, p. 36.

③ Megill A, "Four Senses of Objectivity", In Megill A（Ed.）, *Rethingking Objectivity*, Durham: Duke University Press Books, 1994, pp.1-20.

"客观性是从后人类主义的去中心化过程中瞬时突现出来的产物的一种特性，而传统科学哲学提供给我们的则是一种非突现的、人类主义的分析。在传统科学哲学中，客观性被视为产生于一种特定的心智卫生术或思维控制。"①从维也纳学派的摩里兹·石里克到卡尔·波普尔，逻辑经验论者一直试图像警察那样，维持科学方法权威性，以保证科学对自然的镜像式反映。这种控制的功能与科学中的理论选择密切相关，它强调理论之争的终结，要诉诸理性规则或方法。针对客观性问题，在理论选择中他们所推崇的方法论规则，通常采取"只提出可证伪理论""避免理论特设""倾向于能够做出成功的惊人预测的理论，而不是只解释已知的东西的理论"等形式。值得注意的是，如果这类规则要完成从科学家的活动产物中抽取客观性的使命，它们必须是非突现性的，至少在实践的时间跨度上要相对持久。

实践建构意义上的后人类主义客观性却反对这种"心智卫生术"意义上的客观性，因为它认为不可能存在一套确定的方法论规则能够担当解释实践及其终结的重任。尽管科学家通常确实需要用一些规则来控制他们的实践活动，但"方法论规则"只能被视为科学实践中理论的一种要素，它与自然、仪器、社会等其他异质性文化要素一起，共舞出新的科学事实及其理论。同时它还具有实践的可变性。因此，我们不能以传统科学哲学的思维定式思考规则，也不应当认为它们始终盘旋在某种认识论的天国之中，并且从外部控制着科学实践活动。正好在维特根斯坦的"规则悖论"之争中，林奇在批评布鲁尔把"规则"置于"实践"之上的社会建构论的做法那样，我们应该把规则视为处在实践的平面上，它与实践共生，作为一种理论要素，它与各种物力量共舞在科学实践的过程之中，并在阻抗与适应的辩证法中获得新的扩展。

与此同时，实践共舞的瞬时突现性为把时间引入科学，为科学的历史性提供了很好的解释。

四、时间性：从非时间性的摹写到时间中的突现

共舞意义上的实用主义的实在论对于知识与自然之间关系的回答，与传统认识论实在论（无论是实在论，还是反实在论）的应答途径大为不同。转向对科学的操作语言描述更为重要的意义是，它开辟了对旧有问题的实

---

① （美）安德鲁·皮克林：《实践的冲撞：时间、力量与科学》，邢冬梅译，南京：南京大学出版社，2004 年，第 230 页。

践建构答案的新的广阔空间，即从实践建构的视角来讨论科学演化、科学研究对象、科学知识产生等问题。在这种实在论中，一方面，经验知识和理论知识的功能不仅仅是去描述自然，更为关注的是对科学给出社会的、学科的、概念的以及物质之综合的特定说明，也就是说知识生产的空间是与情境相关的。另一方面，我们需要考虑实践过程中的机遇性意义，实践的真实路径不可避免地要经历偶然性的历史空间。实践建构的偶然试探式的稳定、机遇性阻抗的产生、适应策略的随机性形成以及所有这一切中包含的偶然性的成功或失败，所有一切耦合性地构建了实践和实践的产物。这些与偶然性相关的特性，是反映论的实在论无法回答的问题，这也正是实践建构不能认同反映论的实在论的基本点。

传统科学哲学与社会建构都不关注在时间中发生并演化着的实践，而是以非时间性的文化摹写和理论反映去研究科学，即科学生活在一种无时间的世界之中，仿佛只能依靠某些先验的认识论规范或社会因素来引导去反映自然。实践建构意义上的科学主要特征在于科学实践的难以驾驭性。任何一个科学事实的成功捕获、构建以及共舞式稳定都具有客观性内容，但它们的获得绝非易事，获得过程非常艰难且并不确定。在大部分时间中，在充满疑问的科学活动中，科学家们总淹没于非确定性的泥潭。实践建构意义上科学观会把科学实践置于一种真实时间之中，人与物之间的各种异质性文化要素都内在于实践，在现实时间中语境化出现、演化，相互交织、共同界定，建构生成出科学事实及其认识——一种暂时的稳定性结果。在这一建构过程中我们无从事先预知一个行动者在下一刻要做什么、将与谁联合，只有当它在行动之后，我们才能获悉。因而，科学具有时间上的开放性。科学实践哲学的主要观点是，当科学实验过程中各式各样文化要素共舞时，科学会就在时间中生成并演化着。"针对科学的非时间性描述，我则选择对时间进行严肃认真的思考……注意到物质性力量是在科学实践中瞬时性突现出来的。"[1]

科学实践是对现有科学文化（包括实验仪器及其工作原理、解释客体的理论）的创造性拓展。在真实时间进程而不是回溯性的历史考察中，这种拓展在大多数方向都会遇到阻力，导致拓展的"终结"。传统的科学实在论总是想利用一些固定不变的方法论规范标准来解释拓展的终结，社会建构论者则时常借助特定群体的社会利益与权力来解释，而科学实践哲学

---

[1] （美）安德鲁·皮克林：《实践的冲撞：时间、力量与科学》，邢冬梅译，南京：南京大学出版社，2004年，第13页。

却强调，阻力的出现具有 "突现" 的性质，是实践过程中的涌现事件。面对阻力，科学家会调节自己的实验，就可能会出现适应，一旦出现适应，就会把现有模式或科学文化拓展至更大的空间。也就是说，真实时间进程中突现的各种阻力和适应之间的辩证法才是解释的关键。

于是，从哲学角度来看，科学的实践建构呈现出了一个完全不同于传统科学哲学与社会建构论的本体论：①如果说后两者引发把人类从世界中分离出来的二元论运动，这种二元分离导致了主动的人类对被动物质的不对称的支配性地位，那么，科学实践建构则消除了二元分离，显示出一种科学家与世界之间的构成性的交互涉入，强调了一种人类和物之间对称性的相互作用，科学成为一种不可逆的人与物的转译或共舞的突现的历史性产物。②二元分离把科学想象为一个几乎永恒的柏拉图式图像的具体化，或社会利益与权力的象征，这种图像能够在一个人的头脑中得到清晰地把握，似乎人们在任何时候有此能力和意愿，就可以把它在世间释放出来。相反，科学实践把科学置于真实时间中，"这个只能恰好发生，然后那个也只能恰好发生，等等，在一个独特的轨迹中导致了这一或那一图像"[①]。这个轨迹的终点绝不可能事先就被确定。因而，科学的实践建构为我们显示出，在物之繁涌中，在人类和物的交界处，在开放式终结和前瞻式的反复试探的过程中，真正的新奇事物是如何可能在时间中真实地突现的。这是一种生成的本体论。

这是两种不同的本体论。传统科学哲学与社会建构论的本体论需要科学家与世界的二元分离，需要科学对自然的控制，认定世界中的各种存在是如何一直并将永远存在，它消除了时间，所有这一切事先都以不变的姿态等待科学家去发现、去揭示、去解释。在过去的几个世纪中，这种本体论，用亚瑟·法因（Arthur Fine）的说法，已经变成了一种自然本体论的态度。科学的实践建构的本体论则需要一种科学家与自然之间的瞬时性对称的涉入，以及涉入过程中的科学家与自然之间内在的、时间性的相互生成与发展。科学家生活在物质世界之中，在开放式终结的生成过程中，对称地融入物质世界中，科学事实是在人与物共同变化过程中瞬间突现出来的。之所以称之为 "突现"，是因为任何科学家事先都无法准确地把握科学实践发展的时间轨迹。

总之，在科学实践中，各种异质性文化要素机遇性的组合是在时间中

① Pickering A, Guzik K, *The Mangle in Practice: Science, Society, and Becoming*, Durham: Duke University Press, 2008, p. 34.

突现出来的，并成为实践过程的有机构成——表现在目标的试探性中、在特定的阻抗的突现中、在特定的适应的获得中。这些偶然性组合成为实践过程中不可更改的部分，它们不是从外部干涉实践过程，也不是仅仅将自身附加于实践过程之上，而是实实在在的实践本身。这样，科学，由于其本质上是一种瞬时性机遇突现的产物，因而其便具有了内在的时间性。皮克林就此指出，这就是他在冲撞意义上描述的科学的历史主义观点的基本蕴涵。换言之，冲撞的历史主义是从另一不同角度审视瞬时突现——在时间上向后看，而不是向前看。①

　　与"突现"联系在一起的是"相对性"问题。科学是人类力量（包括理论和数学结构等）通过机器仪器作用于自然现象的共舞，展现出人类对世界的理解。作为实践开放性终结产物的科学事实及其认识，是某种共舞的轨迹上的某种链接：表征链的一个环节。

　　社会建构论认为社会的一些特性，如社会权力、社会利益等，贯穿并制约着实践活动始终。科学文化的所有技术要素，包括认识论规则，都围绕着这些社会结构及要素而得到不断重组，因而显示出强烈的相对主义特征。而在科学的实践建构论这里，在任何意义上的"社会性"作用都同科学的技术层面一样，依从于实践中的共舞。计划、目标、科学家的利益与权力，人类活动者的活动范围和社会关系，各种规则和专业技术，所有这一切本身都是实践过程中的异质性文化要素，它们都不会外在于实践而去控制实践。

　　因此，共舞意义上的相对性不是社会建构意义上的相对主义，它不赋予社会以任何特权，科学发展的现在与未来的链接不能在社会特权决定论的意义上得到刻画。实践共舞意义的相对性同样不适用于技术相对主义。技术相对主义最显著的观点是认为科学文化的理论层面控制科学文化的其他层面，它强调自上而下控制，认为高层的理论、世界观、范式或类似于分类学词典的东西，建构着所有的其他一切——低层级筑型、近似图式、仪器操作、数据的生产、解释和评价等。而实践建构论中所有科学文化因素——理论的、技术、自然的——都表现在实践的共舞之中，处于同一个实践平面上，没有更为深刻的理论、方法论规则或社会结构会隐藏在其后。

　　因此，实践建构意义上的相对性不能用科学或技术中的任何永恒因素来刻画。实践建构意义上的相对性，是演化过程意义上的相对性，其中过程本身是不可逆生成的，是客观的过程，相对性昭示的是共舞过程本身的

①（美）安德鲁·皮克林：《实践的冲撞：时间、力量与科学》，邢冬梅译，南京：南京大学出版社，2004年，第241页。

变化。表现为异质性要素在共舞中彼此阻抗、失稳，又在共舞中突现耦合、稳定性重建。如在《实践的冲撞：时间、力量与科学》一书中，皮克林讨论过阿尔瓦雷茨的 72 英寸气泡室的研究，其中，新的社会-技术联合的建造，超越了实验粒子物理学的传统领域。在对大量获取液氢的驾驭中、在对不断更新的电子计算机技术的使用中，物质的、概念的和人力资源的组合作用，前所未有地超越了旧粒子物理学研究的文化领域。这里的问题核心便是：共舞过程的文化扩展本身就是一个开放式终结过程。文化扩展中知识建构的相对性本身就具有不确定重组的特性。实践过程中瞬时涌现出来的物质文化要素界定了我们现在处在何处，以及应走向何处的轨迹，这种轨迹具有突现性中的机遇性，具有不可逆的客观性。正如卡龙与劳所说："传统应该被视作一种当下的建构。所有的转译者……会选择并且构建传统，用以提供令他们自己感到满意的环境。"①因此，"知识的相对性本身就是实践中的问题，而不是其他的问题"②。

"我们受到冲撞的突现式的后人类主义深深地影响。过去、现在与未来之间的链接只能由冲撞来具体化，而绝对不会是任何其他东西。在这个意义上，冲撞的相对主义是超相对主义（hyperrelativism）……因为，在理解文化扩展的问题上，它没有提供给我们任何实体性的关系：不是社会利益、不是社会结构、不是格式塔、不是变化时间的规训、不是认识论规则，也不是形而上学。"③

总之，在时间演化中构成文化相对性连接的科学实践本身，共舞于科学的客观性进程中，科学的物质、概念与社会之间的不断重组，使科学知识的相对性不可能被化归为某种先验的实质性标准，而这正是阻抗与适应的辩证运动的结果，这种阻抗与适应的辩证运动又使实践中的各种转换的产物具有客观性特征。"后人类主义的冲撞，使这一切成为可能。这就是为什么当我们经由对实践的分析理解科学知识时，客观主义与相对主义之间便不再是剑拔弩张"④。

---

① Callon M, Law J, "On the Construction of Sociotechnical Networks: Content and Context Revisited". In Hargens L, Jones R A, Pickering A (Eds.), *Knowledge and Society: Studies in the Sociology of Science, Past and Present*, Greenwich: JAI Press, 1989, p. 79.

②（美）安德鲁·皮克林：《实践的冲撞：时间、力量与科学》，邢冬梅译，南京：南京大学出版社，2004 年，第 236 页。

③（美）安德鲁·皮克林：《实践的冲撞：时间、力量与科学》，邢冬梅译，南京：南京大学出版社，2004 年，第 239 页。

④（美）安德鲁·皮克林：《实践的冲撞：时间、力量与科学》，邢冬梅译，南京：南京大学出版社，2004 年，第 240 页。

五、历史：我们与世界之间的双向建构

当我们说人类因素和物因素共舞时，并不是简单说某物和某人都参与了某一活动，而是指在这种参与过程中，各种因素共同构成了一个互相界定的过程，并且在这种相互界定中彼此的内涵都发生了变化。也就是说，我们在改变世界的同时，世界也改变了我们，这是一个双向的建构。比如如果没有巴斯德，细菌就难以成为细菌；反过来，如果没有细菌，巴斯德也就难以成为今天的巴斯德，因为正是在两者在相互缠绕的过程中，双方进行了双向性的重塑。因此，实践的文化要素不仅是异质的，是内嵌的，而且成为关系性的、时间性的概念。进而，行动赋予各种文化要素以历史性，因为它们的界定随着时间的进程而改变；实践赋予实践者（包括物与人类）以生成性，因为实践的发生机制是转译、冲撞或内爆，这意味着不可逆、意味着不确定、意味着非还原、意味着涌现。用"梅洛-庞蒂的话说，这些机制和过程的特点是一种'自我-他人-物'的体系的重构（reconstruction of the system of self -others-things），一种经验得以在科学中构成的'现象场'（phenomenal field）的重构"。这些重构使社会秩序和自然秩序、行动者和环境之间的发生了对系结构上的重塑。

作为实践的科学所进行的"实验室研究"，突出呈现出这种双向建构。

按照拉卡托斯与劳丹的说法，科学哲学的传统要把社会认定为外在于科学的东西，社会因素或心理因素之所以与科学有关，仅仅是为了用来解释科学为何出现错误的结论。"实验室研究"则消除了这种不对称性，强调科学中对象的生产与社会秩序之间有着难解难分的关系，"聚合"了自然秩序和社会秩序。在这种聚合中，社会也得到了重塑。这种重塑表现在以下几个方面。

（1）主体的重塑。如果我们把实验室看作一个确定时空中建构出相对科学家而言是"可行的"对象，那么，我们也必定会注意到，实验室是如何能够配置出"被重塑的"对象，这依赖于"可行的"、有能力的科学家，而这种能力是在实验室实践中获取并强化的。也就是说主体在与客体的彼此建构中获得了其新的属性，并改变了自己的本体论状态，进而改变了自己的本体论地位。

（2）科学家的社会关系的重塑。在《建构夸克：粒子物理学的社会学史》的讨论中，从旧物理学转向新物理学的过程中，发生变化的远远不止于知识和仪器设备，还包括旧的技能和学科的贬值以及新的技艺与学科的升值。例如，在新物理学中，气泡室没有什么作用，一代气泡室物理学家

不得不围绕电子探测器去适应新的工作方式。社会关系也被重组，通过粒子物理学共同体不同传统的研究成果的交流，一种新的共生关系得以确立。伽里森特别注意到：新物理学的成长内在包含着具体的社会技术关系的转译，这种关系转译可以延伸到粒子物理学共同体之外。例如，使科学跳出了象牙塔，使科学与工业成为一个复合体。这一点在前述的赛博的讨论中也充分显示出来。简言之，文化异质要素的整体：自然的，社会的、仪器的和理论的要素，在向新物理学转变中共舞并且实现新的稳定。在对社会的重塑中，科学介入了社会，这样，科学的认识活动会产生实实在在的社会效果与政治伦理。因此，科学实践哲学要求不能把科学限制在纯粹理性的范围之内，它要求认识主体对自身的界线、预设、权力和效果进行反思。我们的认识活动作为生活世界的一部分，不仅参与世界的构成，而且参与主体的构成。主体与客体的界线、意义与对象的界线、物质与符号的界线等，所有这一切都在具体的关系之中呈现出来。相互作用的方式和相关的物质概念重组决定了认识论上、本体论上与伦理上结合的各种可能性。

总之，当代STS中的"实践转向"展现出一种新的自然辩证法：第一，它认为像人类一样，物（自然与仪器）也具有自身的自主性、能动性、力量与历史。第二，它认为事实之所以成为"科学"的，是因为它是在物质力量与人类力量之间的辩证共舞过程中生成的，是在不可逆的时间中真实地涌现出来的。第三，这种生成同时也是开放式的稳定，是后继实践活动中的一次次去稳化以及相应的一次次的再稳定化重建的基础，因此构成了科学演化的生生不息的历史图景。第四，与此相应，实在、理性与客观性等并非对先验对象的镜像式反映，也是在科学实践这一本体论世界中生成并演化着的认识论范畴。第五，人类的主体也处于瞬间涌现之中，处在实践的真实时间中不断生成与演化的历史过程中。总之，人与物之间交互式的共舞，不仅建构了科学，而且还重塑了主体与客体、自然与社会，使人与物、社会与自然处于共生、共存与共演的耦合关系之中。这就是当代STS中"实践转向"给我们的哲学启示。

参 考 文 献

〔德〕埃德蒙德·胡塞尔:《欧洲科学危机和超验现象学》[M], 张庆熊译, 上海: 上海译文出版社, 1988 年。

〔美〕安德鲁·皮克林:《赛博与二战后的科学、军事与文化》[J], 肖卫国译,《江海学刊》2005 年第 6 期, 第 16-21 页。

〔美〕安德鲁·皮克林:《实践的冲撞: 时间、力量与科学》[M], 邢冬梅译, 南京: 南京大学出版社, 2004 年。

〔美〕安德鲁·皮克林:《作为实践和文化的科学》[C], 柯文、伊梅译, 北京: 中国人民大学出版社, 2006 年。

〔英〕巴里·巴恩斯、大卫·布鲁尔、约翰·亨利:《科学知识: 一种社会学的分析》[M], 邢冬梅、蔡仲译, 南京: 南京大学出版社, 2004 年。

〔英〕D. 布鲁尔:《反拉图尔论》[J], 张敦敏译,《世界哲学》2008 年第 3 期, 第 70-98 页。

〔法〕布鲁诺·拉图尔:《答复 D. 布鲁尔的〈反拉图尔论〉》[J], 张敦敏译,《世界哲学》2008 年第 4 期, 第 71-81 页。

〔英〕布鲁诺·拉图尔:《我们从未现代过: 对称性人类学论集》[M], 刘鹏、安涅思译, 苏州: 苏州大学出版社, 2010 年。

〔英〕大卫·布鲁尔:《知识和社会意象》[M], 艾彦译, 北京: 东方出版社, 2001 年。

〔英〕哈里·柯林斯:《改变秩序: 科学实践中的复制与归纳》[M], 成素梅、张帆译, 上海: 上海科技教育出版社, 2007 年。

〔美〕拉里·劳丹:《进步及其问题: 科学增长理论刍议》[M], 方在庆译, 上海: 上海译文出版社, 1991 年。

林聚任:《美国科学社会学关于科学界性别分层研究的综述》[J],《自然辩证法通讯》1997 年第 1 期, 第 32-38 页。

〔美〕迈克尔·林奇:《科学实践与日常活动: 常人方法论与对科学的社会研究》[M], 邢冬梅译, 苏州: 苏州大学出版社, 2010 年。

〔美〕诺里塔·克瑞杰:《沙滩上的房子: 后现代主义者的科学神化曝光》[C], 蔡仲译, 南京: 南京大学出版社, 2003 年。

〔美〕托马斯·库恩:《科学革命的结构》[M], 金吾伦、胡新和译, 北京: 北京大学出版社, 2003 年。

〔澳〕薇尔·普鲁姆德:《女性主义与对自然的主宰》[M], 马天杰、李丽丽译, 重庆: 重庆出版社, 2007 年。

〔奥〕维特根斯坦:《哲学研究》[M], 李步楼译, 北京: 商务印书馆, 2000 年。

〔美〕希拉·贾撒诺夫等:《科学技术论手册》[C], 盛晓明等译, 北京: 北京理工大学出版社, 2004 年。

邢冬梅:《在科学实践的物质维度解构科学实在评皮克林的〈建构夸克〉》[J],《科学文化评论》2004 年第 3 期, 第 117-125 页。

（加）伊恩·哈金:《表征与干预: 自然科学哲学主题导论》[M], 王巍、孟强译, 北京: 科学出版社, 2011 年。

（美）约瑟夫·劳斯:《涉入科学: 如何从哲学上理解科学实践》[M], 戴建平译, 苏州: 苏州大学出版社, 2010 年。

（美）约瑟夫·劳斯:《知识与权力: 走向科学的政治哲学》[M], 盛晓明、邱慧、孟强译, 北京: 北京大学出版社, 2004 年。

赵万里:《科学的社会建构: 科学知识社会学的理论与实践》[M], 天津: 天津人民出版社, 2002 年。

中共中央马克思恩格斯列宁斯大林著作编译局:《马克思恩格斯全集》第 12 卷, 北京: 人民出版社, 1998 年。

Amsterdamska O, "Surely You Are Joking, Monsieur Latour!"[J], *Science, Technology & Human Values,* Vol. 15, No. 4, 1990, pp. 495-504.

Åsberg C, "Enter Cyborg: Tracing the Historiography and Ontological Turn of Feminist Technoscience Studies"[J], *International Journal of Feminist Technoscience,* No. 1, 2010, p. 1.

Åsberg C, Lykke N, "Feminist Technoscience Studies"[J], *European Journal of Women's Studies*, Vol. 17, No. 4, 2010, pp. 299-305 .

Barad K, *Meeting the Universe Halfway: Quantum Physics and the Entanglement of Matter and Meaning*[M], Durham: Duke University Press, 2007.

Baudrillard J, *Selected Writings*[C], Poster M (Ed.), Stanford: Stanford University Press, 2002.

Bjelic D I, "Lebenswelt Structures of Galilean, Physics: The Case of Galileo's Pendulum"[J], *Human Studies*, Vol. 19, No. 4, 1996, pp. 409-432.

Bloor D, "Idealism and the Sociology of Knowledge"[J], *Social Studies of Science,* Vol. 26, No. 4, 1996, pp. 839-856.

Bloor D, *Wittgenstein, Rules and Institutions*[M], New York: Routledge, 2002.

Brown J R(Ed.), *Scientific Rationality: The Sociological Turn*[C], Dordrech: D. Reidel Publishing Company, 1984.

Callon M, Latour B, "Unscrewing the Big Leviathan: How Actors Macro-Structure Reality and How Sociologists Help Them to Do So", In Knorr-Cetina K, Cicourel A V (Eds.), *Advances in Social Theory and Methodology: Towards an Integration of Micro and Macro Sociologies*[C], Boston: Routledge, 1981, pp. 277-303.

Callon M, Law J, "On the Construction of Sociotechnical Networks: Content and Context Revisited", In Hargens L, Jones R A, Pickering A (Eds.), *Knowledge and Society: Studies in the Sociology of Science, Past and Present*[C]. Greenwich: JAI Press, 1989. pp. 57-83.

Clynes M, Kline N, "Cyborgs and Space"[J], *Astronautics,* No. 9, 1960, pp. 26-27, 74-76.

Collins H, "Stages in the Empirical Program of Relativism"[J], *Social Studies of Science*, No. 11, 1981, pp. 3-10.

Collins H, Evans R, "The Third Wave of Science Studies: Studies of Expertise and Experience"[J], *Social Studies of Science,* Vol. 32, No. 2, 2002, pp. 235-296.

Elizabeth P, *Gender and Boyle's Law of Gases*[M], Bloomington: Indiana University Press,

2001.

Fleck L, *Genesis and Development of a Scientific Fact*[M], Chicago: University of Chicago Press, 1979.

Galison P L, *Image and Logic: A Material Culture of Microphysics*[M], Chicago: University of Chicago Press, 1997.

Garfinkel H, "Ethnomethodology's Program "[J], *Social Psychology* Quarterly, Vol. 59, No. 1, 1996, pp. 5-21.

Garfinkel H, "Evidence for Locally Produced"[J], *Sociological Theory*, Vol. 6, No. 1, 1988, pp. 103-109.

Garfinkel H, *Studies in Ethnomethodology*[M], Cambridge: Polity Press, 1991.

Garfinkel H, Liberman K, "Introduction: The Lebenswelt Origins of the Sciences"[J], *Human Studies*, Vol. 30, No. 1, 2007, pp. 3-7.

Giere R N, *Scientific Perspectivism*[M], Chicago: University of Chicago Press, 2006.

Golinski J, *Making Natural Knowledge: Constructivism and the History of Science*[M], Chicago: University of Chicago Press, 1998.

Gooding D, "Putting Agency Back into Observation", In Pickering A (Ed.), *Science as Practice and Culture*[C], Chicago: University of Chicago Press, 1992, pp. 65-112.

Gordon A, "Possible Worlds: An interview with Haraway. D", In Ryan M, Gordon A (Eds.), *Body Politics: Disease, Desire and the Family*[C], Boulder: Westview, 1994, pp. 241-250.

Griffiths A P, *Contemporary French Philosophy*[C], Cambridge: Cambridge University Press, 1987.

Hacking I, *Historical Ontology*[M], Cambridge: Harvard University Press, 2002.

Hacking I, *Representing and Intervening*[M], Cambridge: Cambridge University Press, 1983.

Hacking I, *The Social Construction of What?*[M], Cambridge: Harvard University Press, 2000.

Haraway D J, "Situated Knowledges: The Science Question in Feminism and the Privilege of Partial Perspective", In Haraway D J, *Simians, Cyborgs and Women: The Reinvention of Nature*[M], London: Free Association Books, 1991, pp. 183-202.

Haraway D J, "The Promises of Monsters: Reproductive Politics for Inappropriate/d Others", In Grossberg L, Nelson C, Treichler P(Eds.), *Cultural Studies*[C], New York: Routledge, 1992, pp. 295-336.

Haraway D J, *How Like a Leaf: An Interview with Thyrza Nichols Goodeve*[M], New York: Routledge, 2000.

Haraway D J, *Modest_Witness@Second_Millennium. FemaleMan©_Meets_Oncomouse™: Feminism and Technoscience*[C], New York: Routledge, 1997.

Haraway D J, *Simians, Cyborgs, and Women: The Reinvention of Nature*[C], New York: Routledge, 1991.

Haraway D, Begelke M, *The Companion Species Manifesto: Dogs, People, and Significant Otherness*[M], Chicago: Prickly Paradigm Press, 2003.

Haraway D, *The Haraway Reader*[C], New York: Routledge, 2003.

Haraway D, *When Species Meet*[M], Minneapolis: University of Minnesota Press, 2007.

Harding S, "Rethinking Standpoint Epistemology: 'What Is Strong Objectivity'?", In

Nicholson L, Potter E(Eds.), *Feminist Epistemologies*[C], New York: Routledge, 1993, pp. 49-82.

Harding S, "Rethinking Standpoint Epistemology: What is Strong Objectivity?"[J], *The Centennial Review*, Vol. 36, No. 3, 1992, pp. 437-470.

Haugeland J, Rouse J, *Dasein Disclosed John Haugeland's Heidegger*[M], Cambridge: Harvard University Press, 2013.

Hekman S, *The Material of Knowledge: Feminist Disclosure*[M], Bloomington: Indiana University Press, 2010.

Hollis M, Lukes S(Eds.), *Rationality and Relativism*[C], Cambridge: MIT Press, 1982.

Ihde D, Selinger E, *Chasing Technoscience: Matrix for Materiality*[C], Bloomington: Indiana University Press, 2003.

Imber B, Tuana N, "Feminist Perspectives on Science"[J], *Hypatia*, Vol. 3, No. 1, 1988, pp. 139-155.

Keller E F, "Feminist Perspectives on Science Studies"[J], *Science, Technology & Human Values*, Vol. 13, No. 3/4, 1988, pp. 235-249.

Keller E F, Longino H E, *Feminism and Science*[C], Oxford: Oxford University Press, 1996.

Kevles D J, *The Physics: The History of a Scientific Community in Modern American*[C], New York: Vintage, 1987.

Knorr-Cetina K, *The Manufacture of Knowledge: An Essay on the Constructivist and Contextual Nature of Science*[M], Oxford: Pergamon Press, 1981.

Knorr-Cetina K, "The Ethnographic Study of Scientific Work", In Knorr-Cetina K, Mulkay M(Eds.), *Science Observed*[C], Beverly Hills: Sage, 1983, pp. 116-140.

Knorr-Cetina K, *Epistemic Cultures: How the Sciences Make Knowledge*[M], Cambridge: Harvard University Press, 1999.

Kukla A, *Social Constructivism and the Philosophy of Science*[M], London: Routledge, 2000.

Latour B, "Can We Get Our Materialism Back, Please?" [J], *Isis*, Vol. 98, No. 1, 2007, pp. 138-142.

Latour B, "Give Me a Laboratory and I will Raise the World", In Mulkay M, Knorr-Cetina K(Eds.), *Science Observed, Perspectives on the Study of Science*[C], London: Sage, 1983, pp. 141-170.

Latour B, "On recalling ANT", In Law J, Hassard J (Eds.), *Actor Network Theory and after*[C], Oxford: Wiley-Blackwell Publishers, 1999, pp. 15-25.

Latour B, "Pursuing the Discussion of Interobjectivity with a Few Friends"[J], *Mind, Culture and Activity,* Vol. 3, No. 4, 1996, pp. 266-269.

Latour B, "Technology is Society Made Durable"[J], *The Sociological Review*, Vol. 38, No. 1, 1990, pp. 103-131.

Latour B, "Where Are the Missing Masses? The Sociology of a Few Mundane Artifacts", In Bijker W E, Law J (Eds.), *Shaping Technology/Building Society: Studies in Sociotechnical Change*[C], Cambridge: MIT Press, 1992.

Latour B, Hermant E, Paris: Invisible City ,Carey-Libbrecht L(Trans.), http: // architecturalnetworks.research.mcgill.ca/assets/invisible_paris_latour-min.pdf (2022-04-03).

Latour B, *Pandora's Hope: Essays on the Reality of Science Studies*[C], Cambridge: Harvard University Press, 1999.

Latour B, *Reassembling the Social: An Introduction to Actor-Network Theory*[M], Oxford: Oxford University Press, 2005.

Latour B, Schaffer S, "The eighteenth Brumaire of Bruno Latour"[J], *Studies in History and Philosophy of Science*, Vol. 22, No. 1, 1991, pp. 175-192.

Latour B, *Science in Action: How to Follow Scientists and Engineers through Society*[M], Cambridge: Harvard University Press, 1987.

Latour B, *The Pasteurization of France*[M], Cambridge: Harvard University Press, 1988.

Latour B, *War of the Worlds: What about Peace?*[M], Bigg C (Trans.), Tresch J (Ed.), Chicago: Prickly Paradigm Press, 2002.

Latour B, Woolgar S, *Laboratory Life: The Construction of Scientific Facts*[M], Princeton: Princeton University Press, 1986.

Law J (Ed.), *Power, Action, and Belief: A New Sociology of Knowledge?*[C], London: Routledge and Kegan Paul, 1986.

Law J (Ed.), *Sociology of Monsters: Essays on Power, Technology and Domination*[C], London: Routledge, 1991.

Law J, "Technology and Heterogeneous Engineering: The Case of Portuguese Expansion", In Bijker W E, Hughes T P, Pinch T (Eds.), *The Social Construction of Technological: New Directions in the Sociology and History of Technology Studies*[C], Cambridge: MIT Press, 2012, pp. 105-128.

Lynch M, "Extending Wittgenstein: The Pivotal Move from Epistemology to the Sociology of Science", In Picketing A (Ed.), *Science as Practice and Culture*[C], Chicago: University of Chicago Press, 1992, pp. 215-265.

Lynch M, *Art and Artifact in Laboratory Science: A Study of Shop Work and Shop Talk in a Research Laboratory*[M], London: Routledge & Kegan Paul, 1985.

Medawa P, *The Strange Case of the Spotted Mice and Other Classic Essays on Science*[C], Oxford: Oxford University Press, 1996.

Megill A, "Four Senses of Objectivity", In Megill A(Ed.), *Rethingking Objectivity*[C], Durham: Duke University Press Books, 1994, pp. 1-20.

MoL T, *What is a Woman?And Other Essays*[C], Oxford: Oxford University Press, 1999.

Newton-Smith W, *The Rationality of Science*[M], Boston: Routledge & Kegan Paul, 1981.

Penley C, Ross A, Haraway D, "Cyborgs at Large: Interview with Donna Haraway"[J], *Social Text*, No. 25/26, 1990.

Pickering A, "A Gallery of Monsters: Cybernetics and Self-Organisation, 1940-1970", In Stefano F, Güven G(Eds.), *Mechanical Bodies, Computational Minds: Artificial Intelligence from Automata to Cyborgs*[C], Cambridge: MIT Press, 2005, pp. 229-247.

Pickering A, "Cybernetics and the Mangle: Ashby, Beer and Pask"[J], *Social Studies of Science,* Vol. 32, No. 1, 2002, pp. 413-437.

Pickering A, "Cyborg History and the World War II Regime"[J], *Perspectives on Science*, Vol. 3, No.1, 1995, pp.1-48.

Pickering A, "Living in the Material World: On Realism and Experimental Practice", In

Gooding D, Pinch T J, Schaffer S (Eds.), *The Uses of Experiment: Studies in the Natural Sciences*[C], Cambridge: Cambridge University Press, 1989, pp. 275-298.

Pickering A, "New Ontologies", In Pickering A, Guzik K (Eds.), *The Mangle in Practice: Science, Society, and Becoming*[C], Durham: Duke University Press, 2008, pp. 1-34.

Pickering A, "On Becoming: Imagination, Metaphysics and the Mangle", In Ihde D, Selinger E(Eds.), *Chasing Technoscience: Matrix for Materiality*[C], Bloomington: Indiana University Press, 2003, pp. 96-116.

Pickering A, "Practice and Posthumanism: Social Theory and A History of Agency" In Schatzki T R, Knorr-Cetina K, von Savigny E (Eds.), *The Practice Turn in Contemporary Theory* [C], London: Routledge, 2001, pp. 172-183.

Pickering A, "Producing Another World: The Politics of Theory: With Some Thoughts on Latour", In Healy C, Bennett T (Eds.), *Assembling Culture, Journal of Cultural Economy*[C], Vol. 2, No. 1/2, 2009, pp. 197-212.

Pickering A, "Reading the Structure"[J], *Perspectives on Science*, Vol. 9, No. 4, 2001, pp. 449-510.

Pickering A, "Science as Alchemy", In Scott J W, Keates D (Eds.), *Schools of Thought: Twenty-five Years of Interpretive Social Science,* Princeton: Princeton University Press, 2001, pp. 194-206.

Pickering A, "The Objects of the Humanities and the Time of the Cyborg" [R], Presented at a conference on "Cyborg Identities", 21-22 October, University of Aarhus,1999.

Pickering A, *Constructing Quarks: A Sociological History of Particle Physics*[M], Chicago: University of Chicago Press, 1984.

Pickering A, Guzik K, *The Mangle in Practice: Science, Society, and Becoming*[C], Durham: Duke University Press, 2008.

Pickering A, *The Cybernetic Brain: Sketches of Another Future*[M], Chicago: University of Chicago Press, 2010.

Potter E, *Gender and Boyle's Law of Gases*[M], Bloomington: Indiana University Press, 2001.

Reichenbach H, *Experience and Prediction: An analysis of the foundations and the structure of knowledge*[M], Chicago: University of Chicago Press, 1938.

Riis S, "The Symmetry between Bruno Latour and Martin Heidegger: The Technique of Turning a Police Officer into a Speed Bump" [J], *Social Studies of Science*, Vol. 38, No. 2, 2008, pp. 285-301.

Ross A(Ed.), *Science Wars*[C], Durham: Duke University Press, 1996.

Sandra H, *Whose Science? Whose Knowledge? Thinking from Women's Lives*[M], Ithaca: Cornell University Press, 1991.

Schneider J, Haraway D, *Live Theory*[M], London: Continuum International Publishing Group, 2005.

Shapin S, "Phrenological Knowledge and the Social Structure of Early Nineteenth-Century Edinburgh"[J], *Annals of Science*, Vol. 32, No. 3, 1975, pp.219-243.

Shapin S, Schaffer S, *Leviathan and the Air-pump: Hobbes, Boyle, and the Experimental Life*[M], Princeton: Princeton University Press, 1985.

Star S L, "The Sociology of the Invisible: The Primacy of Work in the Writings of Anselm Strauss", In Maines D R (Ed.), *social Organization and Social Process: Essays in Honor of Anselm Strauss*[C], Hawthorne: Aldine de Gruyter, 1991, pp.265-282.

Steiner C, "Ontological Dance: A Dialogue between Heidegger and Pickering", In Pickering A, Guzik K(Eds.), *The Mangle in Practice: Science, Society, and Becoming*[C], Durham: Duke University Press, 2008, pp. 243-265.

Stengers I, *Cosmopolitics I*[M], Minnesota : University of Minnesota Press, 2010.

Traweek S, *Beamtimes and Lifetimes: The World of High Energy Physicists*[M], Cambridge: Harvard University Press, 1992.

Tuana N, Morgen S, *Engendering Rationalities*[M], Bloomington: Indiana University Press, 2001.

Weinberg S, *Facing up: Science and Its Cultural Adversaries*[C], Cambridge: Harvard University Press, 2003.

Wintroub M, "Taking a Bow in the Theater of Things"[J], *Isis*, Vol. 101, No.4, 2010, pp.779-793.

Woolgar S, Ashmore M, "The Next Step: An Introduction to the Reflexive Project", In Woolgar S (Ed.), *Knowledge and Reflexivity: New Frontiers in the Sociology of Knowledge*[C], London: Sage, 1988, pp.1-11.

Woolgar S, *Science: The Very Idea*[M], London: Routledge, 1988.

Zammito J H, *A Nice Derangement of Epistemes: Post-positivism in the Study of Science from Quine to Latour*[M], Chicago: University of Chicago Press, 2004.

Ziman J, "Contribution to'Mangling On', a Review Symposium on The Mangle of Practice"[J], *Metascience,* 1996, No. 9, pp. 40-44.